国家职业技能等级认定培训教材
高技能人才培养用书
新形态职业技能鉴定指导教材

车工（高级）

国家职业技能等级认定培训教材编审委员会　组编
主　编　徐　彬
副主编　徐　斌
参　编　张　斌　袁　静　葛嫣雯　张玉东
主　审　金福昌

机械工业出版社
CHINA MACHINE PRESS

本书按照新的《国家职业技能标准　车工》编写，主要内容包括基础知识、轴类工件加工、套类工件及深孔加工、偏心工件及曲轴加工、螺纹加工、畸形工件加工、设备维护与保养。机械加工部分每章配有技能训练，书末附有配套的模拟试卷样例和答案，以便企业培训和读者自测。本书配套多媒体资源，可通过封底“天工讲堂”刮刮卡获取。

本书既可作为各级职业技能鉴定培训机构、企业培训部门的培训教材，又可作为读者的考前复习用书，还可作为职业技术院校、技工院校的专业课教材。

图书在版编目（CIP）数据

车工：高级/徐彬主编. —北京：机械工业出版社，2020.6
新形态职业技能鉴定指导教材　高技能人才培养用书
ISBN 978-7-111-65286-1

Ⅰ.①车…　Ⅱ.①徐…　Ⅲ.①车削-职业技能-鉴定-教材
Ⅳ.①TG51

中国版本图书馆 CIP 数据核字（2020）第 058458 号

机械工业出版社（北京市百万庄大街 22 号　邮政编码 100037）
策划编辑：王晓洁　责任编辑：王晓洁　王海霞
责任校对：陈　越　责任印制：常天培
北京机工印刷厂印刷
2022 年 1 月第 1 版第 1 次印刷
184mm×260mm · 13.5 印张 · 275 千字
0001—3000 册
标准书号：ISBN 978-7-111-65286-1
定价：49.80 元

电话服务　　　　　　　　　　网络服务
客服电话：010-88361066　　机 工 官 网：www.cmpbook.com
　　　　　010-88379833　　机 工 官 博：weibo.com/cmp1952
　　　　　010-68326294　　金 书 网：www.golden-book.com
封底无防伪标均为盗版　　机工教育服务网：www.cmpedu.com

国家职业技能等级认定培训教材
编审委员会

序

新中国成立以来，技术工人队伍建设一直得到了党和政府的高度重视。20世纪五六十年代，我们借鉴苏联经验建立了技能人才的“八级工”制，培养了一大批身怀绝技的“大师”与“大工匠”。“八级工”不仅待遇高，而且深受社会尊重，成为那个时代的骄傲，吸引与带动了一批批青年技能人才锲而不舍地钻研技术、攀登高峰。

进入新时期，高技能人才发展上升为兴企强国的国家战略。从2003年全国第一次人才工作会议，明确提出高技能人才是国家人才队伍的重要组成部分，到2010年颁布实施《国家中长期人才发展规划纲要（2010—2020年）》，加快高技能人才队伍建设与发展成为举国的意志与战略之一。

习近平总书记强调，劳动者素质对一个国家、一个民族发展至关重要。技术工人队伍是支撑中国制造、中国创造的重要基础，对推动经济高质量发展具有重要作用。党的十八大以来，党中央、国务院健全技能人才培养、使用、评价、激励制度，大力发展技工教育，大规模开展职业技能培训，加快培养大批高素质劳动者和技术技能人才，使更多社会需要的技能人才、大国工匠不断涌现，推动形成了广大劳动者学习技能、报效国家的浓厚氛围。

2019年国务院办公厅印发了《职业技能提升行动方案（2019—2021年）》，目标任务是2019年至2021年，持续开展职业技能提升行动，提高培训针对性实效性，全面提升劳动者职业技能水平和就业创业能力。三年共开展各类补贴性职业技能培训5000万人次以上，其中2019年培训1500万人次以上；经过努力，到2021年底技能劳动者占就业人员总量的比例达到25%以上，高技能人才占技能劳动者的比例达到30%以上。

目前，我国技术工人（技能劳动者）已超过2亿人，其中高技能人才超过5000万人，在全面建成小康社会、新兴战略产业不断发展的今天，建设高技能人才队伍的任务十分重要。

机械工业出版社一直致力于技能人才培训用书的出版，先后出版了一系列具有行业影响力，深受企业、读者欢迎的教材。欣闻配合新的《国家职业技能标准》又编写了“国家职业技能等级认定培训教材”。这套教材由全国各地技能培训和考评专家编写，具有权威性和代表性；将理论与技能有机结合，并紧紧围绕《国家职业技能标准》的知识要求和技能要求编写，实用性、针对性强，既有必备的理论知识和技能知识，又有考核鉴定的理论和技能题库及答案；而且这套教材根据需要为部分教材配备了二维码，扫描书中的二维码便可观看相应资源；这套教材还配合天工讲堂开设了在线课程、在线题库，配套齐全，编排科学，便于培训和检测。

这套教材的出版非常及时，为培养技能型人才做了一件大好事，我相信这套教材一定会为我国培养更多更好的高素质技术技能型人才做出贡献！

中华全国总工会副主席
高凤林

前　言

目前，取得职业技能等级证书已经成为劳动者就业上岗的必备条件，也是对劳动者职业能力的客观评价。取得职业技能等级证书不仅是广大从业人员、待岗人员的迫切需要，而且已经成为各级各类普通教育院校、职业学院、技工院校毕业生追求的目标。

2019 年 1 月，新的《国家职业技能标准　车工》实施，对车工提出了新的要求。为此，我们组织专家、学者、高级考评员，根据最新的国家职业技能标准，编写了车工培训教材，本书是高级工培训教材。本书有以下主要特点：

1）以现行国家职业技能标准为依据，以职业技能等级认定要求为尺度，以满足本职业对从业人员的要求为目标，对国家职业技能标准中要求的技能和有关知识进行了详细的介绍。

2）以岗位技能需求为出发点，按照“模块式”教材编写思路确定教材的核心技能模块，以此为基础，构建每一个技能训练项目所需掌握的相关知识、技能训练、模拟考试等结构体系。

本书由徐彬任主编，徐斌任副主编，张斌、袁静、葛嫣雯、张玉东参加编写。全书由金福昌主审。

由于编写时间有限，书中难免存在一些缺点和不足之处，恳请读者批评指正。

编　者

目 录

MU LU

项目 1 基础知识

思维导图：

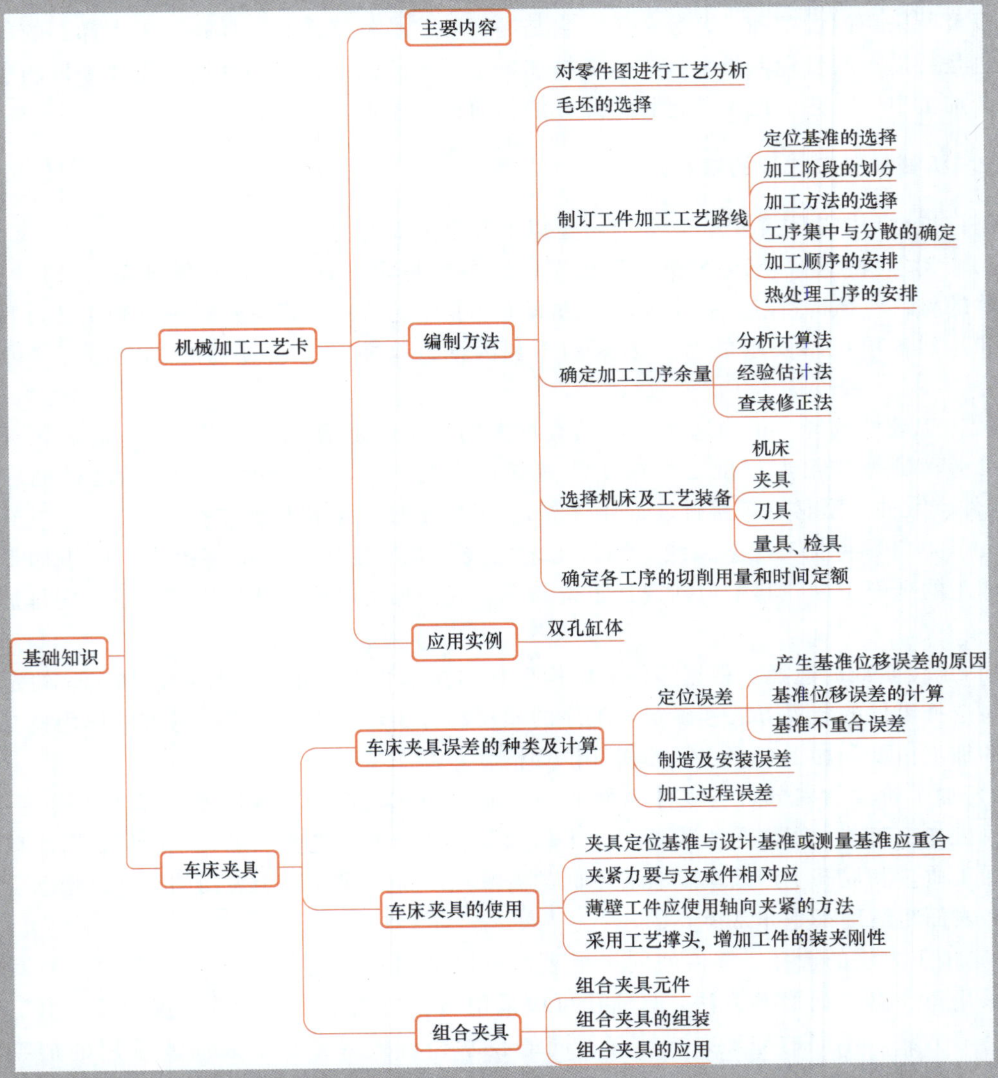

1.1 机械加工工艺卡

1.1.1 机械加工工艺卡的主要内容

对各种原材料、半成品进行加工、装配或处理，使其成为产品的方法和过程，称为工艺。改变生产对象的形状、尺寸、相对位置和性质等，使其成为产品或半成品的过程，称为工艺过程。它包括铸造、锻造、冲压、焊接、机械加工、热处理、表面处理、装配等。机械加工工艺卡是按产品零部件的机械加工工艺阶段编制的一种工艺文件。它以工序为单元，详细说明产品零部件在机械加工工艺阶段中的工序号、工序名称、工序内容、工艺参数、操作要求以及所采用的设备和工艺装备等。它是进行工艺准备工作和现场指导工人操作的重要文件，也是帮助车间管理人员掌握零件机械加工全过程的文件，被广泛用于重要零件的中小批量生产加工中。工艺卡比工艺过程卡片详细，而比工序卡片全面。

1.1.2 机械加工工艺卡的编制方法

制订机械加工工艺卡时，主要应考虑以下几个方面的内容：

(1) 对零件图进行工艺分析　分析零件图主要是为安排工艺过程做准备。分析时着重从零件的材料、结构特点、技术要求等方面了解其工艺特点，进一步设想影响工艺过程顺利进行和达到各项技术要求的有利因素和不利因素，以便对工艺过程的关键环节采取适当措施。

(2) 毛坯的选择　正确选择毛坯具有重大的技术经济意义。工序数量、材料消耗、机械加工劳动量等在很大程度上取决于所选择的毛坯。毛坯的选择主要包括选择毛坯类型（如铸件、锻件、型材、焊接件、冲压件等），确定毛坯的形状和尺寸。

(3) 制订零件加工工艺路线　制订工艺路线就是确定零件从毛坯投入，由粗加工到最后精加工的全部工序。其中包括选择定位基准、划分加工阶段、选择加工方法、安排加工顺序等。

1）定位基准的选择。根据零件的结构形状和技术要求，正确选择零件加工时的定位基准，对选择零件的装夹方法和确定各工序的顺序都有决定性影响，定位基准的作用就是保证工件的加工精度和加工表面之间的相互位置精度。

2）加工阶段的划分。当零件表面的加工质量要求较高时，应将粗、精加工分开进行，即把机械加工工艺过程划分为粗加工、半精加工、精加工和光整加工几个阶段。各个阶段在保证加工质量和提高生产效率上有着不同的着重点。这对保证一个表面的尺寸、形状、位置精度和表面粗糙度都是非常重要的。

3）加工方法的选择。零件的同一个表面可以采用不同的加工方法。例如，外圆柱面可以采用车、磨、研磨等方法；圆柱孔可以采用钻、扩、车、铣、镗、铰、拉、磨、珩磨及研磨等方法。不同的加工方法具有不同的技术经济效果，每个表面所采用的加工方法既要保证质量要求，又要满足生产效率和经济性等方面的要求。

在卧式机床上加工外圆表面、内孔表面、平面时，各种表面加工方法所能达到的经济精度（公差等级）、表面粗糙度值见表 1-1~表 1-3。

表 1-1　外圆表面加工方案

序号	加工方案	经济精度	表面粗糙度值 Ra/μm	适用范围
1	粗车	IT11 以下	50～12.5	适用于淬火钢以外的各种金属
2	粗车-半精车	IT8～IT10	6.3～3.2	
3	粗车-半精车-精车	IT7～IT8	1.6～0.8	
4	粗车-半精车-精车-滚压(或抛光)	IT7～IT8	0.2～0.025	
5	粗车-半精车-磨削	IT7～IT8	0.8～0.4	主要用于淬火钢，也可以用于未淬火钢，但不适用于非铁金属
6	粗车-半精车-粗磨-精磨	IT6～IT7	0.4～0.1	
7	粗车-半精车-粗磨-精磨-超精加工	IT5	0.1～Rz0.1	
8	粗车-半精车-精车-金刚石车	IT6～IT7	0.4～0.025	主要用于精度要求较高的非铁金属
9	粗车-半精车-粗磨-精磨-超精磨或镜面磨	IT5 以上	0.025～Rz0.05	极高精度的外圆加工
10	粗车-半精车-粗磨-精磨-研磨	IT5 以上	0.1～Rz0.05	

表 1-2　内孔表面加工方案

序号	加工方案	经济精度	表面粗糙度值 Ra/μm	适用范围
1	钻	IT11～IT12	12.5	加工未淬火钢及铸铁的实心毛坯，也可用于加工非铁金属(但加工表面稍粗糙、孔径不大于20mm)
2	钻-铰	IT9	3.2～1.6	
3	钻-铰-精铰	IT7～IT8	1.6～0.8	
4	钻-扩	IT10～IT11	12.5～6.3	同上，但孔径大于 20mm
5	钻-扩-铰	IT8～IT9	3.2～1.6	
6	钻-扩-粗铰-精铰	IT7	1.6～0.8	
7	钻-扩-机铰-手铰	IT6～IT7	0.4～0.1	
8	钻-扩-拉	IT7～IT9	1.6～0.1	大批大量生产(精度由拉刀的精度决定)
9	粗镗(或扩孔)	IT11～IT12	12.5～6.3	除淬火钢以外的各种材料，要求毛坯有铸出孔或锻出孔
10	粗镗(粗扩)-半精镗(精镗)	IT8～IT9	3.2～1.6	
11	粗镗(扩)-半精镗(精扩)-精镗(铰)	IT7～IT8	1.6～0.8	
12	粗镗(扩)-半精镗(精扩)-精镗-浮动镗刀精镗	IT6～IT7	0.8～0.4	
13	粗镗(扩)-半精镗-磨孔	IT7～IT8	0.8～0.2	主要用于淬火钢，也可用于未淬火钢，但不宜用于非铁金属
14	粗镗(扩)-半精镗-粗磨-精磨	IT6～IT7	0.2～0.1	
15	粗镗-半精镗-精镗-金钢镗	IT6～IT7	0.4～0.05	主要用于精度要求高的非铁金属
16	钻-(扩)-粗铰-精铰-珩磨、钻-(扩)-拉-珩磨、粗镗-半精镗-精镗-珩磨	IT6～IT7	0.2～0.025	精度要求很高的孔
17	以研磨代替上述方案中的珩磨	IT6 级以上	—	

表 1-3 平面加工方案

序号	加工方案	经济精度	表面粗糙度值 $Ra/\mu m$	适用范围
1	粗车-半精车	IT9	6.3~3.2	—
2	粗车-半精车-精车	IT7~IT8	1.6~0.8	端面
3	粗车-半精车-磨削	IT8~IT9	0.8~0.2	
4	粗刨(粗铣)-精刨(精铣)	IT8~IT9	6.3~1.6	一般不淬硬平面(端铣表面粗糙度值较小)
5	粗刨(粗铣)-精刨(精铣)-刮研	IT6~IT7	0.8~0.1	精度要求较高的不淬硬平面，批量较大时宜采用宽刃精刨方案
6	粗刨(粗铣)-精刨(精铣)-宽刃刨削	IT7	0.8~0.2	
7	粗刨(粗铣)-精刨(精铣)-磨削	IT7	0.8~0.2	精度要求高的淬硬平面或不淬硬平面
8	粗刨(粗铣)-精刨(精铣)-粗磨-精磨	IT6~IT7	0.4~0.02	
9	粗铣-拉	IT7~T9	0.8~0.2	大量生产的较小平面(精度视拉刀精度而定)
10	粗铣-精铣-磨削-研磨	IT6 级以上	0.1~Rz0.05	高精度平面

4）工序集中与分散的确定。工序集中和工序分散是拟订工艺路线时，确定工序数目的两种不同原则。工序集中就是将许多加工内容集中在少数工序内完成，使每一个工序的加工内容比较多。工序分散就是简化每一个工序的内容，增加工序数目，使每一个工序的加工内容比较少。

工序集中与工序分散各有特点，必须根据生产规模、零件的结构特征、技术要求和机床设备等生产条件进行综合分析，以确定采用哪一种工序原则。在大量生产中，常采用工序集中原则，也可将工序分散后组织流水线生产。对于重型机械上的大型零件，为减少工件的装卸和运输困难，工序可适当集中；对于刚性差且精度高的精密零件（如连杆、曲轴等），工序则应适当分散。目前，现代生产的发展已逐步趋向于工序集中原则，如采用数控机床、加工中心等。

5）加工顺序的安排。加工顺序的安排应遵循前工序为后续工序准备基准的原则，也就是说，开始时先用粗基准加工出精基准，再用精基准来加工其他表面，具体如下：

① 先粗车，后精车（先粗后精）。

② 先加工主要表面，后加工次要表面（先主后次）。

③ 先考虑基面（基面优先）。

④ 先加工外表面，后加工内表面（先面后孔）。

同时，在安排加工顺序时，要注意退刀槽、倒圆及倒角等工步的安排。

6）热处理工序的安排。热处理对改善金属的加工性能，改变材料的力学性能和消除内应力起着重要的作用，但热处理工序往往会引起零件的较大变形，有时还会使零件表面产生明显缺陷层，如脱碳、氧化等。因此，必须合理地安排工艺路线中的热处理工序。

根据热处理的目的和工艺需要，可将其分为预备热处理和最终热处理。预备热处理包括退火、正火、时效（烘）和调质等，其目的主要是改善材料的切削加工性能，消除毛坯制造时产生的内应力和为最终热处理做准备。预备热处理通常安排在粗加工之前或之后进行。最终热处理包括淬火、渗碳淬火和渗氮处理等，这类热处理的目的主要是提高零件的表面硬度和耐磨性，一般安排在半精加工之后和磨削加工之前（渗氮处理可安排在粗磨和精磨之间）进行。

（4）确定加工工序余量　零件的工艺路线拟定以后，需要确定各加工工序的尺寸及其公差。确定工序尺寸有下列三种方法：

1）分析计算法。根据一定的试验资料和计算公式，对影响加工余量的因素进行逐项分析和综合计算来确定加工余量。用这种方法确定的加工余量比较科学、精确，但需要积累很多原始资料，且计算过程较复杂，目前应用较少。

2）经验估计法。与工厂同类型零件的资料做分析比较，由经验确定加工余量。这种方法主要由生产经验丰富的人员采用，但有时会受经验所限，使确定的余量不够精确。为了防止因加工余量不够而产生废品，估计的余量一般偏大。此法常用于单件和小批量生产。

3）查表修正法。以生产实践和试验研究积累的有关加工余量的资料数据为基础，结合实际加工情况进行修正来确定加工余量。这种方法比较简便可靠，应用较为广泛，表1-4所列为轴在粗车外圆后为半精车外圆留的工序余量。表1-5所列为轴磨削前的工序余量。表1-6所列为磨孔前应留的工序余量。

表1-4　轴在粗车外圆后为半精车外圆留的工序余量　（单位：mm）

轴的直径 d	零件长度 L						粗车外圆的公差等级为IT12~IT13
	≤100	>100~250	>250~500	>500~800	>800~1200	>1200~2000	
	直径余量 a						
≤10	0.8	0.9	1.0	—	—	—	≤0.2
>10~18	0.9	0.9	1.0	1.1	—	—	0.24
>18~30	0.9	1.0	1.1	1.3	1.4	—	0.28
>30~50	1.0	1.0	1.1	1.3	1.5	1.7	0.34
>50~80	1.1	1.1	1.2	1.4	1.6	1.8	0.40
>80~120	1.1	1.2	1.2	1.4	1.6	1.9	0.46
>120~180	1.2	1.2	1.3	1.5	1.7	2.0	0.53
>180~260	1.3	1.3	1.4	1.6	1.8	2.0	0.60
>260~360	1.3	1.4	1.5	1.7	1.9	2.1	0.68
>360~500	1.4	1.5	1.5	1.7	1.9	2.1	0.76

注：在单件或小批量生产时，应将本表的 a 值乘以1.3并保留一位小数，如 $1.1\times1.3=1.43$，采用1.4（四舍五入），这时粗车外圆的公差等级为IT15。

表1-5　轴磨削前的工序余量　（单位：mm）

轴的直径 d	轴的性质	轴的长度 L						磨前公差等级IT11
		≤100	>100~250	>250~500	>500~800	>800~1200	>1200~2000	
		直径余量 a						
≤10	未淬硬	0.2	0.2	0.3	—	—	—	0.1
	淬硬	0.3	0.3	0.4	—	—	—	
>10~18	未淬硬	0.2	0.3	0.3	0.3	—	—	0.11
	淬硬	0.3	0.3	0.4	0.5	—	—	

（续）

轴的直径 d	轴的性质	轴的长度 L						磨前公差等级 IT11
		≤100	>100~250	>250~500	>500~800	>800~1200	>1200~2000	
		直径余量 a						
>18~30	未淬硬	0.3	0.3	0.3	0.4	0.4	—	0.13
	淬硬	0.3	0.4	0.4	0.5	0.6	—	
>30~50	未淬硬	0.3	0.3	0.4	0.5	0.6	0.6	0.16
	淬硬	0.4	0.4	0.5	0.6	0.7	0.7	
>50~80	未淬硬	0.3	0.4	0.4	0.5	0.6	0.7	0.19
	淬硬	0.4	0.5	0.5	0.6	0.8	0.9	
>80~120	未淬硬	0.4	0.4	0.5	0.5	0.6	0.7	0.22
	淬硬	0.5	0.5	0.6	0.6	0.8	0.9	
>120~180	未淬硬	0.5	0.5	0.6	0.6	0.7	0.8	0.25
	淬硬	0.5	0.6	0.7	0.8	0.9	1.0	
>180~250	未淬硬	0.5	0.6	0.6	0.7	0.8	0.9	0.29
	淬硬	0.6	0.7	0.7	0.8	0.9	1.0	
>250~315	未淬硬	0.6	0.6	0.7	0.7	0.8	0.9	0.32
	淬硬	0.7	0.7	0.8	0.9	1.0	1.0	
>315~400	未淬硬	0.7	0.7	0.8	0.8	0.9	1.0	0.36
	淬硬	0.8	0.8	0.9	0.9	1.0	1.2	

注：在单件或小批量生产时，应将本表的 a 值乘以 1.2 并保留一位小数，如 0.4×1.2=0.48，采用 0.5（四舍五入）。

表 1-6 磨孔前应留的工序余量（单位：mm）

孔的直径 d	零件的性质	磨孔的长度 L					磨前公差等级 IT11
		≤50	>50~100	>100~200	>200~300	>300~500	
		直径余量 a					
≤10	未淬硬	0.2	—	—	—	—	≤0.1
	淬硬	0.2	—	—	—	—	
>10~18	未淬硬	0.2	0.3	—	—	—	0.11
	淬硬	0.3	0.4	—	—	—	
>18~30	未淬硬	0.3	0.3	0.4	—	—	0.13
	淬硬	0.3	0.4	0.4	—	—	
>30~50	未淬硬	0.3	0.3	0.4	0.4	—	0.16
	淬硬	0.4	0.4	0.4	0.5	—	
>50~80	未淬硬	0.4	0.4	0.4	0.4	—	0.19
	淬硬	0.4	0.5	0.5	0.5	—	
>80~120	未淬硬	0.5	0.5	0.5	0.5	0.6	0.22
	淬硬	0.5	0.5	0.6	0.6	0.7	
>120~180	未淬硬	0.6	0.6	0.6	0.6	0.6	0.25
	淬硬	0.6	0.6	0.6	0.6	0.7	

（续）

孔的直径 d	零件的性质	磨孔的长度 L					磨前公差等级 IT11
		≤50	>50~100	>100~200	>200~300	>300~500	
		直径余量 a					
>180~250	未淬硬	0.6	0.6	0.7	0.7	0.7	0.29
	淬硬	0.7	0.7	0.7	0.7	0.8	
>250~315	未淬硬	0.7	0.7	0.7	0.8	0.8	0.32
	淬硬	0.7	0.8	0.8	0.8	0.9	
>315~400	未淬硬	0.8	0.8	0.8	0.8	0.8	0.36
	淬硬	0.8	0.8	0.8	0.9	0.9	

注：1. 当加工在热处理时极易变形的、薄的轴套及其他零件时，应将表中的 a 值乘以 1.3。
2. 在单件或小批量生产时，应将本表的 a 值乘以 1.3 并保留一位小数，如 0.3×1.3=0.39，采用 0.4（四舍五入）。

（5）选择机床及工艺装备

1）机床的选择。各工序机床的选择对工艺过程的经济性和适用性影响很大，选择时应遵循下列原则：

① 机床的规格应与工件尺寸大小相适应，做到合理使用设备。

② 机床的精度应与工件在该工序达到的加工精度相适应，普通精度机床和精密机床应分工明确，以保持精密机床的精度。

③ 机床的生产率应与工件的生产类型相适应，单件或小批量生产时，可选用通用机床；大批量生产时，可选用高生产率的专用机床。

2）工艺装备的选择。工艺装备（夹具、刀具和量具等）的选择将直接影响工件的加工精度、生产率和加工的可能性，因此应予以重视。

① 夹具的选择。夹具的选择主要考虑工件的生产类型和精度要求。单件或小批量生产时，应尽量选择通用夹具及机床附件；大批量生产时，可采用高生产率的气动、液压等快速专用夹具。

② 刀具的选择。刀具的选择主要根据工序选定的加工方法和设备，工件的材料、尺寸、精度和表面粗糙度，工件的生产类型和加工经济性等。一般情况下，应优先采用通用刀具和标准刀具，必要时可采用复合刀具或专用刀具。

③ 量具、检具的选择。各工序所选用量具、检具的精度必须与工件的加工精度相适应，在一般加工条件下，应尽量使用通用量具，必要时可选用高效率的专用检具或精密量具和量仪。

（6）确定各工序的切削用量和时间定额　正确选择切削用量，对保证加工精度、提高生产率、降低刀具的损耗和合理使用机床起着很大的作用。

时间定额（俗称工时定额）就是完成某一工序所规定的工时。时间定额是衡量该工序劳动生产率的重要指标，是考核生产力和制订生产计划、核算成本的重要依据。合理的时间定额能促进操作人员的生产技能和熟练程度不断提高。目前，工厂中对机械加工时间定额的制订一般采用经验估计法、统计分析法、类推比较法、技术测定法、解析计算法和图表计算法。

1.1.3　机械加工工艺卡的应用实例

图 1-1 所示双孔缸体的加工数量为 30 件左右，机械加工工艺分析如下。

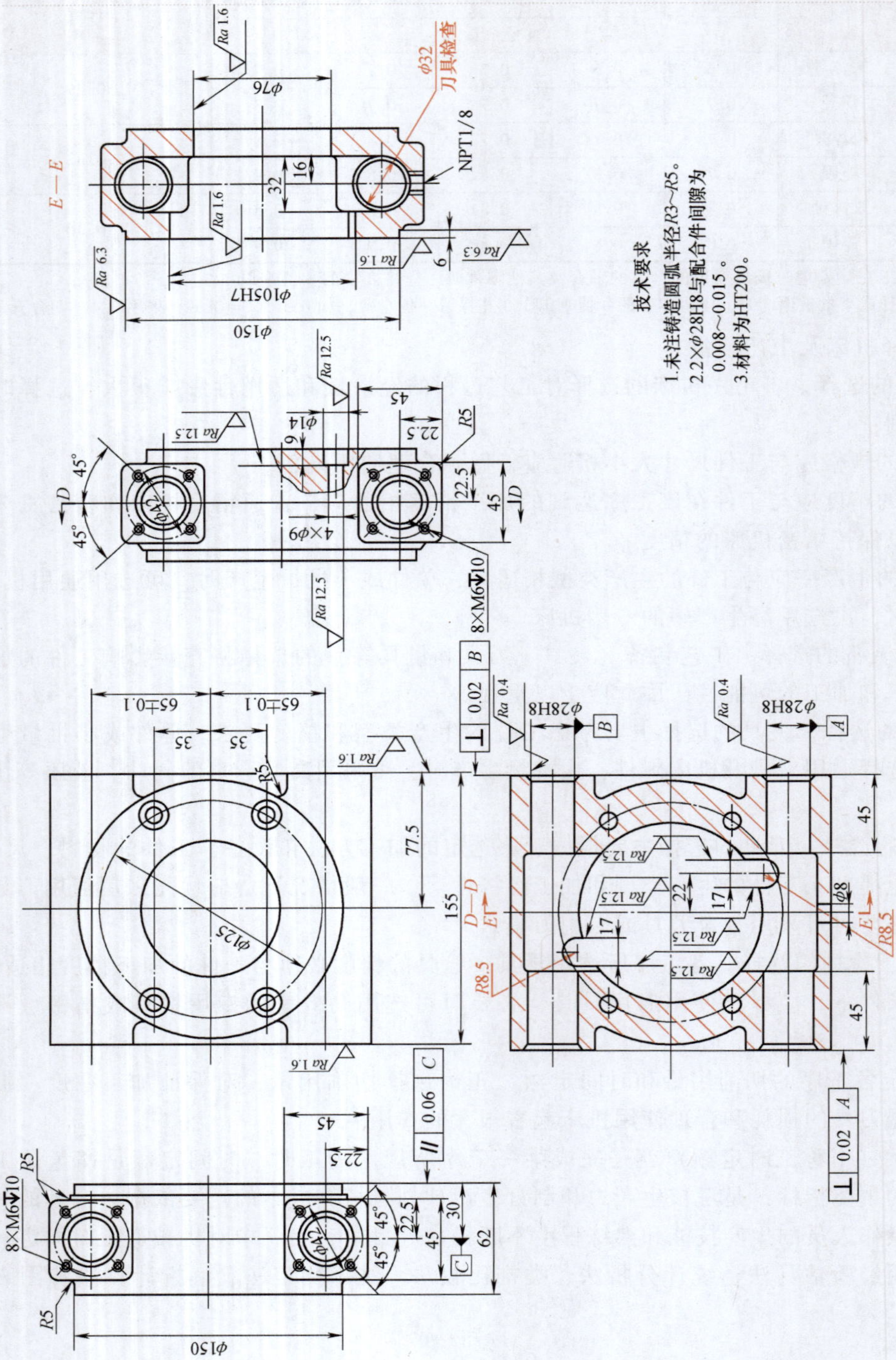
E—E
φ32
刀具检查
NPT1/8
φ76
φ105H7
φ150
D—D
4×φ9
8×M6▽10
φ125
155
77.5
65±0.1
35
φ28H8
0.02
0.06
技术要求
1.未注铸造圆弧半径R3~R5。
2.2×φ28H8与配合件间隙为
0.008~0.015 。
3.材料为HT200。

图 1-1 双孔缸体

1）由零件图分析可知，工件的工艺性能和结构刚性一般。此工件加工的关键是在车削过程中怎样达到2×ϕ28H8孔中心线与ϕ105H7孔中心线的距离尺寸（65±0.1）mm；并保证两孔与配合件间隙为0.008～0.015mm，研磨后的表面粗糙度值为Ra0.4μm。因此加工时，在选择定位与夹紧方法上应采取一定的工艺措施。

2）根据工件的材料（HT200）及结构特点，宜采用铸件，加工前应清理铸件毛坯表面的氧化皮、砂粒等，并对不加工表面涂油漆，以防止因生锈而影响装配精度。

3）2×ϕ28H8孔与配件的配合间隙为0.008～0.015mm，一般通过配合件的外圆尺寸来保证质量和减少废品。

4）ϕ32mm孔（刀具检查）的作用是保证装配时，定位轴能顺利通过孔，因此在车削后，允许留有氧化皮。

5）工件的定位与夹紧方法。要达到2×ϕ28H8孔中心线与ϕ105H7孔中心线的距离尺寸（65±0.1）mm，应先加工ϕ150mm外圆及端面，接着加工ϕ105H7孔至尺寸。此时，工件以外形为粗基准，用单动卡盘夹住，找正两孔中心位置，以防止2×ϕ28H8孔与外形产生歪斜而造成废品。

加工2×ϕ28H8孔时，以ϕ105H7内孔及端面为定位基准，利用专用车床夹具进行车削。图1-2所示为车双孔夹具。工件装夹在心轴6上，以内孔和端面定位，利用夹具上的侧面A找正工件外形，再用两只滚花螺钉1支紧，上面用螺母2压紧，即可车削第一个孔及端面。然后插入定位轴3，松开螺钉1和螺母2，将工件沿顺时针方向转动180°并使定位轴3紧靠定位圆柱4，夹紧工件，即可车削第二个孔及端面。两孔中心线的距离尺寸和平行度都由夹具来保证。

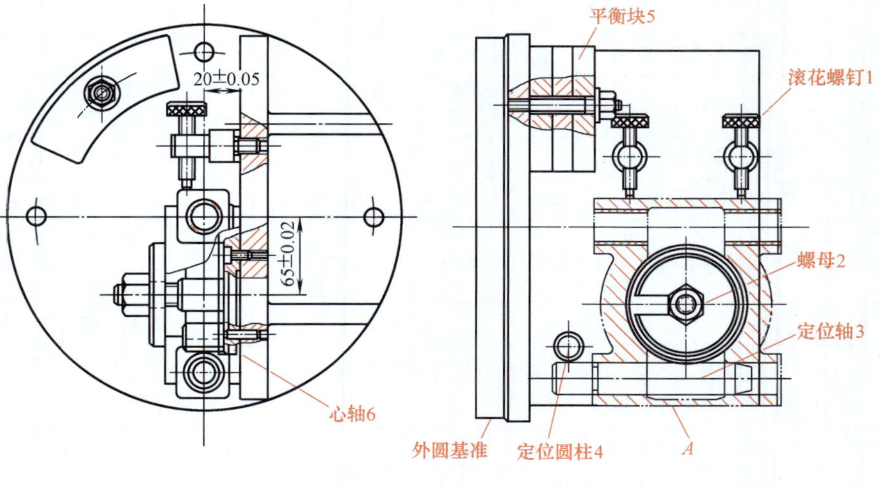

图1-2　车双孔夹具

6）加工工序的安排。

铸造→清理、涂装→粗、精车端面及基准孔→调头，车端面，取对厚度尺寸→在夹具上钻、车、铰双孔→钻、攻两孔端面上的内螺纹→划线→铣槽→研磨双孔→清洗、涂油。

双孔缸体机械加工工艺卡见表1-7。

表 1-7　双孔缸体机械加工工艺卡

×××厂	机械加工工艺卡		产品名称		图号	图 1-1
			零件名称	双孔缸体	共 2 页	第 1 页
材料种类	铸件	材料	HT200	毛坯尺寸		

工序	工种	工步	工序内容	车间	设备	工具
1	油		清理不加工表面，涂油漆	油漆		
2	车		用单动卡盘夹住工件外形，找正	机加工	车床	
		(1)	车端面，控制尺寸 30mm			
		(2)	车肩圆 $\phi150\text{mm}\times6\text{mm}$ 至尺寸，与端面保持垂直			
		(3)	粗、精车 $\phi105\text{H}7(^{+0.035}_{0})$ 内孔至尺寸，有效深度大于 40mm			
		(4)	倒角			
			检验			
3	车		用软卡爪夹住 $\phi150\text{mm}$ 外圆	机加工	车床	
		(1)	车端面至尺寸 62mm			
		(2)	粗、精车 $\phi76\text{mm}$ 孔至尺寸			
		(3)	倒角			
			检验			
4	车		车花盘面，夹具置于花盘上，找正夹具，使外圆径向圆跳动及轴向圆跳动误差小于 0.02mm；工件装夹在心轴上，以 $\phi105\text{H}7$ 内孔和端面定位，装于夹具中，使工件外形对准夹具侧面 *A*	机加工	车床	车夹具
		(1)	车端面，控制尺寸 77.5mm（包括另一孔端面）			
		(2)	钻 $\phi28\text{H}8$ 孔至 $\phi26\text{mm}$			$\phi26\text{mm}$ 麻花钻
		(3)	车孔至 $\phi27.8^{+0.05}_{0}\text{mm}$			
		(4)	车刀具检查内孔至尺寸 $\phi32\text{mm}$			
		(5)	车孔至 $\phi28^{+0.008}_{-0.004}\text{mm}$，备研至尺寸 $\phi28\text{H}8$		研磨铰刀	
		(6)	倒角			51102/031
			将定位轴插入已加工好的内孔，工件回转 180°，使定位轴紧靠夹具定位圆柱，夹紧			
		(7)	钻 $\phi28\text{H}7$ 孔至 $\phi26\text{mm}$			
		(8)	车端面至尺寸 155mm（包括另一孔端面）			
		(9)	车孔至 $\phi27.8^{+0.05}_{0}\text{mm}$			
		(10)	车刀具检查内孔至尺寸 $\phi32\text{mm}$			
		(11)	铰孔至 $\phi28^{+0.008}_{-0.004}\text{mm}$，备研至尺寸 $\phi28\text{H}8$			
		(12)	倒角			
			检验			

（续）

×××厂			机械加工工艺卡	产品名称		图号	图 1-1
				零件名称	双孔缸体	共 2 页	第 2 页
材料种类			铸件	材料	HT200	毛坯尺寸	
工序	工种	工步	工序内容	车间	设备	工具	
5	钳		工件以 ϕ28H8 放研孔为基准，对准外形，套钻模	机加工	立式钻床	钻模	
		(1)	钻四个端面上的 4×M6 螺纹底孔至 ϕ5mm，深 14mm				
		(2)	攻内螺纹 M6，深度为 10mm			麻花钻：ϕ26mm	
		(3)	工件以 ϕ105H7 孔定位，以 ϕ28H8 放研孔定向，置于钻模中			M6 丝锥	螺纹塞规 M6
		(4)	钻孔 4×ϕ9mm			钻模	ϕ9mm 麻花钻
		(5)	平扩孔 ϕ14mm×9mm			ϕ14mm 平扩孔	
		(6)	倒角				
		(7)	钻内螺纹 NPT1/8 底孔至 ϕ8.6mm			ϕ8.6mm 麻花钻	
		(8)	攻螺纹 NPT1/8			NPT1/8 丝锥	螺纹塞规 NPT1/8
			检验				
6	划		划 R8.5mm 圆弧线	机加工	划线工具		
			检验				
7	铣		将工件装夹于机用虎钳中，找正	机加工	立式铣床		
		(1)	按线铣 R8.5 槽至尺寸			ϕ17mm 槽铣刀	
		(2)	修去毛刺				
			检验				
8	研		研磨 2×28H8 孔至尺寸	机加工	研磨工具	ϕ28mm×150mm 研磨杆	
			要求：圆柱度误差不大于 0.005mm，表面粗糙度值为 Ra0.8μm				
			检验				
9	普		清洗、涂油				
更改号			拟订	校对	审核	批准	会签
更改者		日期					

1.2 车床夹具

1.2.1 车床夹具误差的种类及计算

1. 定位误差

定位误差是指一批工件定位时，工件的设计基准在加工尺寸方向上相对于夹具（机床）

的最大变动量。定位误差包括基准位移误差和基准不重合误差两部分。

由于工件和定位元件的制造误差，使工件定位基准相对于夹具元件支承面发生位移而产生的误差称为基准位移误差，用 ΔW 表示。

（1）产生基准位移误差的原因

1）工件定位表面的误差。工件以其外圆表面在定位元件上定位时（图 1-3），由于外圆直径存在加工误差，因此，当外圆直径为上极限尺寸与下极限尺寸时，外圆的轴心分别位于 O_1、O_2 处。即 O_1O_2 为定位基准变动量，O_1O_2 在加工尺寸方向上的投影即为工件的基准位移误差（图中的 ΔW_x、ΔW_y 分别表示工件在 X 方向与 Y 方向上的基准位移误差）。

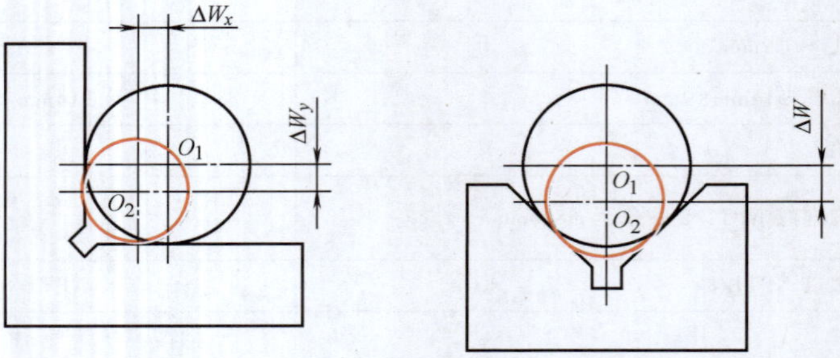

图 1-3　工件的基准位移误差

2）定位表面与定位元件间的间隙。工件以定位孔在定位轴上定位时的情况。如图 1-4 所示。若采用间隙配合，则当孔为下极限尺寸而轴为上极限尺寸时，将出现最小间隙 X_{min}。当孔为上极限尺寸而轴为下极限尺寸时，则出现最大间隙 X_{max}，此时工件的定位孔可相对于定位轴的轴心 O，从同轴位置出发，向上、下、左、右各移动一段距离 h，形成工件的基准位移误差。

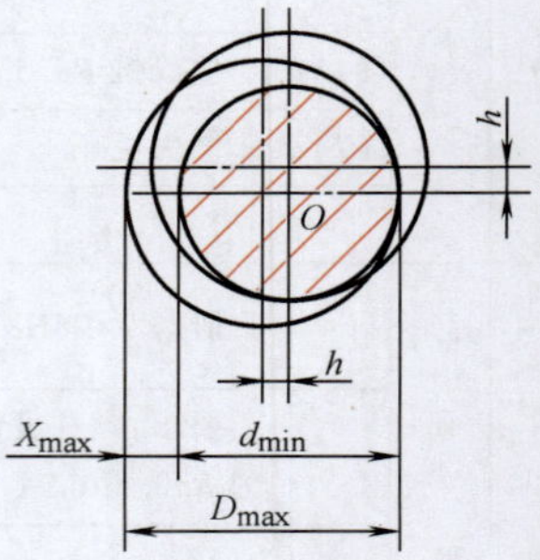

图 1-4　孔、轴配合的基准位移误差

3）定位元件的误差。定位元件的制造误差及其在使用过程中的磨损，会造成工件的基准位移误差。如图 1-5a 所示，定位块上有两条 V 形定位槽，由于制造时存在误差，两槽深浅不一，存在平行度误差。把两个直径相同的工件放在两槽中定位后，它们的轴线在垂直方向上将出现高度差 h，在水平方向上也不平行。图 1-5b 所示为 V 形架在使用过程中磨损后，导致工件产生基准位移误差的情况。

4）定位机构的误差。自定心卡盘、双 V 形架自动定心等定位机构的制造误差、间隙及磨损，也会造成工件的基准位移误差。例如，用自定心卡盘分别夹住不同直径的心轴时，心轴轴线将相对主轴回转轴线产生不同的偏移量。

（2）基准位移误差的计算

1）孔、轴定位的基准位移误差计算。设工件的定位孔直径为 D_{-EI}^{+ES}、定位轴直径为 d_{-ei}^{+es}，采用间隙配合，最小间隙为 X_{min}，最大间隙为 X_{max}，此时

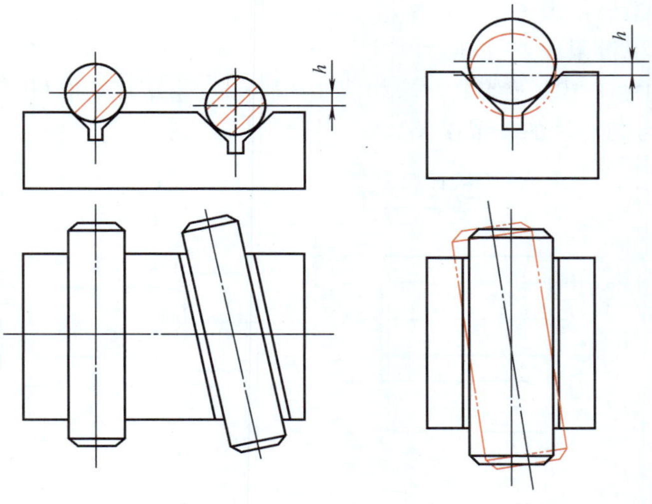

图 1-5 定位元件误差造成的基准位移误差

$$X_{min}=(D+EI)-(d+es)=EI-es$$

$$X_{max}=(D+ES)-(d+ei)$$

$$=(ES-EI)+(es+ei)+(EI-es)$$

$$=T_h+T_s+X_{min}$$

即孔、轴配合后可能出现的最大间隙为孔公差 T_h、轴公差 T_s 及最小间隙 X_{min} 之和。因此，定位孔的中心线从同轴位置向各方向移动的最大距离为 $X_{max}/2$，如图 1-6 所示。

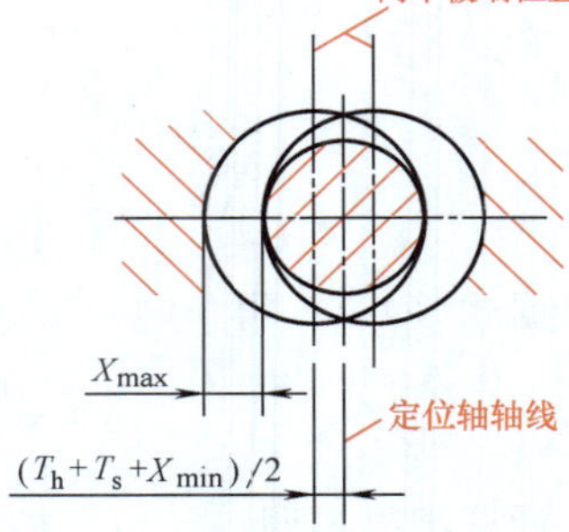

图 1-6 孔、轴配合的基准位移误差

这种位移在车削加工中产生基准位移误差的大小可按下列两种情况进行计算。

① 工件回转加工。如果工件以孔定位，套在心轴上车削与孔有同轴度要求的外圆。影响其同轴度精度的基准位移误差，是定位孔中心线偏离其回转中心线的距离，不计心轴的位置误差，此时车削时的基准位移误差为

$$\Delta W=\frac{X_{max}}{2}=\frac{T_h+T_s+X_{min}}{2} \tag{1-1}$$

其中

$$X_{min}=EI-es$$

或

$$\Delta W=\frac{ES-ei}{2} \tag{1-2}$$

式中 ΔW——基准位移误差（mm）；

T_h——孔的公差（mm）；

T_s——轴的公差（mm）；

X_{min}——最小配合间隙（mm）；

ES——孔的上极限偏差（mm）；

EI——孔的下极限偏差（mm）；

es——轴的上极限偏差（mm）；

ei——轴的下极限偏差（mm）。

例 1-1 工件的加工要求及装夹方法如图 1-7 所示，计算其基准位移误差，并判断能否达到加工要求（不考虑心轴的位置误差）。

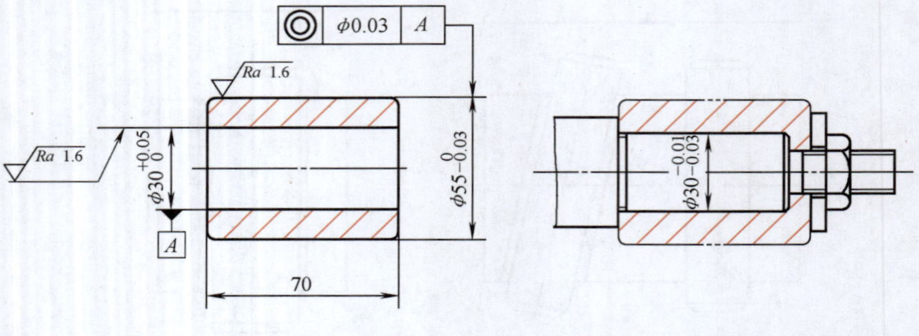

图 1-7 回转加工基准位移误差的计算

解： 已知 T_h = 0.05mm，T_s = 0.02mm，ES = 0.05mm，EI = 0，es = −0.01mm，ei = −0.03mm。

根据式（1-1）得

$$X_{min}=EI-es=0-(-0.01mm)=0.01mm$$

$$\Delta W=\frac{T_h-T_s+X_{min}}{2}=\frac{0.05mm+0.02mm+0.01mm}{2}=0.04mm$$

或根据式（1-2）得

$$\Delta W=\frac{ES-ei}{2}=\frac{0.05mm-(-0.03mm)}{2}=0.04mm$$

计算结果说明，定位孔的中心线偏离车床主轴回转轴线的最大距离为 0.04mm。因此，不是所有工件都能达到图样规定的同轴度要求。

② 工件非回转加工。工件以孔定位，套在心轴上车削一个与定位孔有距离要求的表面。定位时，定位孔中心线从同轴位置向两个方向的位移量，都会影响加工尺寸精度，因此基准位移误差为

$$\Delta W=2\times\frac{T_h+T_s+X_{min}}{2}=T_h+T_s+X_{min}=ES-ei \tag{1-3}$$

例 1-2 将图 1-8a 所示的偏心套装夹在专用偏心轴（图 1-8b）上车削偏心外圆，计算其基准位移误差，并判断能否达到图样规定的偏心距要求（不考虑工件与偏心轴的位置误差）。

解： 已知 EI=0，es=−0.007mm，T_h=0.052mm，T_s=0.021mm。根据式（1-3）得

$$X_{min}=EI-es=0-(-0.007mm)=0.007mm$$

$$\Delta W=T_h+T_s+X_{min}=0.052mm+0.021mm+0.007mm=0.08mm$$

计算结果说明，定位时，工件定位孔中心线向两个方向的最大位移量为 0.04mm，而所加工外圆与孔的偏心距允许偏差为±0.03mm，即该定位方法使工件有相当一部分不能达到图样规定的加工要求。因此，应采取工艺措施提高定位孔的加工精度，以减小基准位移

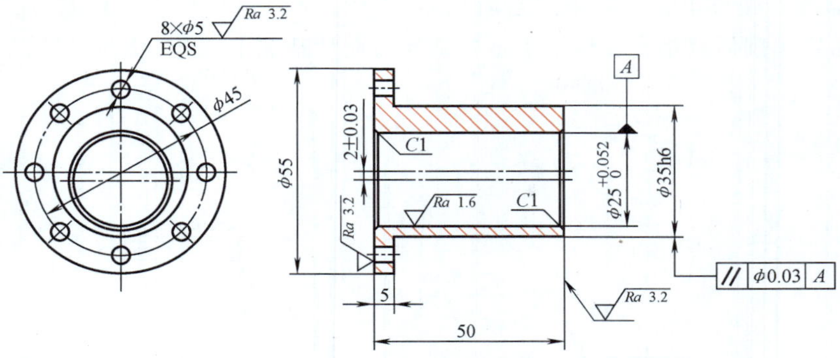

a) 偏心套

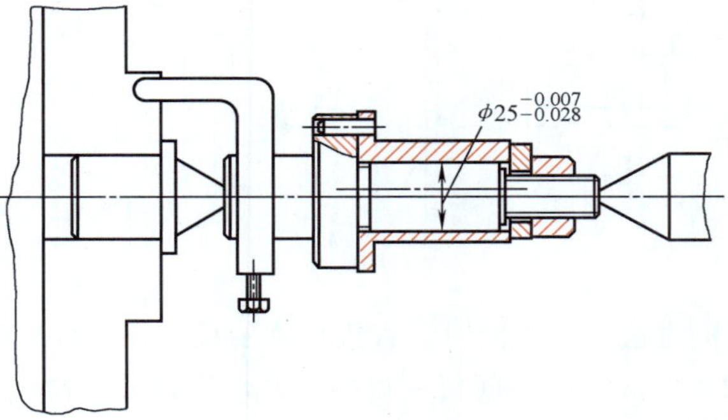

b) 装夹方法

图 1-8　车削偏心套基准位移误差的计算

误差。

2）轴在 V 形架上定位时基准位移误差的计算。工件的外圆在 V 形架中定位时不存在间隙，且在水平方向上可自动对中，一批工件的轴线在水平方向上没有位置变化，基准位移误差为零。当工件直径为上、下极限尺寸时，其中心分别为 O_1 与 O_2，O_1O_2 即为垂直方向上的基准位移误差，如图 1-9 所示。垂直方向上的基准位移误差可按式（1-4）计算

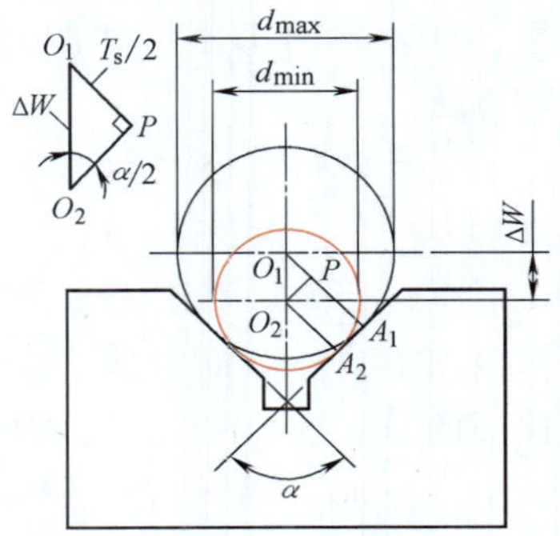

图 1-9　用 V 形架定位时的基准位移误差

$$\Delta W=\frac{T_s}{2\sin\dfrac{\alpha}{2}} \tag{1-4}$$

式中　T_s——定位轴公差（mm）；

α——V 形架的夹角（°）。

式（1-4）表示，轴在 V 形架中定位时，其基准位移误差的大小与工件直径的公差值及 V 形槽的夹角有关。

当 $\alpha=90°$时　　$\Delta W=0.707T_s$　　(1-5)

当 $\alpha=120°$时　　$\Delta W=0.578T_s$　　(1-6)

（3）基准不重合误差　由于工件的定位基准和设计基准（或工序基准）不重合而产生的误差称为基准不重合误差。如图 1-10a 所示，活塞销孔 $\phi18^{+0.007}_{-0.005}$mm 的设计基准是活塞顶

面。在大批量生产条件下，一般采用台阶孔 $\phi58^{+0.03}_{0}$mm 及端面作为定位基准，装夹在夹具上（图 1-10b）车削活塞销孔，但由于定位基准与设计基准不重合，因此产生了基准不重合误差。

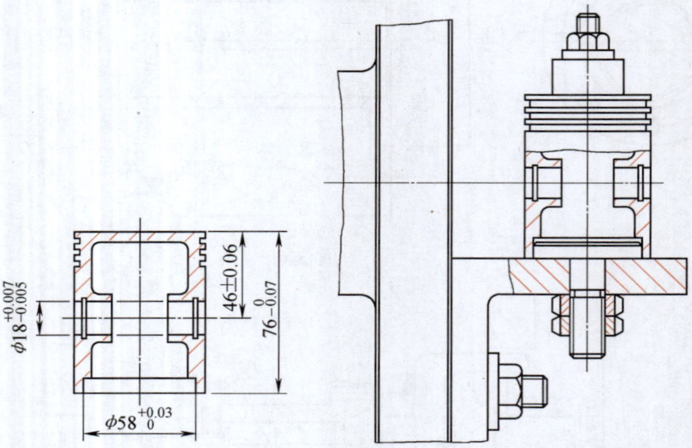

a) 工件图　　b) 装夹方法

图 1-10　活塞

用图 1-10b 所示装夹方法进行车削时，直接得到的尺寸是工件底面到活塞销孔中心线的距离，而设计尺寸（46±0.06)mm 是间接获得的。要保证该尺寸精度，必须提出对从底面到活塞销孔中心线距离的加工要求，需要通过尺寸及公差的换算来得到该距离尺寸的公差，使基准变换后所加工的工件仍能符合图样要求，这就是基准不重合时的尺寸换算。

换算时，可把图 1-11a 改画成图 1-11b 所示形式，将有关尺寸首尾相接，连成一个尺寸封闭图，这种尺寸封闭图称为工艺尺寸链。工艺尺寸链计算是基准不重合时进行尺寸换算，计算中间工序尺寸的一种科学且方便的方法。

组成尺寸链的各个尺寸称为尺寸链的环（即链环），根据各环在尺寸链中的作用，可将其分为封闭环和组成环两种。

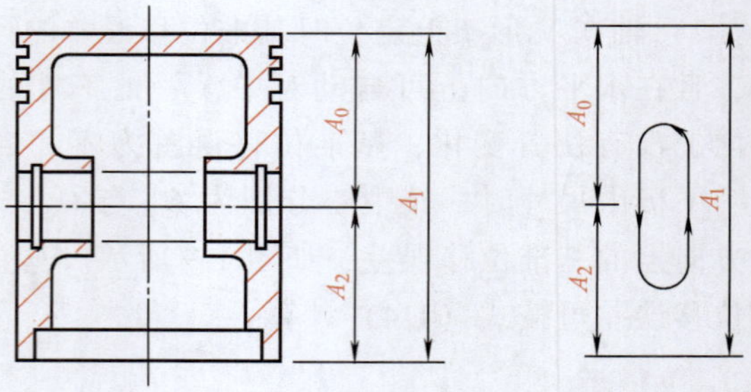

a) 尺寸换算　　b) 尺寸链图

图 1-11　尺寸链换算

由图 1-11a 可知，尺寸 A_0 是靠 A_1 和 A_2 来保证的，A_1、A_2 和 A_0 组成尺寸链。在尺寸链中，按加工顺序间接获得的环称为封闭环，封闭环是尺寸链中加工（或装配）过程中最后形成的环，用符号 A_0 表示。如果加工顺序改变，则封闭环也随之改变。

尺寸链中除封闭环以外的各个环称为组成环，如图 1-11b 中的 A_1、A_2，这些环中任意一环的变动必然会引起封闭环的变动。在组成环中，该环增大时封闭环随之增大，该环减小时封闭环也随之减小的环称为增环，如图 1-11a 中的 A_1，增环用符号 $\overrightarrow{A_i}$ 表示。在组成环中，该环增大时封闭环减小，该环减小时封闭环增大的环称为减环，如图 1-11a 中的 A_2，减环用符号 $\overleftarrow{A_i}$ 表示。

确定增环或减环时，应逐一分析各组成环与封闭环之间的关系。分析时，先假定其他组成环为定值，再看此组成环变动时，封闭环是同向变动还是反向变动，同向变动即增环，反向变动则为减环。当尺寸链环较多，判断较复杂时，可采用绘图法。绘图时先要正确地判定封闭环，然后在尺寸链简图上以封闭环为准，按尺寸首尾相接的原则，将各环的尺寸按顺序画出箭头，如图 1-11b 所示。箭头方向与封闭环相反的是增环，反之是减环。

按极值法进行计算，封闭环极限尺寸的计算公式为

$$A_{0\max} = \sum_{i=1}^{m} \overrightarrow{A}_{i\max} - \sum_{i=1}^{n} \overleftarrow{A}_{i\min} \tag{1-7}$$

$$A_{0\min} = \sum_{i=1}^{m} \overrightarrow{A}_{i\min} - \sum_{i=1}^{n} \overleftarrow{A}_{i\max} \tag{1-8}$$

式中　$A_{0\max}$——封闭环的上极限尺寸（mm）；

$A_{0\min}$——封闭环的下极限尺寸（mm）；

$\overrightarrow{A}_{i\max}$——各增环的上极限尺寸（mm）；

$\overleftarrow{A}_{i\min}$——各减环的下极限尺寸（mm）；

$\overrightarrow{A}_{i\min}$——各增环的下极限尺寸（mm）；

$\overleftarrow{A}_{i\max}$——各减环的上极限尺寸（mm）；

m——增环的环数；

n——减环的环数；

i——组成环及其序号。

分析图 1-10，尺寸（46±0.06）mm 为封闭环，用 A_0 表示；A_1、A_2 为组成环，A_1 是增环，A_2 是减环。根据加工要求用反算法计算 A_2 的公称尺寸及偏差。

根据式（1-7）可得

$$A_{0\max} = A_{1\max} - A_{2\min}$$

则
$$A_{2\min} = A_{1\max} - A_{0\max} = 76\text{mm} - (46+0.06)\text{mm} = 29.94\text{mm}$$

根据式（1-8）可得

$$A_{0\max} = A_{1\min} - A_{2\max}$$

则
$$A_{2\max} = A_{1\min} - A_{0\max} = (76\text{mm} - 0.07\text{mm}) - (46\text{mm} - 0.06\text{mm}) = 29.99\text{mm}$$

故 $A_2 = 30^{-0.01}_{-0.06}$mm。

也就是说，此工件以台阶孔及底面定位时，只有当底面至活塞销孔中心线的距离尺寸 A_2 为 $30^{-0.01}_{-0.06}$mm 时，才能保证尺寸（46±0.06）mm 的精度。

当然，这样变动后加工精度要求提高了。因此，只有当定位基准和设计基准重合，使夹具结构很复杂时，方可采用这种方法。一般情况下，夹具的定位基准应该与设计基准重合。

例 1-3　工件工序图如图 1-12 所示，试计算此工件的总长尺寸。

解： 按工序要求画出尺寸链图（图 1-12b），在尺寸链图中总长尺寸是自然形成的，属封闭环，A_4、A_2、A_3 为组成环，均为增环。根据式（1-7）、式（1-8）可得

$$\begin{aligned} A_{0\max} &= A_{4\max} + A_{2\max} + A_{3\max} \\ &= 45\text{mm} + (20\text{mm} + 0.1\text{mm}) + 15\text{mm} \\ &= 80.1\text{mm} \end{aligned}$$

$$A_{0\min} = A_{4\min} + A_{2\min} + A_{3\min}$$
$$= (45\text{mm}-0.1\text{mm}) + 20\text{mm} + (15\text{mm}-0.1\text{mm})$$
$$= 79.8\text{mm}$$

即 $A_0 = 80^{+0.1}_{-0.2}$mm。

工件总长尺寸为 $80^{+0.1}_{-0.2}$mm。

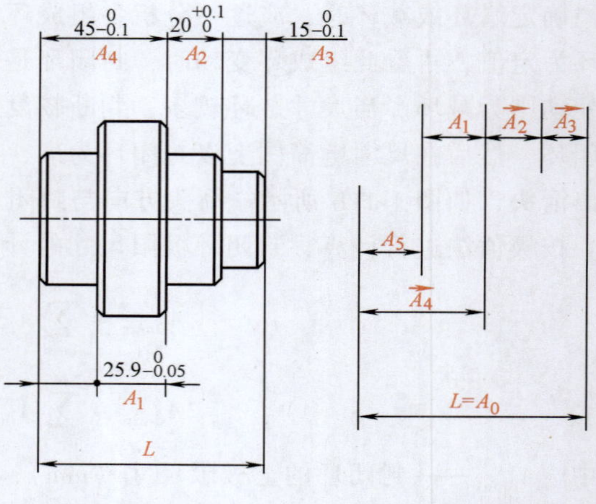

a) 工序图　　b) 尺寸链图

图 1-12　尺寸链计算实例

例 1-4　车削图 1-13a 所示的轴承环工件，由于尺寸 $50^{\ 0}_{-0.2}$mm 无法测量，只能靠测量 A_1 和尺寸 $10^{\ 0}_{-0.08}$mm 来保证。问尺寸 A_1 为多少时，才能保证尺寸 $50^{\ 0}_{-0.2}$mm 的精度。

解：画图 1-13b 所示的尺寸链图，其中 A_0 为封闭环，A_1、A_2 为组成环，A_1 为增环，A_2 为减环。根据式（1-7）、式（1-8）可得

$$A_{1\max} = A_{0\max} + A_{2\min}$$
$$= 50\text{mm} + (10-0.08)\text{mm}$$
$$= 59.92\text{mm}$$

$$A_{1\min} = A_{0\min} + A_{2\max}$$
$$= (50\text{mm}-0.2\text{mm}) + 10\text{mm}$$
$$= 59.8\text{mm}$$

故 $A_1 = 60^{-0.08}_{-0.20}$mm。

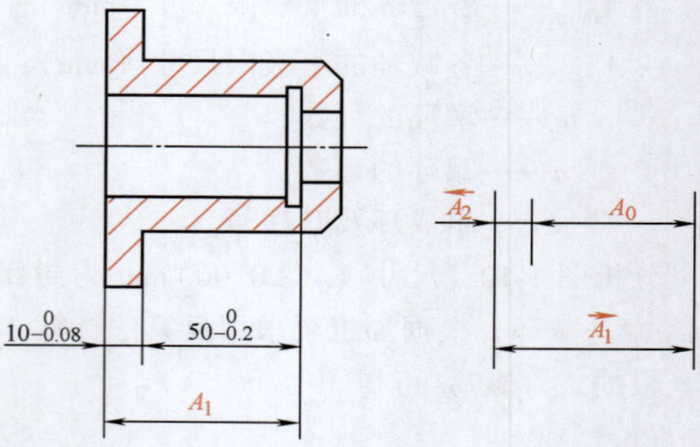

a) 工序图　　b) 尺寸链图

图 1-13　轴承环

也就是说，在车削轴承孔及底平面时，控制端面到底平面的距离尺寸 $60^{-0.08}_{-0.20}$mm，才能保证尺寸 $50^{\ 0}_{-0.2}$mm 的精度。

2. 夹具的制造及装夹误差（$\Delta_{制造}$、$\Delta_{安装}$）

制造及装夹误差是指由夹具的制造及其在机床上的装夹所造成的加工误差。

3. 加工过程误差（$\Delta_{加工}$）

加工过程误差是指与加工过程中的某些因素有关的加工误差，包括由机床的工作精度、刀具的磨损、工艺系统（机床—夹具—工件—刀具）的弹性变形和热变形，以及调整和测量等因素所造成的加工误差。

为了保证工件的加工精度，必须将上述加工误差的总和控制在加工尺寸公差（T）范围内，即

$$\Delta_{定位} + \Delta_{制造} + \Delta_{安装} + \Delta_{加工} \leqslant T \qquad (1\text{-}9)$$

式（1-9）是保证加工精度的条件，也称为夹具误差计算不等式。

在设计夹具时，夹具的制造公差一般不超过工件公差的 1/3，即

$$\Delta_{制造} \leqslant T/3 \qquad (1\text{-}10)$$

1.2.2 车床夹具的使用

车床夹具用来加工工件的回转表面，工作时，夹具和工件都随着车床主轴或过渡盘一起旋转，即工件的被加工孔和外圆的轴线与车床主轴的回转轴线一致。

夹具与车床连接的方法一般有两种，小型车床夹具一般以主轴的内锥孔为定位基面，并用拉杆拉紧。大型车夹具常用主轴外圆柱或外圆锥定位，也可以直接将夹具安装在车床的花盘面上。

高级车工不仅要掌握各种复杂、畸形、精密工件的装夹、加工和测量方法，还应掌握车床夹具的使用及调整方法，以提高工件的加工质量和生产效率。

使用车床夹具时应注意以下几点要求：

(1) 夹具定位基准与设计基准或测量基准应重合　这是保证工件达到图样精度和技术要求的关键。图1-14所示轴承座工件的技术要求是ϕ50H7孔中心线与上面两个平面之间的距离为(60±0.05)mm，平行度公差为0.03mm，即设计基准是上面两个平面。若按一般轴承座使用的车夹具以底平面为定位基准（图1-15a），也就是中心高78mm（即78mm=60mm+18mm）可由夹具保证。但因厚度尺寸18mm是未注公差尺寸，该尺寸变化时，60mm也随之变化，而图样中也没有提出孔中心线对底平面的平行度要求，这样，就很难保证(60±0.05)mm的尺寸公差及平行度公差0.03mm。

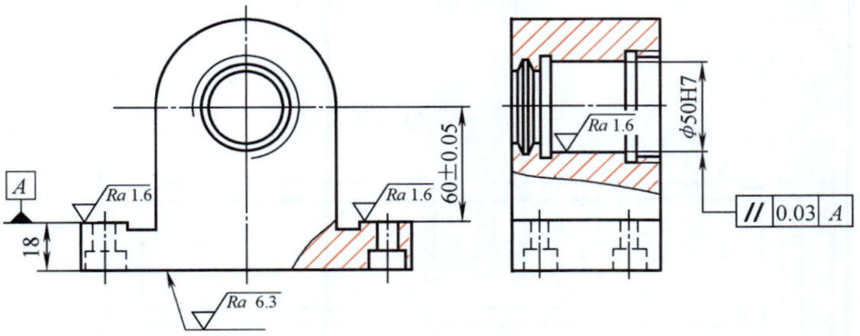

图1-14　轴承座

如果夹具以两端上平面为定位基准（图1-15b），由于定位基准与设计基准重合，夹具上的中心高60mm确定后，不受厚度尺寸18mm的影响，同时平行度公差也由夹具直接保

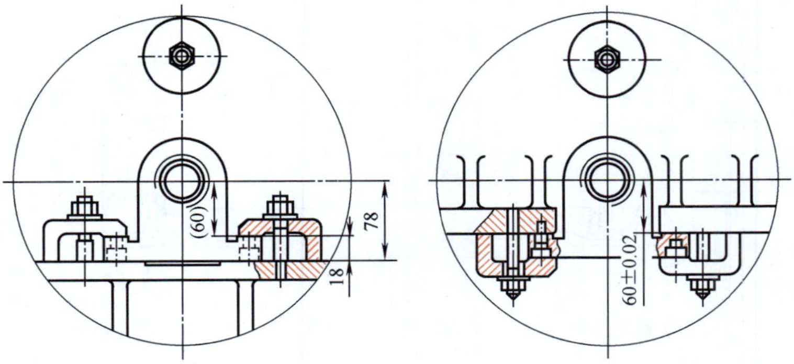

a) 以下平面为定位基准　　b) 以两端上平面为定位基准

图1-15　轴承座车夹具

证，因此可保证工件精度。

（2）**夹紧力要与支承件相对应　这是防止工件装夹变形的保证。**如图 1-16a 所示的夹紧方法，因夹紧力的下面是悬空的，夹紧时必定会引起工件变形。如果改为图 1-16b 所示的夹紧方法，因夹紧力与支承相对应，所以不易引起工件变形。

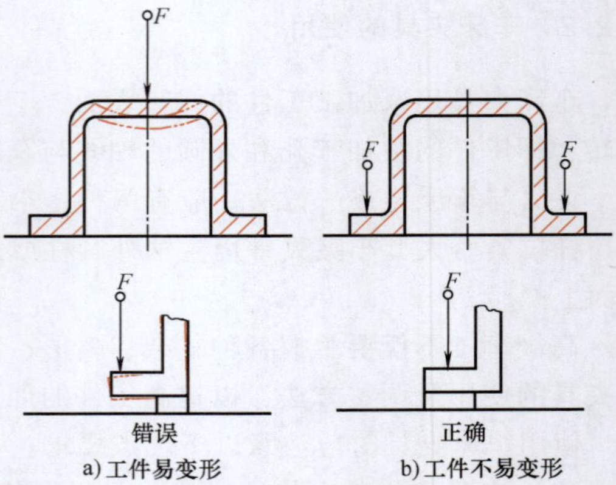

图 1-16　防止工件装夹变形的方法

（3）**薄壁工件应使用轴向夹紧的方法　薄壁工件尽量不用径向夹紧的方法，而应使用轴向夹紧的方法，这是减少薄壁工件变形的重要措施。**图 1-17 所示薄壁套工件的材料为铝合金，壁厚很薄，仅 5mm，外圆的圆柱度公差为 0.01mm，表面粗糙度值为 *Ra*1.6μm，内孔精度要求较低。对于这类薄壁工件，如采用一夹一顶的装夹方法车削外圆，因夹紧变形，是很难达到技术要求的。用其他装夹方法也很难达到技术要求。如果采用图 1-18 所示的端面夹紧心轴，工件变形问题就可迎刃而解了。工件用左右两锥套 4、6 定位，由圆柱形滑套 2、8 夹紧。心轴 5 两端使用球面垫圈 1、9，以防止工件或螺母端面与轴线不垂直而引起夹紧变形。弹簧 3 和 7 可保证锥面始终与工件接触，使其准确定位。这种心轴因轴向夹紧，可减少工件变形，适用于精车或磨削各类薄壁套工件。

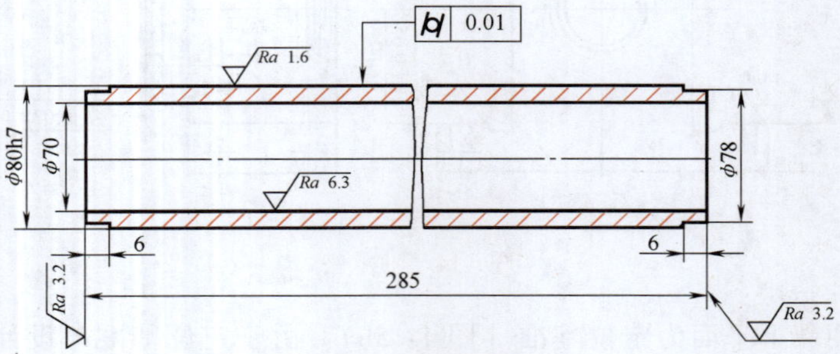

图 1-17　薄壁套

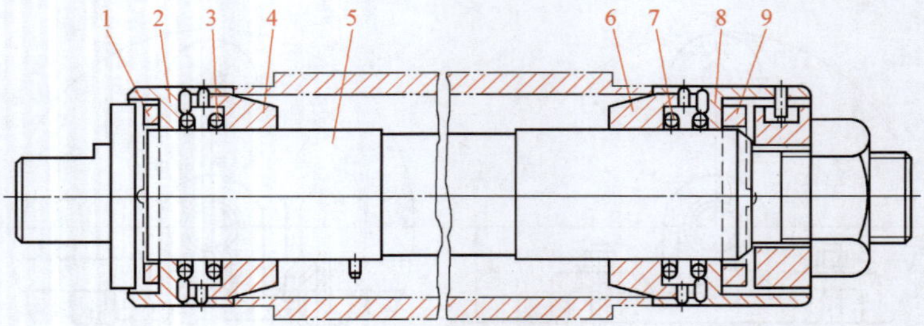

图 1-18　端面夹紧心轴

1、9—球面垫圈　2、8—滑套　3、7—弹簧　4、6—锥套　5—心轴

（4）采用工艺撑头，增加工件的装夹刚性　当工件用支承元件定位后，发生定位不稳定或加工部位变形时，可采用增加工艺撑头（又称附加支撑或附加基准）的办法来增加工

件的装夹刚性，以改善工件因外形结构等因素而导致的装夹不稳定。图 1-19 所示工艺撑头是铸造出来的附加支承，加工完毕后切除即可。

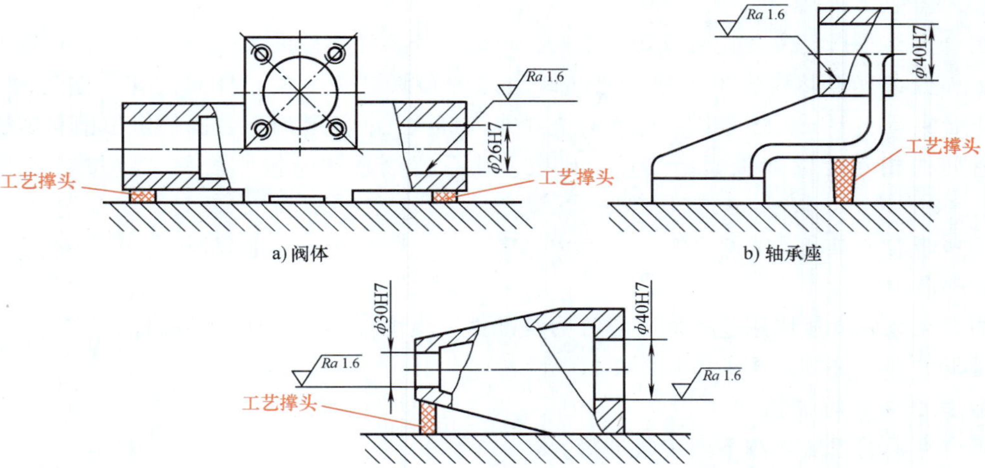

a) 阀体　　b) 轴承座

c) 锥形工件

图 1-19　工艺撑头

图 1-19a 所示阀体因原设计基准面较小，装夹在角铁上车削 ϕ26H7 孔不稳定。为此，在两端底面增加工艺撑头来增加工件的装夹稳定性。工艺撑头与基准面在一次装夹中精加工，加工完毕后切除。图 1-19b、c 所示工件均因形状特殊，使装夹不稳定而增加了铸造工艺撑头。

1.2.3　组合夹具

组合夹具又称积木式夹具，是夹具标准化的较高形式。它是由一整套预先制造好的各种不同形状、不同规格尺寸、具有互换性和高耐磨性的标准元件与合件组成的。利用这些元件和合件，根据所加工工件的工艺要求，组成各种用途的夹具。因此，组合夹具具有专用夹具的性质。加工完一批零件后，可以将组合夹具拆开保存，待下次组合新的夹具时使用。

组合夹具与专用夹具相比具有以下特点：

（1）可以缩短生产准备周期　一套较复杂的专用夹具从设计到制造出来通常需要几个月的时间，而用组合夹具元件进行组装，则只需几个小时就可以了，大大缩短了生产准备周期，尤其适用于新产品试制和单件小批量生产。

（2）可以节省人力和物力　组合夹具的元件可以反复多次使用，因而可以大大减少夹具设计和制造的工作量，同时也节约了原材料、资金和装备，降低了生产成本。

（3）可以减少夹具存放的库房面积和保管人员　由于组合夹具元件可以重复使用，减少了逐年累积的专用夹具数量，因而可使夹具存放面积减少，并可减少保管人员。

组合夹具的不足之处：组合夹具是由各元件组装而成的，其刚性不如整体式专用夹具好，比较笨重；组合夹具本身元件的数量多，精度很高，一次性投资大。

车用组合夹具可达到以下加工精度：

1）孔与基准孔的距离误差为±0.02mm。

2）孔与基准平面的距离误差为±(0.02～0.03)mm。

3）加工孔对基准平面的平行度、垂直度为0.01mm/100mm。

1. 组合夹具元件

组合夹具根据定位和夹紧方式的不同，可分为槽系和孔系两大类。槽系组合夹具主要元件的表面分布有矩形槽或T形槽，组装时通过键和螺钉来实现元件间的相互定位和紧固。孔系组合夹具主要元件的表面上分布有光孔或内螺纹孔，组装时通过圆柱定位销和螺栓来实现元件间的相互定位和锁紧。二者相比较，孔系比槽系的结构刚度好、定位精度和可靠性高。

槽系组合夹具和孔系组合夹具各有大、中、小三种规格。目前我国广泛使用的是中型槽系组合夹具。

组合夹具元件按照用途不同，可分为基础件、支承件、定位件、导向件、压紧件、紧固件、辅助件和合件等八大类，如图1-20所示。

2. 组合夹具的组装

组合夹具的组装可按下列步骤进行。

（1）准备阶段　根据工件加工图样（最好取用工件做参照实物）及工艺规程，了解工件的加工部位、加工要求、定位基准、上下道工序之间的关系，本工序所用机床和刀具，以及工件的加工精度和技术要求等。

（2）确定组装方案　按照工件的定位原则、几何结构特点和加工精度要求，构思定位、夹紧方案时，应根据工艺规程确定的机床型号和规格、夹具在机床上的安装情况、刀具的类型和规格、工件的重量和装卸、切削过程中的排屑、夹具组装中的调整和测量等，选择所需的夹具元件及合件，初步设想夹具的结构形式。

（3）试装调整　按照初步设想的夹具结构方案，对所选择的夹具元件和合件进行试配组装，但各元件间暂不用紧固件紧固。分析夹紧方案和夹紧形式能否满足工件加工要求，实施调整和测量是否方便。试装的目的是检验夹具结构方案是否合理，从而对初步设想的组装方案进行修改和补充，确保组装后夹具的正确性，避免正式组装时造成大的返工。

（4）组装定型　夹具结构经过试装验证确认能够达到工件加工要求后，即可着手组装。组装的一般顺序是“先下后上，先里后外，先定位后夹紧”，即按夹具底座→定位元件→支承骨架→夹紧机构→其他装置（如平衡装置）的顺序组装。夹具组装完工后应满足以下几点要求：

1）在满足工件加工要求和夹具强度、刚度条件的前提下，应尽量使夹具体积小、重量轻、结构简单、操作方便。

2）夹具元件装配尺寸链应尽量短，即尽量减少组成元件数，以减少组成环节累积误差和配合面接触变形。

3）应按六点定位原则组装，使各元件都处于完全定位状态。

4）组装后的车床夹具，必须使用平衡元件加以平衡，使运转平稳，确保安全。

（5）精度检验　组合夹具元件全部装配紧固后，必须按工件加工要求检验夹具精度。一般情况下，夹具的尺寸公差取工件相应尺寸公差的1/3～1/2。测量基准的选择应尽量和设计基准、工艺基准一致，以使累积误差最小。测量同一方向的偏差时，应使基准统一。除了

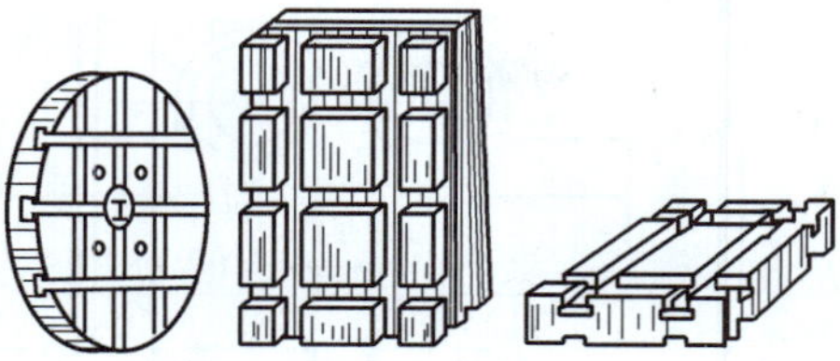

a) 基础件

b) 支承件

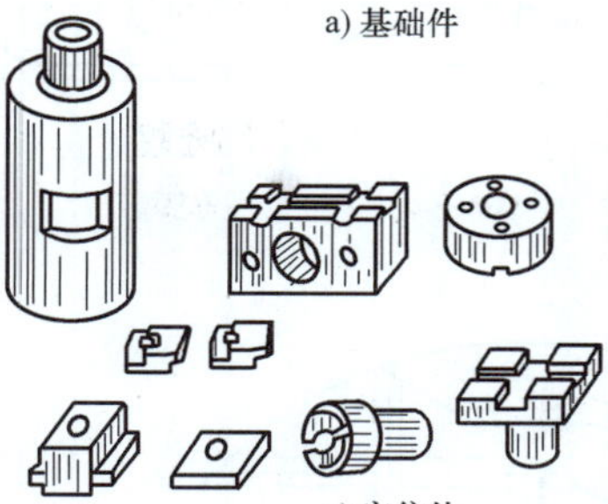

c) 定位件

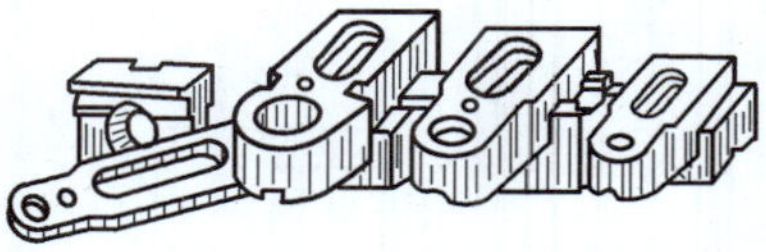

d) 导向件

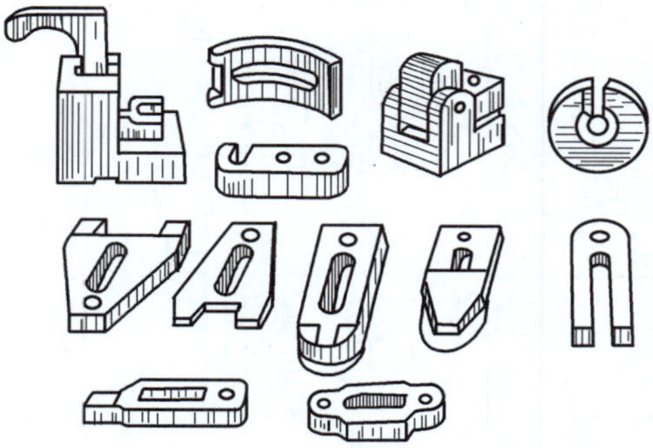

e) 压紧件

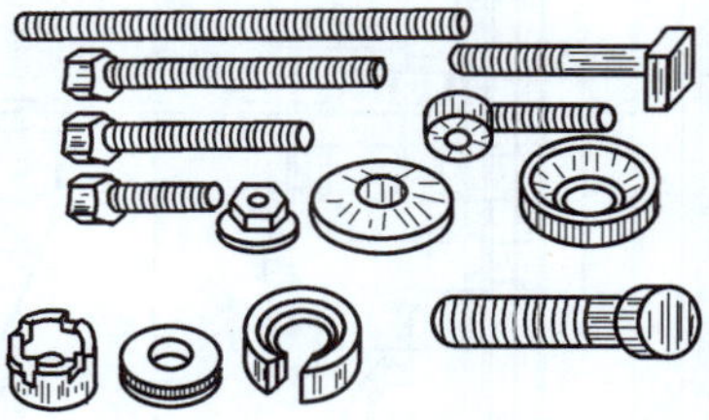

f) 紧固件

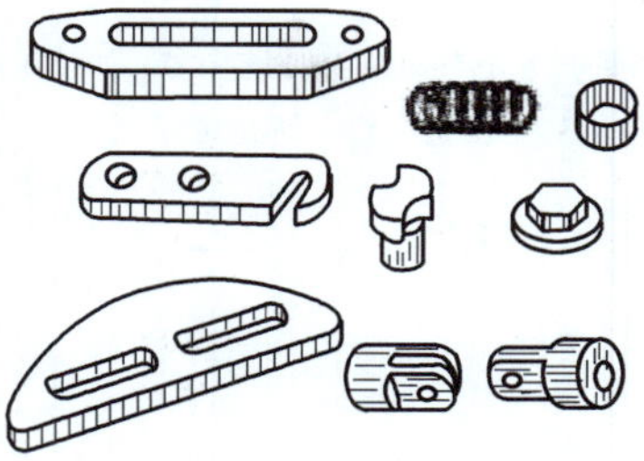

g) 辅助件

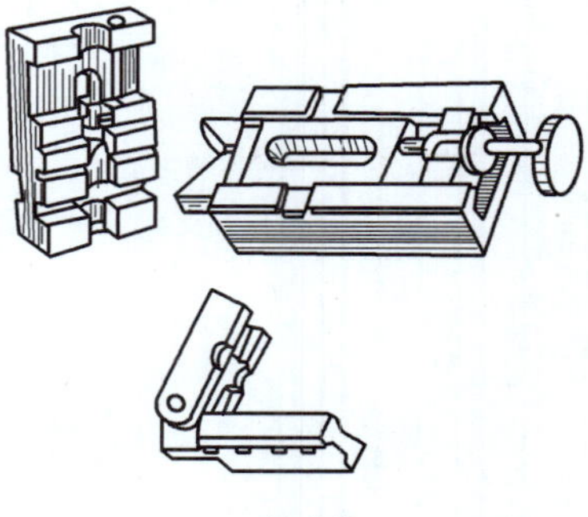

h) 合件

图 1-20 组合夹具元件

检验确定夹具总的精度外，还应仔细检验夹具定位系统能否保证工件可靠定位，加工过程中夹紧机构是否能可靠工作，定位夹紧装置的刚性是否足够，夹紧力是否会引起工件变形和移位，回转夹具是否平衡以及是否有凸出于圆基础板的夹具元件，夹具能否在机床上顺利装夹，操作人员装卸工件和操作夹具是否方便等。

3. 组合夹具的应用

将图 1-21 所示的轴承座装夹在图 1-22 所示的组合夹具中车削两孔 ϕ30H11 及端平面 E，工件的装夹方法如下：

1）工件先以底平面 *D* 和侧面 *F* 为基准，放在由宽角铁 4、V 形架 10 及钻模板 1 组成的平面系中定位，按Ⅰ孔 ϕ30H11 台阶面找正，用伸长压板 7 将工件两头压紧，即可车削 *E* 面和Ⅰ孔。

2）松开压板，工件调头以底平面 *D*、侧面 *E* 和Ⅰ孔为基准，在 *F* 平面及削边定位销 11 定位，将工件用压板固定后即可车削Ⅱ孔。

组装时，宽角铁 4 的位置采用偏心键 6 定位以控制工序尺寸 32mm。V 形架 10 用筒形方支承 8 支高，起空刀作用。

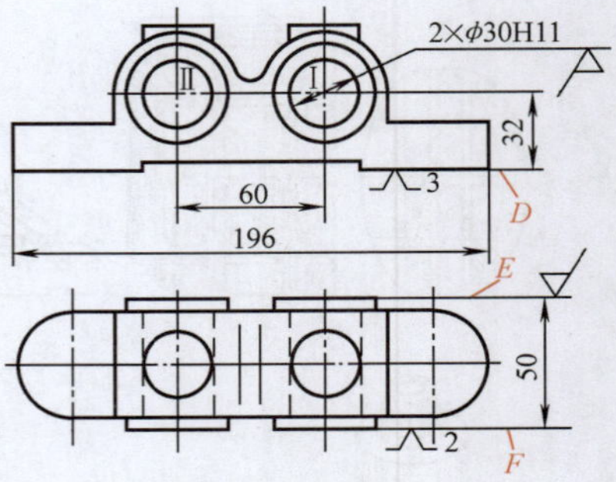

图 1-21　轴承座工序图

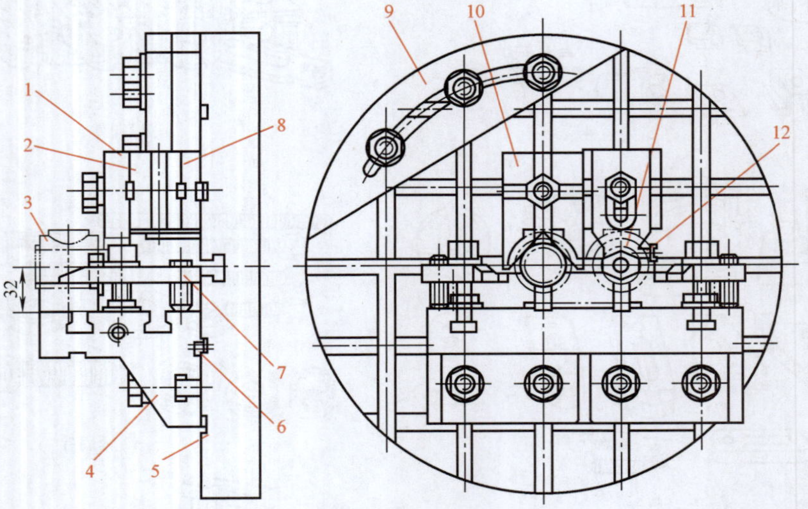

图 1-22　车削轴承座的组合夹具

1—钻模板　2—对称槽方支承　3—工件　4—宽角铁　5—圆形基础件　6—偏心键　7—伸长压板　8—筒形方支承　9—平衡块　10—V 形架　11—削边定位销　12—钻套螺钉

项目 2

轴类工件加工

思维导图：

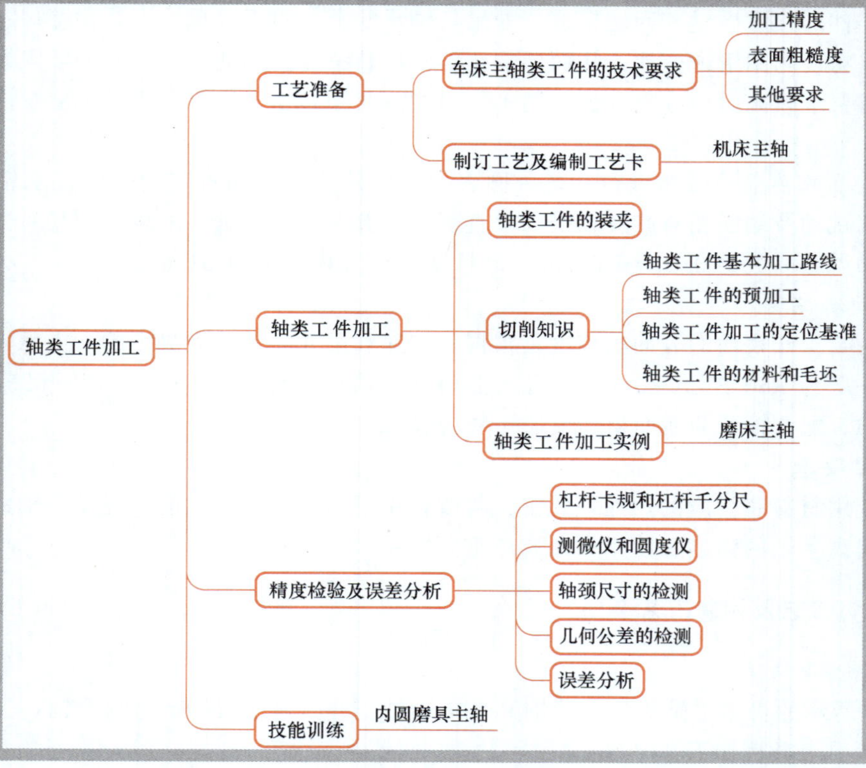

2.1 工艺准备

2.1.1 车床主轴类工件的技术要求

主轴部件是车床的关键部分，在工作时承受很大的切削力。主轴的功用为支承传动零件（如齿轮、带轮等）、传递转矩、承受载荷以及保证装夹在主轴上的工件（或刀具）具有一定的回转精度。主轴部件的尺寸精度、形状和位置精度、表面粗糙度等要求都较高，而这些精度要求直接影响机床的最后精度。工件的精度和表面粗糙度在很大程度上取决于主轴的刚度和回转精度。

车床主轴类工件的技术要求是根据主轴的功用和工作条件制订的，通常有以下几方面。

1. 加工精度

轴的加工精度主要包括结构要素的尺寸精度、几何形状精度和位置精度。

（1）尺寸精度　尺寸精度主要是指结构要素的直径和长度尺寸的精度。直径尺寸的精度由使用要求和配合性质确定，通常规定有严格的公差要求，如套齿轮和装轴承（滚动轴承或滑动轴承）的轴颈直径尺寸的公差等级通常为IT5~IT7，必要时与轴承内圈孔径的单边配合间隙要求为0.002~0.005mm。轴的长度尺寸精度一般不是很严格，通常按未注公差尺寸（一般为IT12~IT14）加工，要求较高时，其允许误差一般在0.05~0.2mm范围内。

（2）形状精度　形状精度主要是指轴颈的圆度、圆柱度等，轴的形状误差直接影响与之相配合零件的接触质量和回转精度。如果与轴承配合，由于轴承内圈是薄壁件，主轴颈的圆柱度误差将使内圈滚道变形，从而影响主轴的回转精度，因此，其公差一般限制在直径公差范围内，要求较高时可取直径公差的1/4~1/2。对于高精度的机床主轴，应在图样上标注公差。

（3）位置精度　位置精度包括各外圆表面、内外圆锥面相对装配轴承支承轴颈的同轴度、径向圆跳动及端面相对旋转轴线的垂直度等。普通精度的轴，配合轴颈相对支承轴颈的径向圆跳动误差一般为0.01~0.03mm；高精度的轴为0.005~0.01mm。

2. 表面粗糙度

主轴主要工作表面的表面粗糙度是根据其转速和尺寸公差等级决定的。支承轴颈的表面粗糙度值一般为Ra0.2~0.8μm；高精度主轴（如磨床砂轮架主轴）的表面粗糙度值可达Ra0.025μm。配合轴颈的表面粗糙度值一般为Ra0.8~3.2μm。

3. 其他要求

合理选用材料和相应的热处理要求，与改善主轴的切削加工性能，提高主轴的综合力学性能以及提高主轴的强度和使用寿命有着重要关系。

2.1.2　制订工艺及编制工艺卡

1. 图样分析

图2-1所示的机床主轴既是台阶轴又是空心轴，并且是$L/d<12$的刚性轴。工件的精度要求及技术要求分析如下：

1）锥度1∶12及外圆ϕ60js6为两支承轴颈，1∶12锥面用涂色法检查，接触面积不小于70%，表面粗糙度值为Ra0.4μm。虽然图样没有对两支承轴颈提出形状和位置精度要求，但支承轴颈的径向圆跳动误差将导致主轴的同轴度误差，从而会影响工件的加工精度，因此应严格控制其圆度及径向圆跳动误差。

2）莫氏5号锥孔表面对支承轴颈A、B公共轴线的径向圆跳动公差：近轴端为0.005mm；离轴端300mm处为0.01mm。用涂色法检查锥面，接触面积不小于70%，表面粗糙度值为Ra0.8μm，硬度要求为48HRC。

主轴锥孔是用来安装顶尖或工具锥柄的，其中心线与两支承轴颈的轴线应尽量同轴，否则将影响机床精度，从而使工件产生同轴度误差。

3）7°7′30″短锥表面及肩平面对两支承轴颈公共轴线的径向圆跳动及垂直度公差为0.005mm及0.008mm，表面粗糙度值为Ra0.8μm。这些要求是为了保证安装卡盘时能够很

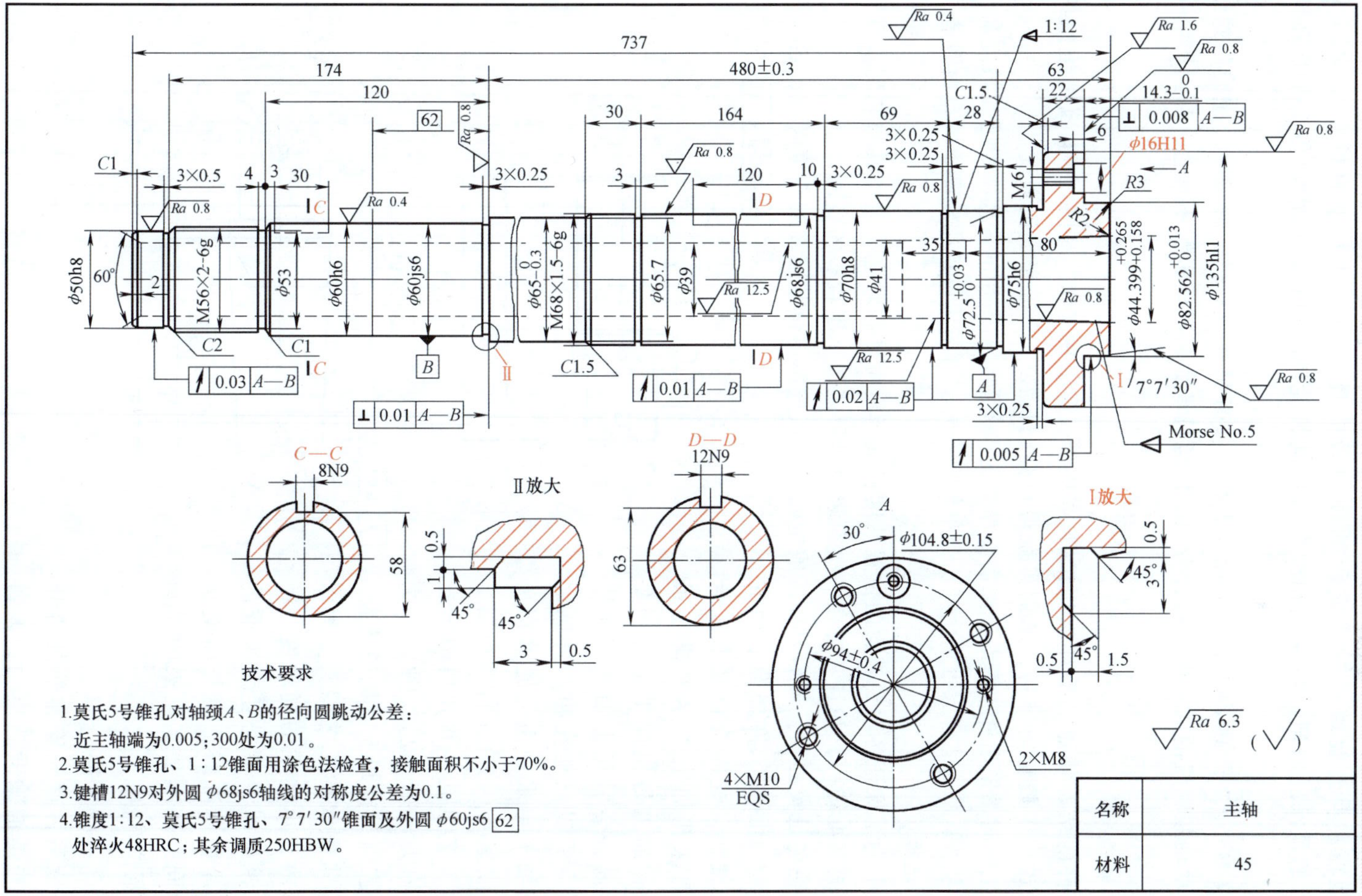

技术要求

1.莫氏5号锥孔对轴颈A、B的径向圆跳动公差：

近主轴端为0.005；300处为0.01。

2.莫氏5号锥孔、1∶12锥面用涂色法检查，接触面积不小于70%。

3.键槽12N9对外圆ϕ68js6轴线的对称度公差为0.1。

4.锥度1∶12、莫氏5号锥孔、7°7′30″锥面及外圆ϕ60js6 62

处淬火48HRC；其余调质250HBW。

名称	主轴
材料	45

图 2-1　机床主轴

好地定位。提高短圆锥面与支承轴颈的同轴度，而端面又与回转轴线垂直，就能提高卡盘的定心精度。

4）其他轴颈表面及端面对两支承轴颈轴线的径向圆跳动及垂直度公差均不大于0.02mm，目的是保证轴颈与齿轮孔相配合后传动齿轮啮合良好，使齿轮传动平稳及降低噪声。

5）螺纹 M56×2 及 M68×1.5 的中径及大径公差带精度为 6 级。加工时，应控制螺纹表面轴线与支承轴颈轴线的同轴度误差，否则会使螺母端面与回转轴线不垂直，从而影响主轴的装配精度。

2. 毛坯制造

根据工件的结构特点，毛坯选用锻件，因经过锻造的毛坯，材料的金属纤维组织致密，在热锻过程中按轴向排列，从而可获得较高的抗拉、抗弯和抗扭强度。

大批量生产时用模锻件，模锻虽然需要昂贵的设备和制造专用的锻模，但毛坯精度高、毛坯余量少、生产率高，适合大批量生产。当单件生产时，可采用设备比较简单的自由锻造。

3. 基准选择

在加工中为了保证各主要表面的位置精度，选择定位基准时应尽量使其与装配基准重合和使各工序的基准统一，并且考虑在一次安装中尽可能加工出较多的表面。

主轴的毛坯是实心轴，最后要加工成空心轴，从选择定位基准面的角度考虑，希望采用顶尖孔来定位（因为工件外圆表面的设计基准是轴线，这样符合基准重合原则）。若把深孔加工工序安排在最后，因为深孔加工是粗加工工序，要切除大量金属，会引起主轴变形而影响加工质量，所以只能在粗车外圆之后再把深孔加工出来。为了能够将顶尖孔作为定位基准，可在工件的小端车出 1∶30 的工艺锥孔，并在两端锥孔内装上工艺闷头（图 2-2）。图 2-2a 为带螺纹的工艺闷头，卸下时比较方便。图 2-2b 为不带螺纹的工艺闷头。为保证内锥面与两支承轴颈的同轴度，精磨莫氏 5 号锥面时，根据互为基准的原则，在选择精基准时，用与前支承轴颈相邻的同一基准加工出来的外圆 ϕ70h8 作为定位基准。

4. 热处理工序安排

毛坯锻造后，首先安排热处理正火工序，目的是消除锻造应力，改善金属组织，细化晶粒，降低毛坯硬度，以便于切削加工。另外，正火处理生

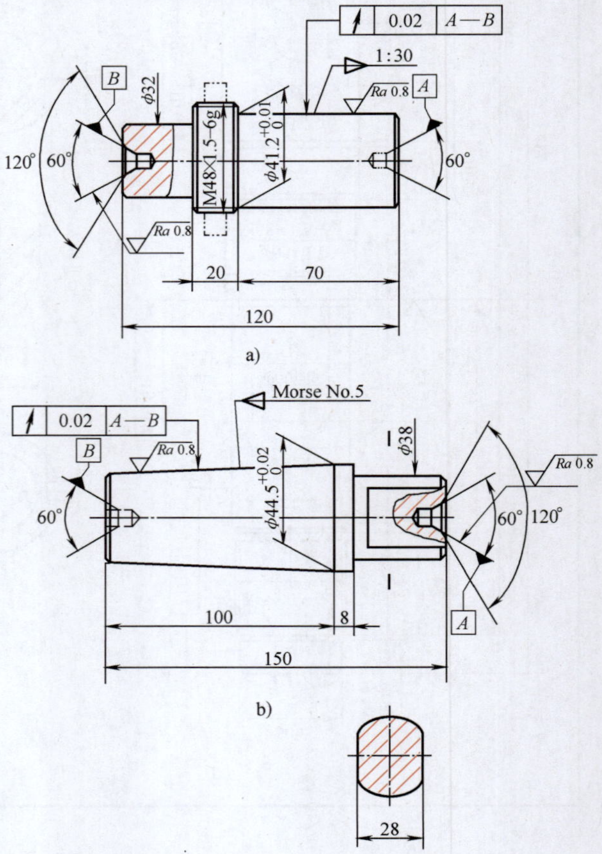

图 2-2　工艺闷头

产效率较高，成本较低（与退火相比较）。

工件短锥、锥度 1∶12、莫氏 5 号锥孔和外圆 ϕ60js6 等处需经局部高频感应淬火，因此在前道工序中应安排调质处理，其目的是提高工件的硬度、塑性和韧性等综合力学性能，并为后序热处理做准备。由于工件的毛坯是自由锻造而成的，毛坯余量较大，调质工序宜放在粗车工序之后，以便使粗车时产生的内应力在调质时得以消除。

5. 主轴锥孔加工

为了保证主轴锥孔的圆跳动要求，磨削主轴锥孔时，可装夹在 V 形夹具（结构这里不介绍）上进行，这种夹具的加工精度能达到锥孔相对支承轴颈的径向圆跳动为（0.003～0.005）mm/300mm，表面粗糙度值为 $Ra0.4\mu m$，锥度接触面积在 80%以上。

6. 根据生产批量安排工艺过程

大批量生产和小批量生产工艺过程，主要区别在于定位基准、加工方法和工艺装备的选择。例如，在大批量生产 ϕ39mm 孔时，可采用硬质合金喷吸式内排屑深孔钻钻孔；当单件小批量生产时，可使用接长麻花钻钻孔。又如，大批量生产时，使用半自动机床及专用机床（磨锥孔）的情况较多，其目的是提高生产效率，保证质量；而在单件小批量生产中，一般使用通用设备。

7. 工件的加工工艺过程

工件的加工一般可概括为下列三个阶段。

1）粗加工阶段：毛坯备料，锻造和正火；钻中心孔，粗车各级外圆。

2）半精加工阶段：半精加工前热处理调质，以达到硬度 250HBW；半精车各级外圆、端面及加工深孔；钻孔及攻内螺纹等。

3）精加工阶段：精加工前局部高频表面感应淬火；精加工前的各种加工，如粗磨工艺锥面、外圆，铣键槽等；精磨外圆和内、外锥面。

小批量生产时，主轴机械加工工艺卡见表 2-1。

表 2-1　主轴机械加工工艺卡

×××厂			机械加工工艺卡	产品名称		图号	图 2-1
				零件名称	主轴	共 6 页	第 1 页
毛坯种类			铸件	材料 45		毛坯尺寸	
工序	工种	工步	工序内容	车间	设备	工具	
1	锻		锻造毛坯	锻造			
2	热		正火	热处理			
3	车		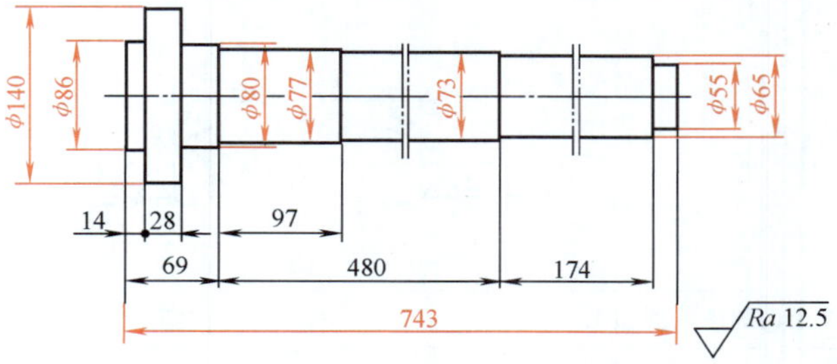				
			按上面的工艺图加工	机加工	车床		
			用自定心卡盘夹住大端毛坯外圆，一端用中心架托住，找正				

（续）

×××厂	机械加工工艺卡		产品名称		图号	图 2-1
			零件名称	主轴	共 6 页	第 2 页
毛坯种类	铸件	材料	45	毛坯尺寸		

工序	工种	工步	工 序 内 容	车间	设备	工具
3	车	(1)	钻中心孔 ϕ6mm A 型，顶住并去除中心架			中心钻：ϕ6mm A 型
		(2)	车外圆 ϕ80mm 至尺寸，控制尺寸大于 28mm、大于 42mm（即 42mm＝14mm+28mm）			
		(3)	车 ϕ77mm、ϕ73mm、ϕ65mm、ϕ55mm 各级外圆至尺寸			
		(4)	倒角			
			调头，一端夹住，一端用中心架支承			
		(5)	车端面，控制尺寸 69mm、42mm（即 42mm＝14mm+28mm）			
		(6)	钻中心孔 ϕ6mm A 型，顶住			
		(7)	车外圆 ϕ140mm、ϕ6mm 至尺寸			
		(8)	倒角			
			调头，一端夹住，一端用中心架支承			
		(9)	车端面，取长度尺寸 743mm			
		(10)	倒角			
		(11)	钻中心孔 ϕ6mm A 型			
			检验			
4	热		调质处理，硬度 250HBW	热处理		
5	车		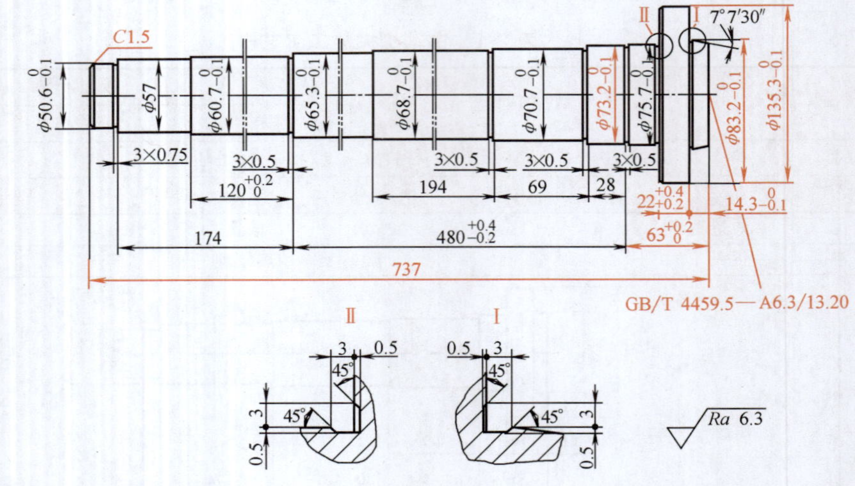			
			按上面的工艺图加工	机加工	车床	
			用自定心卡盘，夹住 ϕ140mm 粗车外圆，一端顶住			
		(1)	依据工艺图车各级外圆及长度至尺寸			
		(2)	按各轴颈长度尺寸车各沟槽至尺寸			

（续）

×××厂		机械加工工艺卡		产品名称		图号	图 2-1
				零件名称	主轴	共 6 页	第 3 页
毛坯种类		铸件		材料	45	毛坯尺寸	
工序	工种	工步	工序内容	车间	设备	工具	
5	车	(3)	车端面至近顶尖根处，留出的凸圆不大于 ϕ39mm，控制尺寸 20mm（即 20mm = 737mm − 63mm − 480mm − 174mm）				
		(4)	倒角				
			调头，一端夹住，$\phi73.2_{-0.1}^{\ 0}$mm 外圆处用中心架支承				
		(5)	车端面至尺寸 737mm、36.3mm（即 36.3mm = 22mm + 14.3mm）、$63_{\ 0}^{+0.2}$mm				
		(6)	车外圆 $\phi135.3_{-0.1}^{\ 0}$mm、$\phi83.2_{-0.1}^{\ 0}$mm 至尺寸				
		(7)	按 I 放大图车外圆平面沟槽至尺寸，控制尺寸 $14.3_{-0.1}^{\ 0}$mm				
		(8)	车 7°7′30″圆锥面，留磨量 0.6～0.7mm				7°7′30″锥度套规
		(9)	倒角				
			检验				
6	车		用软卡爪夹住 $\phi135.3_{-0.1}^{\ 0}$mm 外圆，一端顶住	机加工	车床		
		(1)	车 1 : 12 圆锥面，留磨量 0.6～0.7mm，用锥度套规涂色检验，接触面积不小于 50%				1 : 12 锥度套规
		(2)	锐角倒钝				
			检验				
7	车		一端夹住，一端用中心架支承（两次装夹）	机加工	车床		
		(1)	在莫氏 5 号锥孔处钻孔 ϕ38mm，深度 15mm			ϕ38mm 麻花钻	
		(2)	调头，钻通孔 ϕ39mm 至尺寸	ϕ39mm×650mm 接长钻			
			检验				
8	车		一端夹住，一端用中心架支承	机加工	车床		
		(1)	粗、精车 1 : 30 工艺用锥孔，大端尺寸 $\phi41_{-0.3}^{\ 0}$mm，表面粗糙度值为 $Ra1.6\mu m$，用工艺闷头涂色检验，接触面积不小于 60%			工艺闷头	
		(2)	孔口锐角倒钝				
			检验				
9	车		调头，一端夹住，一端用中心架支承	机加工	车床		
		(1)	车莫氏 5 号圆锥孔至 $\phi39.5_{\ 0}^{+0.1}$mm				
		(2)	车内沟槽至尺寸 ϕ41mm×35mm，控制尺寸 80mm 至 $80_{\ 0}^{+0.2}$mm				

（续）

×××厂		机械加工工艺卡		产品名称		图号	图 2-1
				零件名称	主轴	共 6 页	第 4 页
毛坯种类		铸件	材料	45	毛坯尺寸		
工序	工种	工步	工序内容	车间	设备	工具	
9	车	(3)	车莫氏 5 号圆锥面，尺寸 ϕ44.399mm 车至 $\phi 43.7^{+0.1}_{0}$mm，用圆锥塞规涂色检验			莫氏 5 号圆锥塞规	
		(4)	孔口车圆弧 R2mm				
			检验				
10	钻		工件以短锥体定位，套钻模板固定	机加工	钻床	钻模板	
		(1)	钻 2×M8 螺纹底孔至 ϕ6.7mm			ϕ6.7mm 麻花钻	
		(2)	钻 4×M10 螺纹底孔至 ϕ8.5mm			ϕ8.5mm 麻花钻	
		(3)	钻 M6 螺纹底孔至 ϕ5mm，用平头钻扩孔 ϕ16H11($^{+0.11}_{0}$)×6mm 至尺寸			ϕ5mm、ϕ16mm 平头钻	
		(4)	各孔口倒角				
		(5)	攻螺纹 2×M8、4×M10、M6 至尺寸			M8、M10、M6 丝锥	M8、M10、M6、螺纹塞规
			检验				
11	热		锥度 1∶12、莫氏 5 号圆锥孔、7°7′30″锥面及 ϕ60js6 外圆×62mm 处高频感应淬火，硬度 48HRC	热处理			
			检验				
12	磨		一端夹住，一端用中心架支承	机加工	磨床		
			粗磨莫氏 5 号圆锥孔，尺寸 ϕ44.399mm 磨至 ϕ(44.1±0.05)mm，用塞规涂色检验，接触面积不小于 60%（配备工艺闷头）				莫氏 5 号锥度塞规
			检验				
13	车	(1)	车 M68×1.5-6g 螺纹大径至 $\phi 68_{-0.2}^{0}$mm	机加工	车床	工艺闷头	
		(2)	车 M56×2-6g 螺纹大径至 $\phi 56_{-0.25}^{0}$mm				
		(3)	车沟槽 3mm×ϕ65.7mm、4mm×ϕ53mm 至尺寸，控制尺寸 164mm、30mm 及 120mm				
		(4)	倒角 $C1$、$C1.5$				
		(5)	车螺纹 M68×1.5-6g 至尺寸				
		(6)	车螺纹 M56×2-6g 至尺寸				
			检验				M68×1.5-6g、M56×2-6g 螺纹套规
14	磨		装夹于两顶尖之间	机加工	磨床		
		(1)	粗磨外圆 ϕ75h6、ϕ70h8、ϕ68js6、ϕ60js6、ϕ60h6、ϕ50h8，留精磨余量 0.15～0.2mm				

（续）

×××厂	机械加工工艺卡	产品名称		图号	图 2-1
		零件名称	主轴	共 6 页	第 5 页
毛坯种类	铸件	材料	45	毛坯尺寸	

工序	工种	工步	工序内容	车间	设备	工具	
14	磨	(2)	磨外圆 $\phi135h11$ 至尺寸 $\phi135_{-0.25}^{\ 0}$mm				
		(3)	磨外圆 $\phi65_{-0.3}^{\ 0}$mm 至尺寸				
			检验				
15	磨		装夹于两顶尖之间				
			粗磨 1∶12 圆锥体，留精磨余量 0.15~0.2mm				1∶12 锥度套规
			用套规涂色检验，接触面积不小于 60%				
16	铣		装夹于分度头两顶尖之间	机加工	立式铣床	分度头	
		(1)	铣键槽 12N9（$_{-0.043}^{\ \ 0}$）×63mm×120mm 至尺寸，控制长度尺寸 10mm			$\phi12$mm 键槽铣刀	
		(2)	铣键槽 8N9（$_{-0.036}^{\ \ 0}$）×58mm×30mm 至尺寸，控制尺寸 3mm			$\phi8$mm 键槽铣刀	
			应除外圆留磨余量				
			检验				12N9、8N9 键槽量规
17	研		研磨两端中心孔	机加工	研磨机		
18	磨		装夹于两顶尖之间	机加工	磨床		
		(1)	精磨外圆 $\phi75h6$（$_{-0.019}^{\ \ 0}$）至尺寸，并光出肩平面				
		(2)	精磨外圆 $\phi70h8$（$_{-0.046}^{\ \ 0}$）至尺寸				
		(3)	精磨外圆 $\phi68js6$（±0.095）至尺寸				
		(4)	精磨外圆 $\phi60js6$（±0.095）至尺寸，并光出肩平面				
		(5)	精磨外圆 $\phi60h6$（$_{-0.019}^{\ \ 0}$）及 $\phi50h8$（$_{-0.039}^{\ \ 0}$）至尺寸				
			检验				
19	磨		装夹于两顶尖之间	机加工	磨床		
		(1)	精磨 1∶12 圆锥体至尺寸 $\phi72.5_{\ 0}^{+0.03}$mm，用套规涂色检验，接触面积不小于 70%				1∶12 锥度套规
		(2)	磨 7°7′30″短锥体至尺寸 $\phi82.562_{\ 0}^{+0.013}$mm，并光出肩平面，与两支承颈公共轴线的垂直度误差不大于 0.008mm				7°7′30″ 锥度套规
			检查				
20	钳		取出两端工艺闷头	机加工	钳工		
21	磨		将工件装于 V 形磨夹具中	机加工	磨床	V 形磨夹具	莫氏 5 号锥度塞规
			精磨莫氏 5 号圆锥孔，用塞规涂色检查，接触面积不小于 70%，光出端平面至尺寸 $14.3_{-0.1}^{\ 0}$mm				莫氏 5 号锥度检验棒

（续）

×××厂		机械加工工艺卡		产品名称		图号	图 2-1
				零件名称	主轴	共 6 页	第 6 页
毛坯种类		铸件	材料	45	毛坯尺寸		
工序	工种	工步	工 序 内 容	车间	设备	工具	
21	磨		注意技术要求 1				
			检验				
22	钳		用砂条修光槽口毛刺	机加工	钳工		
23	普		清洗、涂色、入库				
			检验				
更改号			拟订	校对	审核	批准	会签
更改者		日期					

2.2 轴类工件加工

2.2.1 轴类工件的装夹

典型轴类工件常用的装夹方法见表 2-2。

表 2-2 典型轴类工件常用的装夹方法

装夹方法	图　　示	说　　明
采用限位支承的一夹一顶装夹	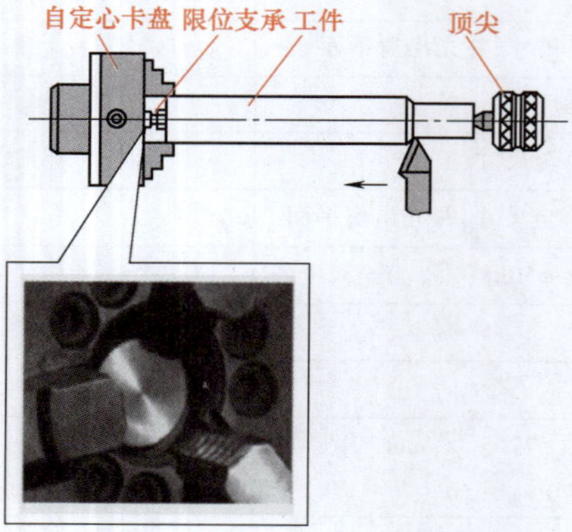	采用自定心卡盘装夹工件外圆表面（长轴可采用顶尖进行辅助支承），通过限位支承来防止工件加工时产生轴向位移 适用于粗加工
采用工件台阶限位的一夹一顶装夹	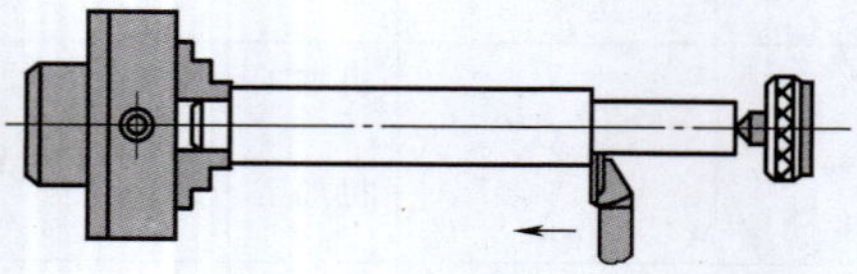	采用自定心卡盘装夹工件台阶表面（长轴可采用顶尖进行辅助支承），利用台阶防止工件加工时产生轴向位移 多用于半精加工

（续）

装夹方法	图示	说明
采用双顶尖装夹	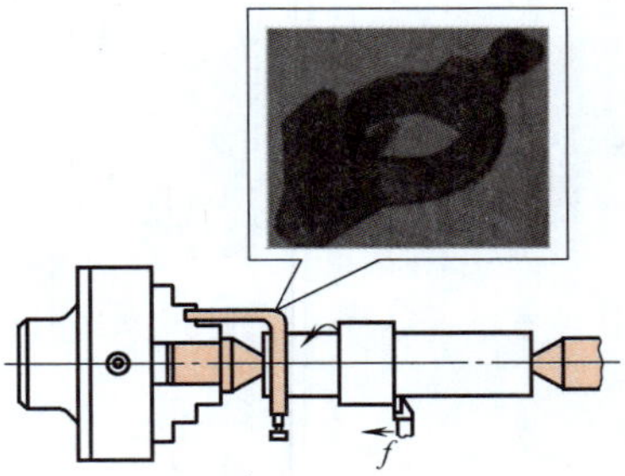	加工细长轴时，为了减少工件的变形和振动，常采用双顶尖装夹的方式，可以有效避免工件表面的装夹变形，保证工件的加工精度。装夹前，需预先在工件两端加工中心孔 常用于精加工

2.2.2 切削知识

1. 轴类工件基本加工路线

轴类工件的主要加工表面是外圆表面以及常见的特型表面，因此应该针对各种公差等级和表面粗糙度要求，选择最合适的加工方法。其基本加工路线可以归纳为以下四条：

1）从粗车到半精车，再到精车的加工路线。这是针对一般常用材料轴类工件的外圆加工所选择的最常用的工艺路线。

2）从粗车到半精车，再到粗磨，最后精磨的加工路线。对于钢铁材料和精度要求较高、表面粗糙度值要求较小且需要淬硬的工件，这种加工路线是最好的选择，因为磨削是其最理想的后续加工工序。

3）从粗车到半精车，再到精车、金刚石车。这种加工路线专门用来加工非铁金属材料，因为非铁金属的硬度较小，容易堵塞磨粒间的空隙，采用磨削通常不容易得到所要求的表面粗糙度值，而必须采用精车和金刚石车工序。

4）从粗车到半精车，再到粗磨、精磨，然后进行光整加工。对于由经过淬硬的钢铁材料制成的，且对精度要求较高、表面粗糙度值要求较低小工件，这是一种经常采用的加工路线。

2. 轴类工件的预加工

轴类工件在车削外圆之前，先要进行一些准备工序，这就是轴类工件的预加工过程。最重要的准备工序是校直。因为工件毛坯在制造、运输和保管过程中经常会发生弯曲变形，为了保证装夹可靠以及加工余量分布均匀，应在冷态下，通过各种压力机或校直机对毛坯进行校直。

3. 轴类工件加工的定位基准

（1）以工件的中心孔作为加工的定位基准　轴类工件加工中，外圆表面，锥孔、螺纹表面的同轴度，端面相对旋转轴线的垂直度都是位置精度的重要体现。这些表面一般都是以轴的轴线为设计基准，用中心孔定位，符合基准重合原则。

中心孔不仅是车削加工时的定位基准，也是其他加工工序的定位基准和检验基准，符合基准统一原则。当采用两中心孔定位时，还能在一次装夹中最大限度地加工出多个外圆和端面。

（2）以外圆和中心孔作为加工的定位基准　这种方法有效地克服了中心孔定位时刚性不佳的缺点，尤其是在加工较重的工件时，中心孔定位会造成装夹不稳，切削用量也不能太大。采用外圆和中心孔作为定位基准就不用担心这个问题。粗加工时，采用以轴的外圆表面和一中心孔作为定位基准，能在加工中承受较大的切削力矩，是轴类工件加工中最常见的一种定位方法。

（3）以两外圆表面作为加工的定位基准　在加工空心轴的内孔时，不能采用中心孔作为定位基准，而应使用轴的两外圆表面作为定位基准。当加工机床主轴时，常以两支承轴颈为定位基准，这样可以有效保证锥孔相对支承轴颈的同轴度要求，消除由于基准不重合而引起的误差。

（4）以带有中心孔的锥度作为加工的定位基准　这种方法在加工空心轴的外圆表面时应用最为普遍。因为锥度或锥套心轴应具有较高的精度，而锥度和锥套心轴上的中心孔既是其本身制造的定位基准，又是空心轴外圆精加工的基准。

因此，必须保证锥度或锥套心轴上的锥面与中心孔有较高的同轴度。为了减少由重复装夹引起的误差，要尽量减少锥度的装夹的次数。在实际生产中，锥度装夹后，中途加工时一般不得拆下和更换，直至加工完毕。

4. 轴类工件的材料和毛坯

合理选用材料和规定的热处理技术要求，对提高轴类工件的强度和使用寿命有重要意义，同时，对轴的加工过程有极大的影响。

一般轴类工件常用 45 钢，根据不同的工作条件采用不同的热处理规范（如正火、调质、淬火等），以获得一定的强度、韧性和耐磨性。

对于中等精度而转速较高的轴类工件，可选用 40Cr 等合金钢。这类钢经调质和表面淬火处理后，具有较高的综合力学性能。精度较高的轴有时还用轴承钢和弹簧钢等材料，它们在经过调质和表面淬火处理后，具有更高的耐磨性和抗疲劳性能。

对于在高转速、重载荷等条件下工作的轴，可选用 20CrMnTi、20Cr 等低碳合金钢或 38CrMoAlA 渗氮钢。低碳合金钢经渗碳淬火处理后，具有很高的表面硬度、抗冲击韧性和心部强度，热处理变形却很小。

轴类工件毛坯最常用的是圆棒料和锻件，只有某些大型的、结构复杂的轴才采用铸件。

2.2.3　轴类工件加工实例

图 2-3 所示磨床主轴的特点是外形不复杂而形状位置精度很高，表面粗糙度值要求很小（$Ra0.025\mu m$）。对于这类精密主轴的加工工艺路线必须精心考虑，周密安排。如果安排不当，产生废品后一般是无法挽回的。加工数量为每批 30 件左右。

1. 主要技术要求

1）工件除螺纹和花键以外，采用渗氮处理，氮化层深度为 0.25～0.4mm，氮化后要求硬度大于 850HV。

2）两端 $\phi80h7$ 支承轴颈 A、B 的圆柱度公差为 0.001mm，表面粗糙度值为 $Ra0.025\mu m$。

3）锥度 1∶5 用环规检验，接触面积不小于 75%；对两端支承轴颈轴线的径向圆跳动公差为 0.003mm；表面粗糙度值为 $Ra0.4\mu m$。

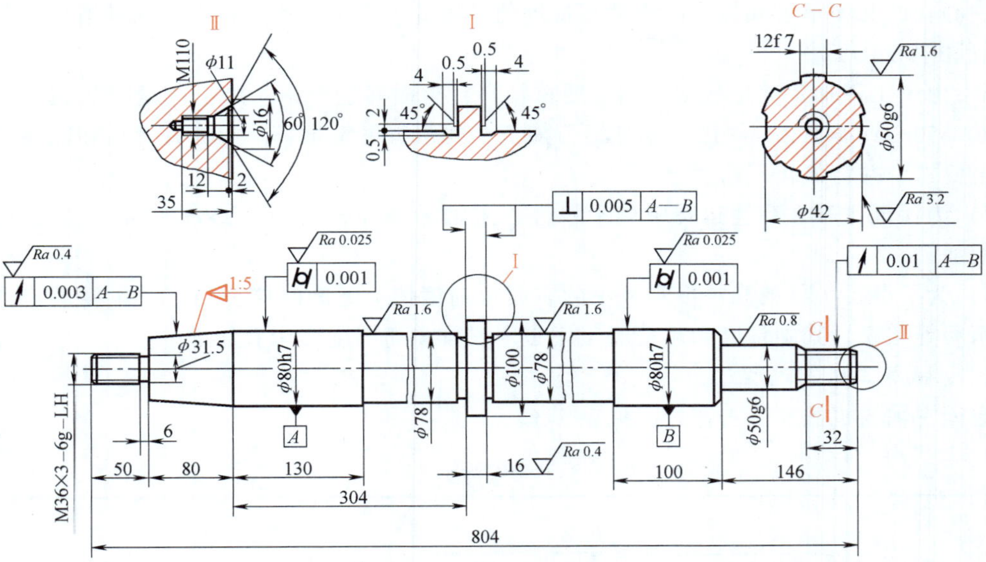

技术要求

1.调质250HBW。

2.除螺纹和花键外，热处理渗氮层深度为0.25～0.4，渗氮后硬度大于850HV。

3.1∶5锥度用环规涂色检验，接触面积不小于75%。

4.锐角倒钝。

5.材料38CrMoAlA。

图 2-3　磨床主轴

4）外圆 ϕ100mm 两端面对支承轴颈轴线的垂直度公差为 0.005mm；表面粗糙度值为 *Ra*0.4μm。

5）花键轴颈以花键大径定心，大径尺寸为 ϕ50g6（$^{-0.009}_{-0.025}$），键宽为 12f7（$^{-0.034}_{-0.016}$）。花键大径对两端支承轴颈轴线的径向圆跳动公差为 0.01mm；表面粗糙度值为 *Ra*1.6μm。

2. 工艺分析

1）主轴材料为 38CrMoAlA 氮化钢，锻造时必须注意因冷锻而产生的裂纹等缺陷。锻造后需经退火处理，以消除内应力和细化晶粒。

2）粗车以后，必须安排调质处理。调质对氮化主轴非常重要。因为对氮化主轴来讲，在氮化前要求调质后获得均匀的索氏体组织，还要求离表面 8～10mm 的表面层内的铁素体质量分数不超过 5%。由于表层铁素体的存在，会造成氮化脆性，引起氮化质量低劣。因此，氮化主轴在调质后，必须对每件切割试样件进行金相组织检查，不合格者不得转入下道工序加工。

3）对于调质前粗车工件的尺寸，一般在直径上留 5～6mm 余量，长度上留 18～20mm 余量（备切割样件，进行金相组织检验）。粗车时，最好画出工艺草图。

4）为了消除切削加工后产生的内应力，在半精车以及粗磨以后，各安排一次低温时效处理。

5）作为精密主轴加工的定位基准，中心孔的质量对主轴的加工精度有直接影响。同时在主轴的加工过程中，中心孔要承受工件重力和切削力，会产生磨损、拉毛和变形。经过热处理后，中心孔会产生表面氧化层和变形。为了保证工件的形状精度和相互位置精度，必须保证中心孔的几何精度和极小的表面粗糙度值。因此，在半精磨、精磨和超精磨前，共安排三次研磨中心孔工序。

6）由于工件加工数量较多，精度要求较高，为提高生产率，加工花键时放在花键铣床上用 6×ϕ50mm×ϕ44.2mm×12f7 花键滚刀加工，并留有一定余量。渗氮处理后在花键磨床上磨削至要求，并将氮化层磨去。

7）为保证主轴在高速运转中的平稳性，主轴的非配合轴颈（2×ϕ78mm 外圆）也应经过磨削加工。

8）为了获得工件的高精度和极小的表面粗糙度值，磨削时应分粗磨、半精磨、精磨以及超精磨等工序。其中精磨和超精磨工序必须安排在高精度磨床上加工。

3. 机械加工工艺过程

磨床主轴的机械加工工艺过程见表 2-3。

表 2-3 磨床主轴的机械加工工艺过程

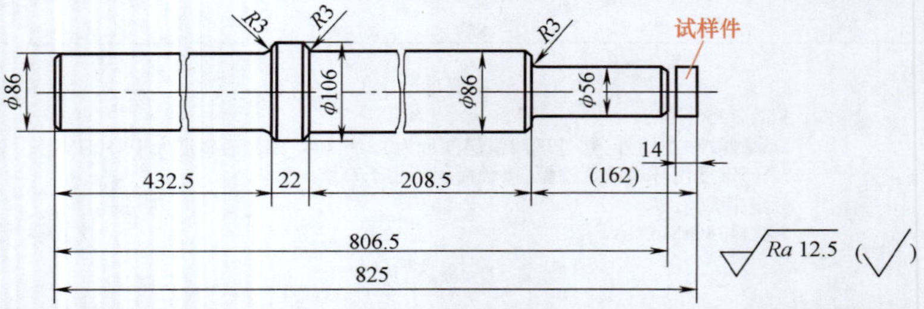

工序号	工种	工 序 内 容	备 注
1	锻	锻造毛坯，ϕ50g6 外圆处应放长 20mm	
2	热	退火处理	
3	车	用自定心卡盘夹住一端，另一端用中心架托住，找正 1）钻中心孔 ϕ5mmA 型，顶牢，卸下中心架 2）按上面的工艺图车至尺寸	切削速度不能太高，否则会加 速对中心架支承爪的磨损
4	热	调质处理 250HBW	
5	车	一端夹住，一端用中心架支承 1）按工艺图车 ϕ56mm 至 ϕ55mm，长度 16mm 2）车削试样件 ϕ55mm×14mm，控制工件长度尺寸 806.5mm 3）在工件端面与试样件外圆上打钢印编号，待试样件金相检验合格后才能继续进行其余加工	
6	平磨	平磨 ϕ55mm×14mm 试样件两端面，表面粗糙度值为 Ra0.8μm	
7	金相	试样件金相检验，合格后通知加工车间继续加工，试样件送热处理部门保存，备渗氮用	
8	车	一端夹住 ϕ50g6 粗车外圆，另一端用中心架支承 1）车端面，控制尺寸 804mm 2）钻中心孔 ϕ5mmB 型，顶牢，卸下中心架 3）车两端 ϕ80h7 外圆至 $\phi80^{+0.8}_{+0.7}$mm 4）车两端 ϕ78mm 外圆至 $\phi78^{+0.4}_{+0.3}$mm	

（续）

工序号	工种	工序内容	备注
8	车	5）车外圆 ϕ100mm 至 $\phi100^{+0.4}_{+0.3}$mm，尺寸 16mm 两肩面各留磨削余量 0.2mm 6）车 M36×3-6g-LH 螺纹大径至 ϕ37mm 调头，一端夹住，用中心架支承 ϕ80h7 放磨外圆处 7）钻 M10 螺纹底孔至 ϕ8.5mm，深度 40mm 8）扩孔 ϕ11mm，深度 14mm（即 14mm＝12mm+2mm） 9）车 60°及 120°锥面，60°锥面的表面粗糙度值为 Ra1.6μm 10）顶牢，车 ϕ50g6 外圆及花键大径 ϕ50g6 至 $\phi51^{\ 0}_{-0.1}$mm 11）倒角	
9	车	一端夹住，另一端顶住 车 1∶5 锥度，留磨削余量 0.7～0.8mm，与环规配合的接触面积不小于 50%	
10	热	低温时效，去除应力	
11	磨	两顶尖之间装夹 1）粗磨两端 ϕ80h7 外圆至 $\phi80^{+0.35}_{+0.30}$mm 2）粗磨 ϕ50g6 外圆至 $\phi50^{+0.35}_{+0.30}$mm 3）粗磨花键大径 ϕ50g6 至 $\phi50^{+0.70}_{+0.65}$mm 4）磨两端 ϕ78mm 外圆至 $\phi78^{+0.5}_{\ 0}$mm 5）磨 ϕ100mm 外圆至 $\phi100^{+0.5}_{\ 0}$mm 6）磨 M36×3-6g-LH 螺纹大径至 $\phi36^{+0.2}_{+0.1}$mm	
12	磨	两顶尖之间装夹 粗磨 1∶5 锥度，留磨削余量 0.30～0.35mm，与环规配合，接触面积不小于 60%	
13	车	一端夹住，另一端顶住 1）车外沟槽 6mm×ϕ31.5mm 2）按放大图Ⅰ车 ϕ100mm 外圆两端面处沟槽	
14	齿	两顶尖间装夹 滚花键，键宽 12f7 至 $12^{+0.65}_{+0.55}$mm，花键小径 ϕ44.2mm 至 $\phi44.2^{+0.2}_{+0.1}$mm	
15	钳	1）攻右端 M10 螺纹，深度 35mm 2）修毛，倒钝约 R0.3mm	
16	热	低温时效，去除内应力	
17	研	研磨两端 60°锥面	
18	磨	两顶尖之间装夹 1）半精磨两端支承轴颈 ϕ80h7 至 $\phi80^{+0.10}_{+0.08}$mm 2）半精磨 1∶5 锥度，留磨削余量 0.05～0.1mm 工艺要求 1）1∶5 锥度对两端支承轴颈 ϕ80h7 轴线的径向圆跳动误差不大于 0.01mm 2）1∶5 锥度用涂色法检查，接触面积不小于 65%	

（续）

工序号	工种	工 序 内 容	备 注
19	热	1)磁性探伤,有问题者停止加工 2)渗氮深度为0.25~0.4mm,渗氮后硬度大于850HV 要求:渗氮后各外圆轴线的同轴度误差不大于0.03mm	
20	研	研磨两端中心孔	
21	磨	两顶尖之间装夹 1)磨两端 ϕ78 外圆至尺寸,两肩面磨出即可 2)磨 ϕ100mm 外圆至尺寸 3)磨 ϕ50g6 外圆及花键大径 ϕ50g6 至 $\phi 50^{+0.04}_{+0.03}$mm 4)磨两端支承轴颈 ϕ80h7 至 $\phi 80^{+0.04}_{+0.03}$mm 5)磨 M36×3-6g-LH 螺纹大径至 $\phi 36^{+0.025}_{+0.300}$mm 工艺要求:2×$\phi$80h7 外圆、$\phi$50g6 外圆对两端中心孔中心线的径向圆跳动误差不大于0.005mm	
22	磨螺纹	两顶尖之间装夹 1)磨 M36×3-6g-LH 螺纹至尺寸 2)修磨外端螺纹不完整牙	
23	磨花键	两顶尖之间装夹 磨 6×ϕ50g6×12f7($^{-0.016}_{-0.034}$)×ϕ44.2mm 花键至尺寸	
24	研磨	研磨两端中心孔	
25	精磨	两顶尖之间装夹 1)精磨两支承轴颈 ϕ80h7 至 $\phi 80^{-0.007}_{-0.002}$mm,表面粗糙度值为 Ra0.1μm 2)磨尺寸16mm两肩面,表面粗糙度值为 Ra0.4μm,对两端支承轴颈轴线的垂直度误差不大于0.005mm 3)精磨 ϕ50g6($^{-0.009}_{-0.025}$)外圆及花键大径 4)精磨1∶5锥度,与环规配合的接触面积不小于75%,对两端支承轴颈的径向圆跳动误差不大于0.003mm	
26	超精磨	两顶尖之间装夹 超精磨两端支承轴颈 ϕ80h7($^{0}_{-0.03}$)至尺寸,表面粗糙度值为 Ra0.025μm,圆柱度误差不大于0.001mm	
27	普	清洗、涂防锈油	

2.3 精度检验及误差分析

2.3.1 杠杆卡规和杠杆千分尺

1. 杠杆卡规

杠杆卡规如图2-4所示。它是一种具有卡板形尺架的测量器具，其尺内装有指针式读数装置，分度值常见的有0.002mm和0.005mm两种。

杠杆卡规的工作原理如图2-4a所示。当活动测砧1移动时，通过杠杆2、扇形齿轮3，并带动小齿轮5和装在同一轴上的指针7转动，在刻度盘8上指示出活动测砧1的移动量。

游丝 6 可消除传动链中的间隙，测量力由弹簧 10 产生，为了减少测量面的磨损和方便测量，装有退让按钮 9。

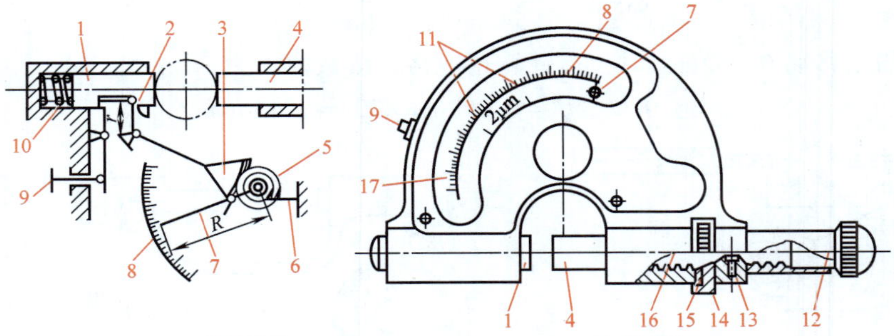

a) 工作原理图　　b) 外形图

图 2-4 杠杆卡规

1—活动测砧 2—杠杆 3—扇形齿轮 4—可调测砧 5—小齿轮 6—游丝 7—指针 8—刻度盘 9—退让按钮 10—弹簧 11—误差指示器 12—套管 13—螺钉 14—滚花螺母 15—碟形弹簧 16—丝杠 17—盖子

杠杆卡规的外形如图 2-4b 所示。调整时，先旋松套管 12（套管内壁有与可调测砧 4 上的梯形螺纹相配合的内螺纹），把量块放入活动测砧 1 和可调测砧 4 之间，然后转动滚花螺母 14，通过可调测砧上丝杠 16 的梯形螺纹移动，使指针 7 对准刻度盘零位。最后旋紧套管 12，将可调测砧 4 固定。碟形弹簧 15 用以消除滚花螺母 14 与丝杠 16 之间螺纹的间隙。可调测砧上开有一直槽，用螺钉 13 防止调整尺寸时可调测砧转动。取下盖子 17 后，可用专用附件（扳手）调整误差指示器 11 到所需要的位置。

杠杆卡规是利用杠杆齿轮传动放大原理制成的，传动放大比（倍数）的计算方法如下：

已知杠杆卡规中杠杆 2 的长度为 r，指针 7 的长度为 R，扇形齿轮 3 的齿数为 z_1，小齿轮 5 的齿数为 z_2。当活动测砧 1 移动距离 a 时，指针 7 转过的距离 b 为

$$b \approx \frac{a}{2\pi r}\frac{z_1}{z_2}\times 2\pi R = \alpha\frac{R}{r}\frac{z_1}{z_2} \tag{2-1}$$

因此

$$\frac{b}{a} \approx \frac{R}{r}\frac{z_1}{z_2}$$

式中 $\frac{b}{a}$——放大比，并令其等于 K。

则

$$K \approx \frac{R}{r}\frac{z_1}{z_2} \tag{2-2}$$

由式（2-2）可知，扇形齿轮 3 的齿数 z_1 越多，指针 7 的半径 R 越大，放大比 K 越大；杠杆 2 的长度 r 越小，小齿轮 5 的 z_2 齿数越少，放大比 K 也越大。

2. 杠杆千分尺

杠杆千分尺如图 2-5 所示。杠杆千分尺又称指示千分尺，它是由外径千分尺的微分筒部分和杠杆卡规中的指示机构组合而成的一种精密量具。

杠杆千分尺的工作原理如图 2-5a 所示。其分度值为 0.002mm，标尺范围为±0.06mm，$r_1=2.54\text{mm}$，$r_2=12.195\text{mm}$，$r_3=3.195\text{mm}$，指针长度 $R=18.5\text{mm}$，$z_1=312$，$z_2=12$，则传

动放大比为

$$K \approx \frac{r_2 R}{r_1 r_3} \frac{z_1}{z_2} = \frac{12.195\text{mm} \times 18.5\text{mm}}{2.54\text{mm} \times 3.195\text{mm}} \times \frac{312}{12} \approx 723$$

即活动测砧移动 0.002mm 时，指针转过一格，读数值 b 为

$$b \approx 0.002 \times K = 0.002\text{mm} \times 723 = 1.446\text{mm}$$

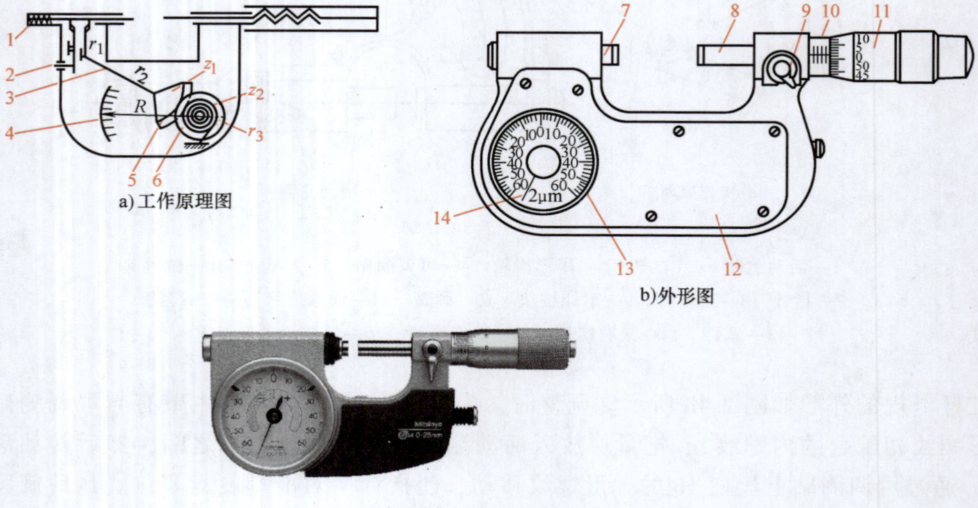

a) 工作原理图　b) 外形图　c) 实物图

图 2-5　杠杆千分尺

1—压簧　2—拨叉　3—杠杆　4、14—指针　5—扇形齿轮（z_1=312）　6—小齿轮（z_2=12）
7—微动测杆　8—活动测杆　9—止动器　10—固定套筒　11—微分筒　12—盖板　13—表盘

杠杆卡规和杠杆千分尺虽然有各种不同的结构，但其基本原理都是利用杠杆和齿轮传动，将活动测砧的微小直线位移放大后，转变为指针的角位移，最后在表盘上读出测量值。

杠杆千分尺既可以进行相对测量（又称比较测量，其含义是从量具或量仪上只能直接得到被测工件相对于标准件的偏差值），也可以像千分尺那样用于绝对测量（绝对测量的含义是能直接从量具或量仪上读出被测量工件的实际值）。其分度值有 0.001mm 和 0.002mm 两种。

杠杆指示部分的标尺范围一般为±0.06mm。当检验成批的精密工件时，杠杆千分尺可用量块组来调整零位。使用时，按千分尺上的指示机构进行相对测量，可从尺架左端的表中指示出 2μm 的测量精度。

杠杆千分尺不仅读数精度较高，而且因尺架的刚度较大，测量力由小弹簧产生，比普通千分尺的棘轮装置所产生的测量力稳定。因此，它的测量精度较高。

3. 使用注意事项

1）用杠杆卡规或杠杆千分尺做相对测量前，应按被测工件的尺寸，用量块组调整指针的零位，固定可调测砧或微分筒。再多次按动退让按钮，当示值稳定后才能进行测量。检验成批产品时，可根据工件公差范围调整误差指示器到所需的位置。检验时若指针位于公差指示范围内，则产品合格。

2）测量工件时，应按动退让按钮后进入测量位置，并使测量杆砧面与工件轻轻接触，不能硬卡，以免测量面磨损及影响精度。

3）测量工件直径时，应摆动杠杆卡规（杠杆千分尺）或被测工件（图2-6），以指针的转折点读数为正确测量值。

4）为了防止热变形，提高测量精度，可将杠杆卡规（或杠杆千分尺）夹在保持架上进行测量（图2-7）。

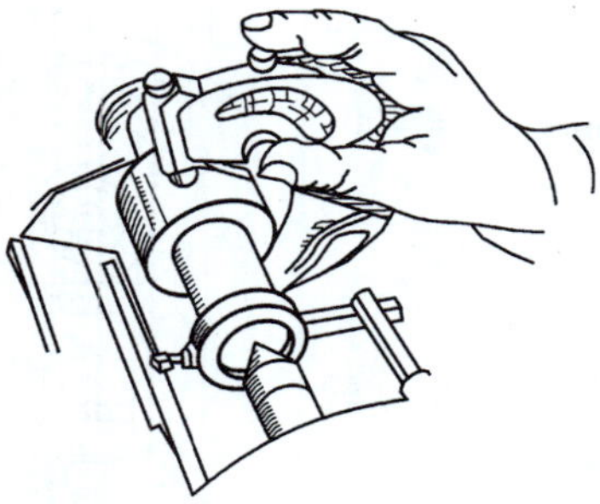

图2-6 杠杆卡规的测量方法

图2-7 夹在保持架上进行测量

2.3.2 测微仪和圆度仪

1. 测微仪

测微仪又称比较仪，其分度值一般为0.001～0.002mm，精度比指示表高，但量程比指示表小。使用时通常装在专用支架上，以量块为基准件，用相对比较法来测量精密工件的尺寸，也用于工件形状和位置误差的测量。

（1）杠杆齿轮比较仪 杠杆齿轮比较仪的外形及工作原理如图2-8所示。当测杆1移动时，通过杠杆2使扇形齿轮3转动，小齿轮4也跟着转动，再经扇形齿轮5将运动传递给小齿轮6，指针7就在刻度盘上指示出相应的读数。其放大比计算如下：由图2-8b可知，杠杆2的臂长为r，指针7的长度为R，齿轮3、4、5、6的齿数分别为z_3、z_4、z_5、z_6。当测杆1移动a时，指针7转动的距离为

$$b=\frac{a}{2\pi r}\frac{z_3}{z_4}\frac{z_5}{z_6}\times 2\pi R=a\frac{R}{r}\frac{z_3}{z_4}\frac{z_5}{z_6} \tag{2-3}$$

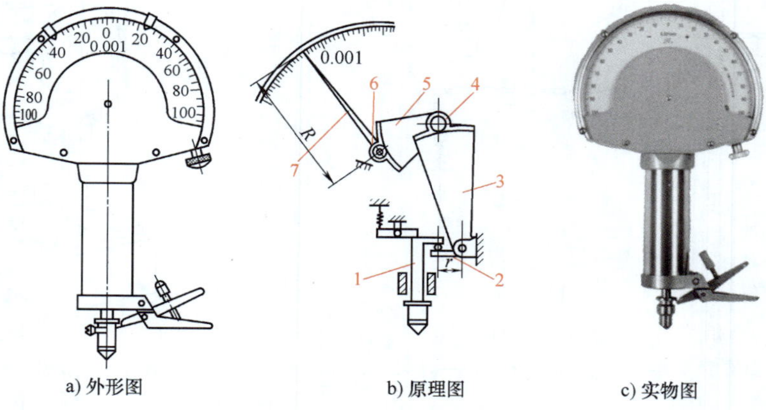

图2-8 杠杆齿轮比较仪

1—测杆 2—杠杆 3、5—扇形齿轮 4、6—小齿轮 7—指针

即
$$\frac{a}{b}\approx\frac{R}{r}\frac{z_3}{z_4}\frac{z_5}{z_6}$$

式中　$\frac{b}{a}$——放大比。令 $K=\frac{b}{a}$

则
$$K\approx\frac{R}{r}\frac{z_3}{z_4}\frac{z_5}{z_6} \tag{2-4}$$

若已知分度值为 0.001mm，$r=4.52\text{mm}$，$R=24.5\text{mm}$，$z_3=400$，$z_4=28$，$z_5=180$，$z_6=18$，则由式（2-4）得

$$K\approx\frac{R}{r}\frac{z_3}{z_4}\frac{z_5}{z_6}\approx\frac{24.5\text{mm}}{4.52\text{mm}}\times\frac{400}{28}\times\frac{180}{18}=774$$

此比较仪的放大比 K 为 774，即当测杆移动 0.001mm 时，指针转过的距离（1 格）为 0.774mm。

（2）扭簧测微计　扭簧测微计是用扭簧作为尺寸的转换放大机构，它的外形如图 2-9 所示。

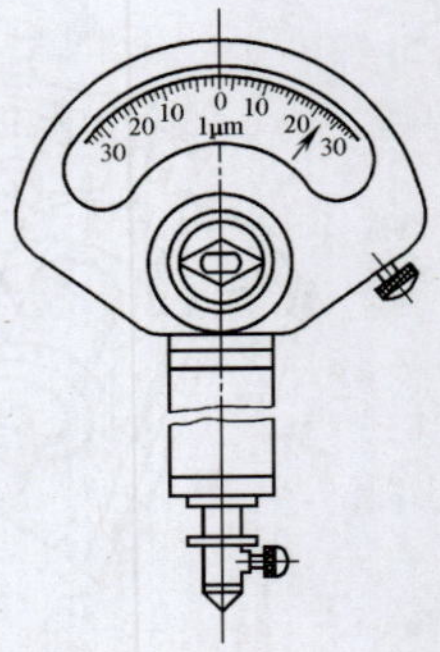

图 2-9　扭簧测微计

扭簧测微计是利用金属扭带的拉伸使指针旋转的原理制成的。如图 2-10a 所示，如果把扭簧片按 N 方向扭转，那么扭簧带就会按 P 方向缩短。如果事先以一定方法扭曲定形好扭簧带后，按 P'方向拉伸时，扭簧的各截面会绕 N'方向回扭。如果在扭簧中间装一指针，则指针即可指示出数值。

扭簧测微计的工作原理如图 2-10b 所示。扭簧片 3 是截面为长方形（一般为 0.005mm×0.1mm×40mm）的铍青铜带，它的一端固定在弓架 5 上，另一端固定在弹簧桥 2 上。此金属带由中间起，一半向右扭曲，另一半向左扭曲。当测微杆 1 向上有微小位移时，弹簧桥 2 的上端向右移，使扭簧带拉长，从而使扭簧带中央处的指针（用玻璃丝制成）4 偏转一个角度，指示出读数。

这种测微计的特点是结构简单，放大倍数大，放大机构中没有摩擦和间隙，灵敏度高。

（3）使用注意事项

1）测微计应安装在固定支架上，如图 2-11 所示。测量前先调整横臂，使测微计缓慢下

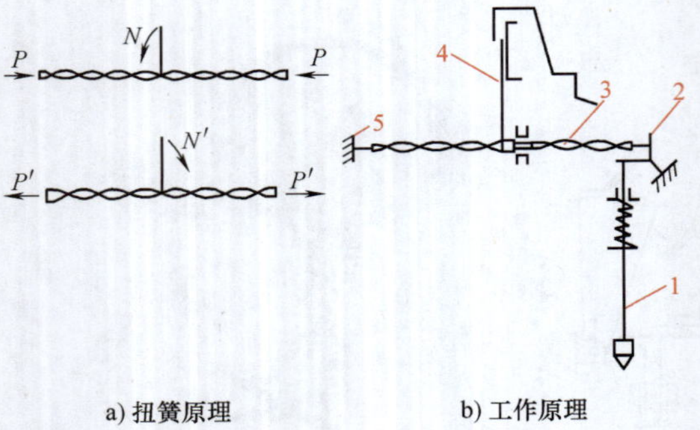

图 2-10　扭簧测微计的工作原理

1—测微杆　2—弹簧桥　3—扭簧片　4—指针　5—弓架

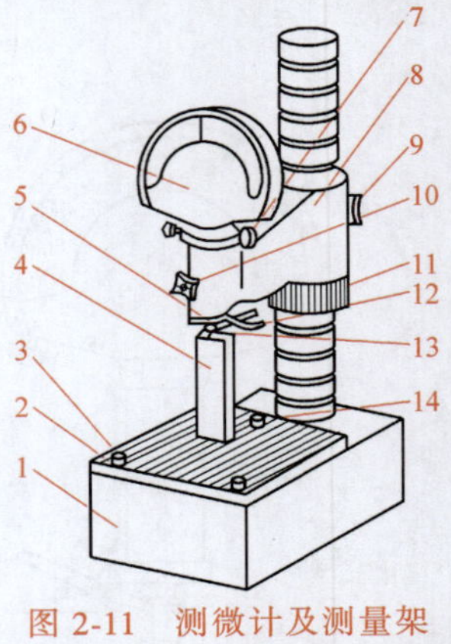

图 2-11　测微计及测量架

1—底座　2—固定式工作台　3—螺钉　4—工件　5—测杆　6—表头　7—调节柄　8—横臂　9、10—紧固螺钉　11—升降螺环　12—拨叉装置　13—测帽　14—立柱

降至测量头与量块或工件轻轻接触。不允许急速下降撞击测杆，以免损坏指针和其他机构。

2）为了提高测量精度，测量时应尽量使用刻度的中央部分。

3）扭簧测微计结构脆弱，测量范围小，无空行程，使用时应仔细调整测头与工件间的距离。

2. 圆度仪

用标准主轴旋转一周所形成的标准圆，与被测实际圆相比较，通过传感器将两者半径之差转变为电信号，用仪表或记录器指示出来。这种高精密专用量仪称为圆度仪。圆度仪按测量状态分为传感器旋转式和工作台旋转式两种，传感器旋转式又称转轴式，工作台旋转式又称转台式。

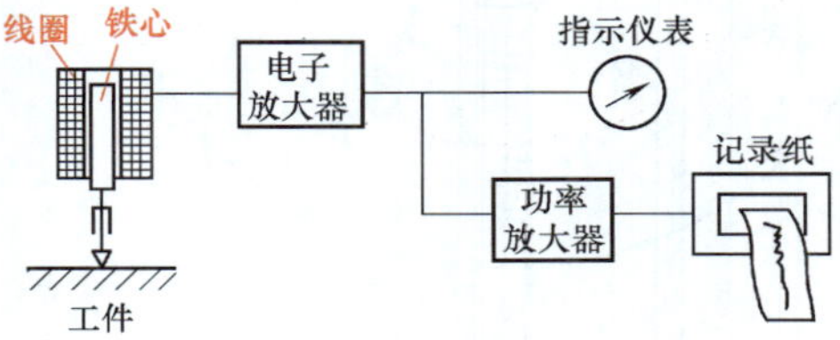

图 2-12 电感式传感器的工作原理

为了说明圆度仪的工作原理，先对电感式传感器的工作原理简述如下：图2-12中的铁心与测量杆相连，当铁心向上或向下移动时，线圈中的电感量将发生微弱的变化，再把电感量变换成电压（或电流）信号，通过电子放大器放大，即可在指示仪表上看出放大后的信号。再经功率放大器及记录器，在记录纸上输出测量结果。

图2-13所示为传感器转轴式圆度仪，该圆度仪适用于机械、仪表、航空等精密机械加工中圆度误差的测量，也可以测量同轴度和垂直度误差等。

测量时，被测工件4安放在工作台5上，用手轮6与7调节工作台的纵横运动，使被测工件轴线与主轴2轴线初步对准，再用微调旋钮8和9进行对心微调。

径向移动装在主轴下端的传感器3，使其测头与被测工件周边接触。开动主轴电动机，使主轴缓慢旋转，传感器在绕被测工件4转一周的过程中，即可测出被测截面上的半径变化量。再通过电子放大器将上述变化量以极大的比例放大，指示在对心表1上，或自动将图形记录在记录纸上，根据记录纸上的图形就能清楚地判明被测截面的圆度误差。

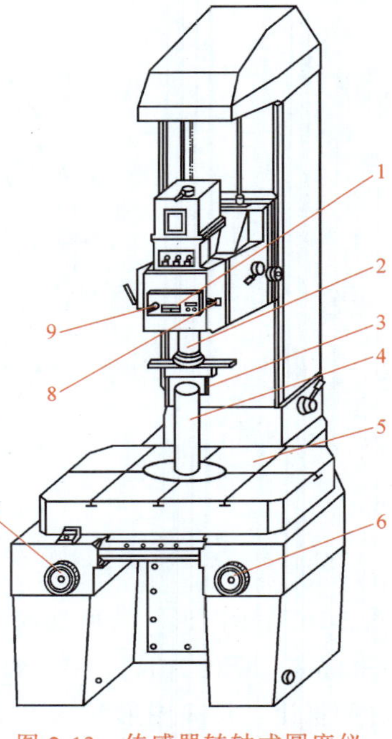

图 2-13 传感器转轴式圆度仪

1—对心表 2—主轴 3—传感器 4—工件 5—工作台 6、7—手轮 8、9—微调旋钮

如果被测截面是绝对圆，且与主轴恰好对准，则测量时传感器的测头没有径向变动，因此记录的图形呈圆形，其圆心与记录纸的旋转中心重合，如图2-14所示。

如果被测截面是绝对圆，但中心没有与主轴对准，则图形与记录纸存在偏心，如图2-15所示。如果被测截面有圆度误差，则在测量过程中，将各点半径变化量以极大的比例记录在记录纸上。记录纸上印有径向坐标，每格间的距离为2mm，为消除在对心时可能存在的偏心影响，机床上附有一块透明的同心样板，利用同心样板读出

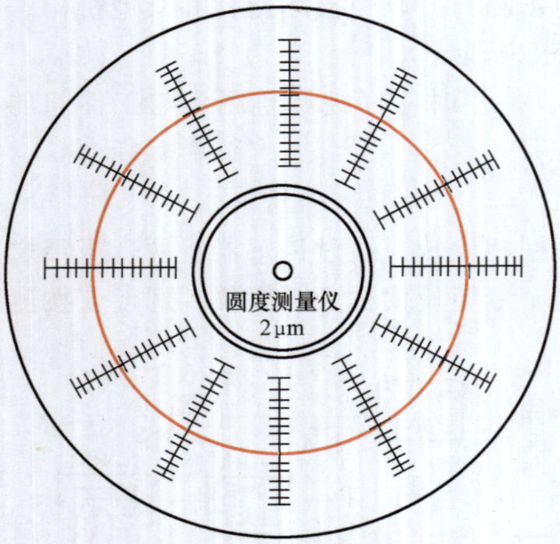

图 2-14　工件绝对圆对准主轴

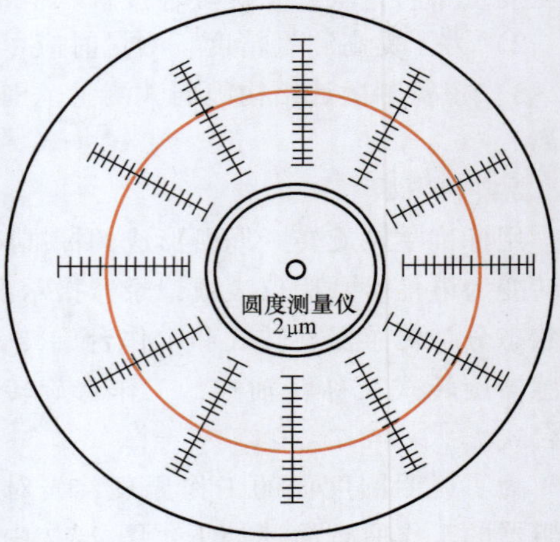

图 2-15　工件绝对圆不对准主轴

圆度误差值，如图 2-16 所示。

读数时，应首先在同心样板上找出记录图形的内接圆，然后找出最高点的外圆，根据放大倍率和两个半径之差，即可算出其误差值。

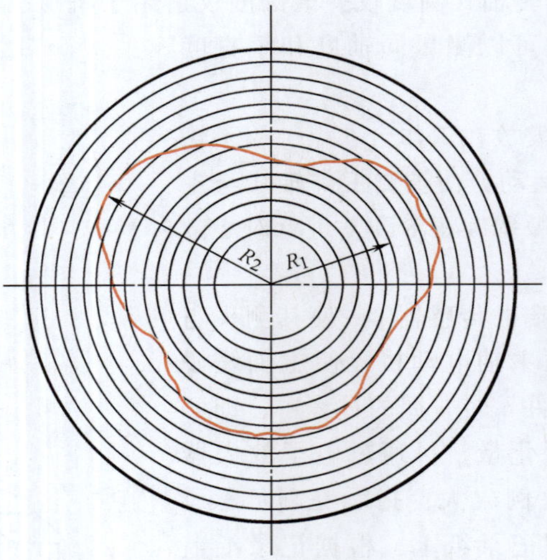

图 2-16　用同心样板读出圆度误差值

图 2-16 所示图形，若所选的放大倍率为 10000，则记录纸每格示值分度值为 2mm/10000 = 0. 0002mm，即 0. 2μm。图中 $R_2-R_1=4$，因此，其圆度为 0. 2μm×4 = 0. 8μm。

必须指出，记录图形并不表示被测截面放大后的形状，而仅仅是真圆形放大后的径向偏差。

2. 3. 3　轴颈尺寸的检测

图 2-3 所示磨床主轴两端支承轴颈 $\phi80h7\ (^{\ 0}_{-0.03})$ 与 $\phi50g6\ (^{-0.009}_{-0.025})$ 的精度较高，表面粗糙度值小，粗磨、半精磨时采用一般千分尺测量，精磨、超精磨时采用杠杆千分尺测量。

2.3.4　几何公差的检测

图 2-3 所示磨床主轴几何公差的检测内容如下：

（1）两端支承轴颈圆柱度误差的检查　由于圆柱度公差为 0.001mm，精度较高，理想情况是放在圆度仪或配有电子计算机的三坐标测量装置上检测。在无上述测量仪器的情况下，可将工件置于测量平板上的等高 V 形架内（V 形架长度应大于支承轴颈长度），使用测微仪进行测量。测量时，使测微仪测杆接触工件表面，在主轴回转一周的过程中，记录测量一个横截面上的最大与最小读数。按上述方法，连续测量若干个横截面，然后取各截面上所测得的所有读数中最大与最小读数的差值之半，该值应不大于 0.001mm。为保证测量准确，通常应使用夹角 $\alpha=90°$ 和 $\alpha=120°$ 的两个 V 形架分别进行测量。

（2）锥度 1∶5 锥面对两支承轴颈 *A*、*B* 轴线的径向圆跳动误差的检查　基准轴线由 V 形架模拟，把主轴置于测量平板上的等高 V 形架内，轴向定位。用测微仪检测，在主轴回转一周过程中，即为单个测量平面上的径向圆跳动，测微仪读数的最大差值应不大于 0.003mm。按上述方法测量若干截面，各截面上测得的跳动量的最大值应不大于 0.003mm。注意：该测量方法受到 V 形架角度和基准实际要素几何形状误差的综合影响。

（3）ϕ100mm 两侧轴肩对两支承轴颈 *A*、*B* 轴线的垂直度误差的测量　将 ϕ80h7 外圆放在两等高 V 形架上，用杠杆指示表检测，在主轴回转一周过程中，杠杆指示表读数的最大差值应不大于 0.01mm，即垂直度误差不大于 0.005mm。

2.3.5　误差分析

轴类工件产生废品的原因：尺寸精度达不到要求，工件产生锥度，圆度超差，表面粗糙度达不到要求。

1. 预防尺寸精度不够的方法

1）必须看清图样的尺寸要求，正确使用刻度盘，看清分度值。

2）根据加工余量算出背吃刀量，先进行试车削，然后修正背吃刀量。

3）使用量具前，必须检查和调整零位，并正确掌握测量方法。

4）不能在工件温度较高时进行测量；如果必须进行测量，应掌握工件的收缩情况，或通过浇注切削液来降低工件温度。

5）注意及时关闭机动进给；或提前关闭机动进给，再通过手动进给达到长度尺寸。

6）根据槽宽刃磨车槽刀的主切削刃宽度。

7）对留有磨削余量的工件，车槽时应考虑磨削余量。

2. 预防产生锥度的方法

1）车削前必须通过调整尾座来找正锥度。

2）必须事先检查小滑板基准刻度线与中滑板的“0”刻线是否对准。

3）调整车床主轴与床身导轨的平行度误差。

4）尽量减小工件的伸出长度，或另一端用后顶尖支顶，以增加装夹刚度。

5）选用合适的刀具材料，或适当降低切削速度。

3. 预防圆度超差的方法

1）车削前检查主轴间隙，并调整至合适间隙。如果主轴轴承磨损严重，则需要更换轴承。

2）先半精车，然后再精车。

3）工件用两顶尖装夹时，必须松紧合适，若回转顶尖产生径向圆跳动，则需及时修理或更换。

4. 减小工件表面粗糙度值的方法

（1）减小残留面积高度

1）减小主偏角对减小表面粗糙度值的效果较明显。减小主偏角会使背向力增大，若工艺系统刚性差，则会引起振动。

2）增加刀尖圆弧半径。但如果机床刚度不足，刀尖圆弧半径过大则会使背向力增大而产生振动，反而会使表面粗糙值变大。

3）减小进给量。进给量越小，残留面积高度越小。

（2）避免工件表面产生毛刺　这时可用改变切削速度的方法来控制积屑瘤的产生。使用高速车刀时应降低切削速度，并加注切削液；使用硬质合金车刀时应提高切削速度，避开最易产生积屑瘤的中速区域。

（3）避免产生磨损亮斑　磨钝的切削刃会将工件表面挤压出亮痕，使表面粗糙值变大，这时应及时更换或重磨刀具。

（4）防止切削拉毛已加工表面

（5）防止和减少振纹

1）调整车床主轴间隙，提高轴承精度；调整滑板镶条，使间隙小于0.04mm，并使移动平稳轻便。

2）合理选择刀具的几何参数，经常保持切削刃光洁和锋利；提高刀具的装夹刚度。

3）提高工件的装夹刚度。例如，装夹时悬伸不宜太长，细长轴应采用中心架或跟刀架支承。

4）选用较小的背吃刀量和进给量，改变切削速度。

（6）选择合适的切削液　采用合适的切削液是消除积屑瘤、鳞刺和减小表面粗糙度值的有效方法。切削液可以改善切削条件，尤其是润滑性能增强，使切削区域金属材料的塑性变形程度下降，从而可减小已加工表面的粗糙度值。

2.4　技能训练——内圆磨具主轴的加工

加工图2-17所示的内圆磨具主轴。

1. 分析图样

1）左右两 $\phi35_{-0.007}^{-0.003}$mm 外圆阶台侧面相对于 $\phi35_{-0.007}^{-0.003}$mm 外圆轴线的垂直度公差为0.05mm。

2）左右两 $\phi35_{-0.007}^{-0.003}$mm 外圆的圆度公差为0.002mm。

3）左侧 $\phi35_{-0.007}^{-0.003}$mm 外圆相对于右侧 $\phi35_{-0.007}^{-0.003}$mm 外圆轴线的圆跳动公差为0.003mm。

4）右侧 $\phi35_{-0.007}^{-0.003}$mm 外圆相对于左侧 $\phi35_{-0.007}^{-0.003}$mm 外圆轴线的圆跳动公差为0.003mm。

5）材料为20Cr。

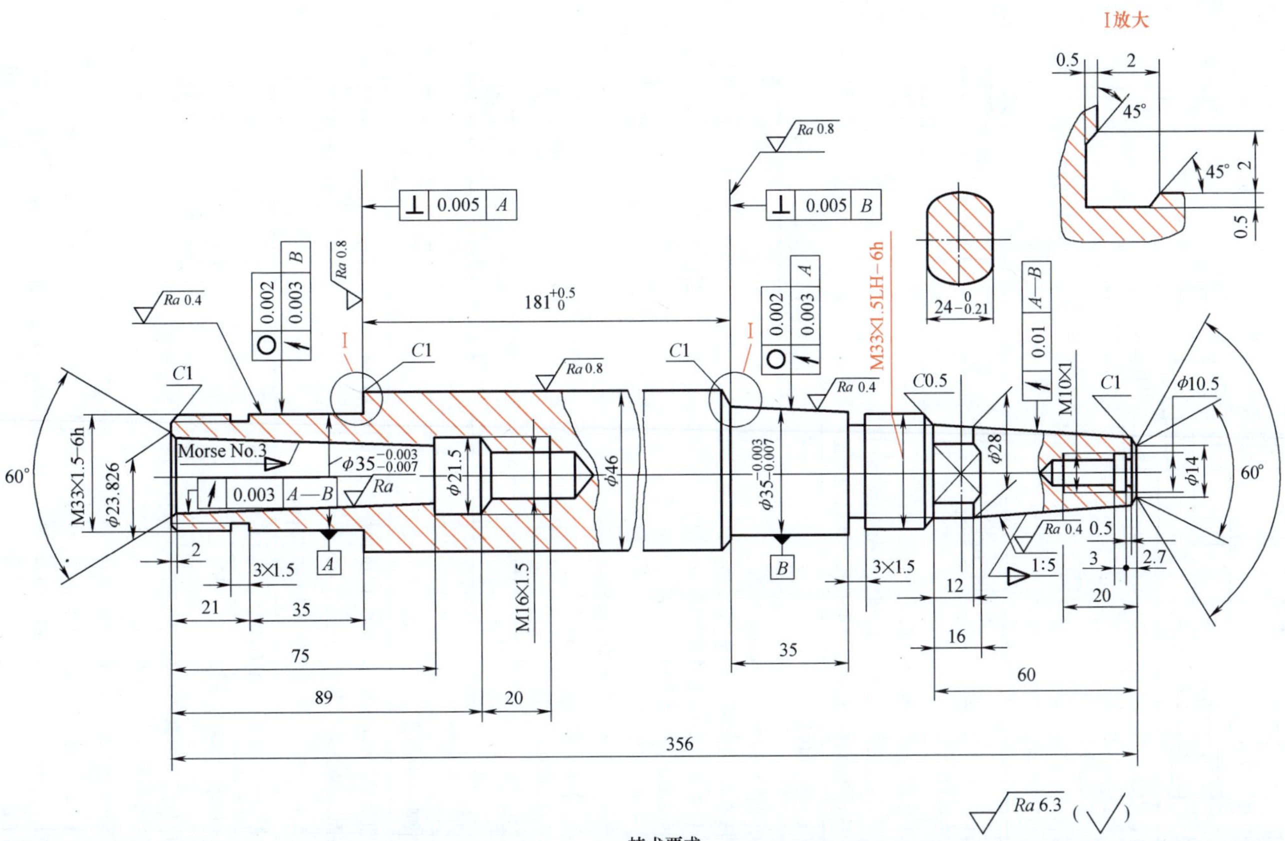

技术要求

1.热处理为外圆2×$\phi35_{-0.007}^{-0.003}$,莫氏3号锥孔、1:5锥体及$24_{-0.21}^{0}$扁平面渗碳淬火，深度0.9,硬度59HRC。

2.莫氏3号锥度、1: 5锥度用量规涂色检验，全长接触面积不小于70%。

3.材料为20Cr。

图 2-17　内圆磨具主轴

2. 工件加工

内圆磨具主轴的机械加工工艺过程（单件小批生产）见表 2-4。

表 2-4 内圆磨具主轴的机械加工工艺过程

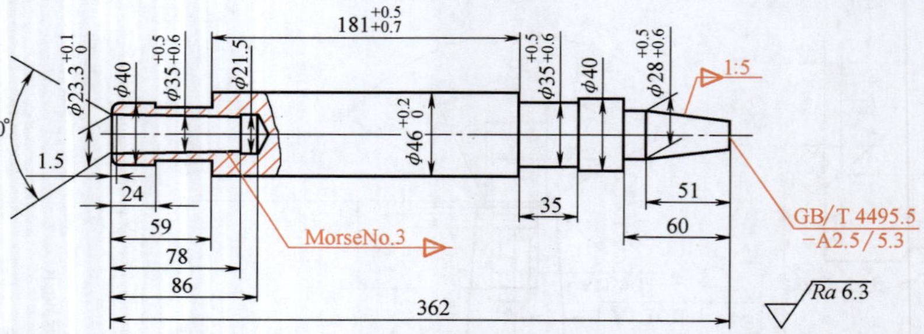

工序号	工序名称	工 序 内 容	设备及工装
1	锻	锻造及正火	
2	车	按工序图尺寸车削，达到以下工艺要求 1)莫氏 3 号锥孔与 1∶5 锥体涂色检验，接触面积不小于 50% 2)各级外圆和锥孔对两端中心孔的圆跳动误差不大于 0.10mm	CA6140
3	热处理	渗碳、校直与时效	
4	车	(1)圆跳动不大于 0.10mm，去碳 1)两端各车去 3mm，保证总长 356mm 2)工件在中心架上修正两端 60°中心孔，续车 ϕ19.5mm 孔至 89mm(原 86mm)，续车内孔槽 ϕ21.5mm (2)一夹一顶装夹 1)车 M33×1.5 螺纹外圆至 ϕ34mm(两处) 2)车 ϕ28mm 外圆至 60mm 长 3)车槽倒角	CA6140
5	铣	铣扁平面 $24_{-0.21}^{0}$mm 至尺寸	X6132
6	热处理	淬硬 59~62HRC	
7	研磨	研磨两端中心孔	
8	外磨	1)粗磨 ϕ46mm、ϕ28mm 外圆，留精磨余量 0.10~0.15mm 2)磨 2×ϕ35mm 外圆至 $\phi 35_{+0.20}^{+0.23}$mm 3)磨 1∶5 锥度，留精磨量 0.20~0.25mm	M1432A
9	内磨	粗磨莫氏 3 号锥面，留精磨余量 0.20~0.25mm	M1432A
10	热处理	低温时效，消除内应力	
11	车	采用自定心卡盘软卡爪与顶尖装夹，使粗磨外圆 2×ϕ35mm 的径向圆跳动误差不大于 0.05mm 1)车 M33×1.5，M33×1.5-6H-LH(螺纹大径尺寸为 $\phi 33_{-0.024}^{0}$mm)及倒角 C1，一端夹住，另一端用中心架托住 2)钻孔 ϕ9mm×29mm，扩 ϕ10.5mm×57mm，孔口倒角 60°、120°，攻 M10×1 螺纹 3)调头，钻 ϕ14.5mm×25mm 4)攻 M16×1.5 螺纹 5)孔口锪 60°中心孔	CA6140 钻孔导套 攻螺纹导套

（续）

工序号	工序名称	工 序 内 容	设备及工装
12	研磨	研磨中心孔	M1432A
13	外磨	1）精磨 ϕ46mm、ϕ28mm 外圆至尺寸 2）半精磨、精磨 2×$\phi35_{-0.007}^{-0.003}$mm 至尺寸，并精磨出肩面 3）精磨 1∶5 锥度至尺寸	
14	内磨	以 2×ϕ35mm 外圆为基准精磨莫氏 3 号锥孔至尺寸	M1432A V 形夹具
15	检验		
16	入库	涂防锈油	

项目 3

套类工件及深孔加工

思维导图：

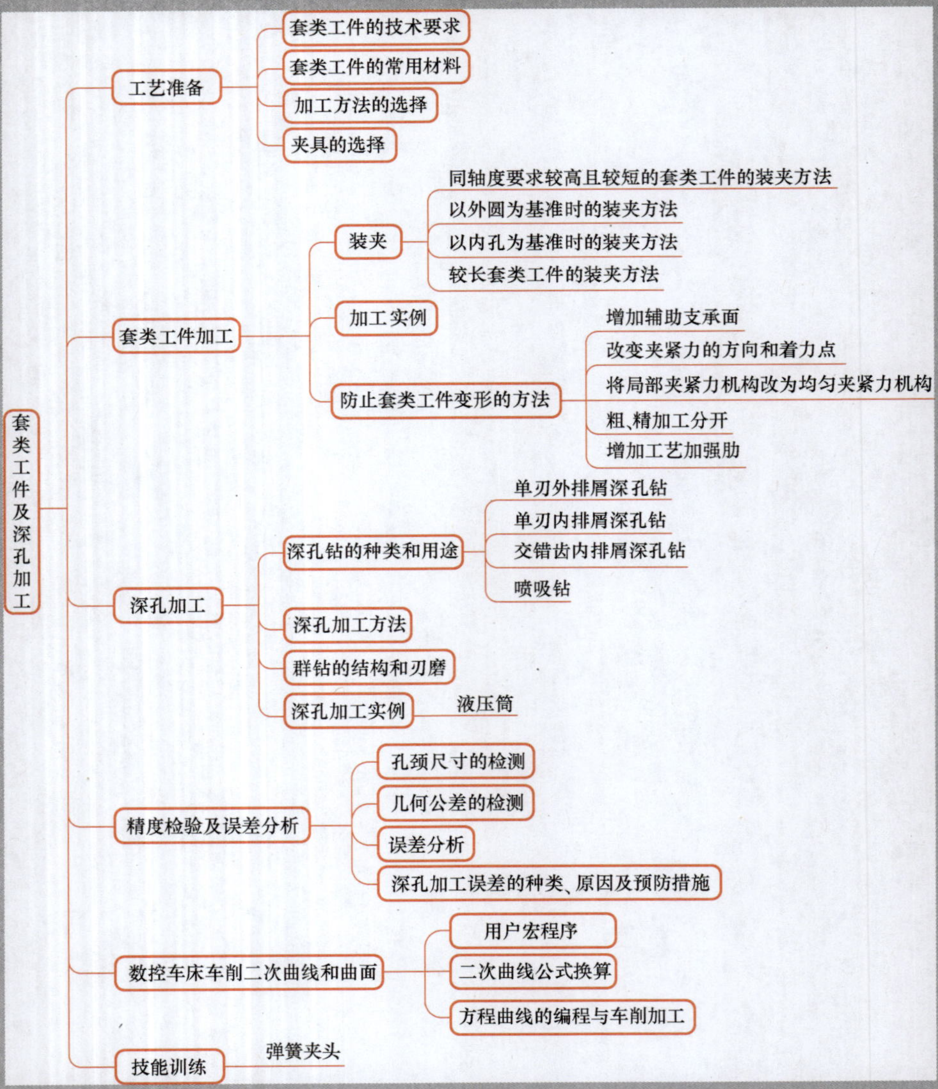

3.1 工艺准备

3.1.1 套类工件的技术要求

套类工件各主要表面在机器中所起的作用不同，其技术要求差别较大，主要技术要求如下。

1. 内孔的技术要求

内孔是套类工件上起支承或导向作用的最主要的表面，通常与运动着的轴、刀具或活塞相配合。其直径尺寸的公差等级一般为IT7，精密轴承套为IT6；形状公差一般应控制在孔径尺寸公差以内，较精密的套筒应控制为孔径尺寸公差的1/3~1/2，甚至更小。对长套筒除了有圆度要求外，还应对孔的圆柱度有要求。为保证套类工件的使用要求，内孔的表面粗糙度值为Ra0.16~2.5μm，某些精密套筒的技术要求更高，表面粗糙度值可达Ra0.04μm。

2. 外圆的技术要求

外圆表面常以过盈或过渡配合与箱体或机架上的孔相配合起支承作用。其直径尺寸的公差等级一般为IT6~IT7；形状公差应控制在外径尺寸公差以内；表面粗糙度值为Ra0.63~5μm。

3. 各主要表面间的位置精度

若套筒是装入机座上的孔之后再进行最终加工，则各主要表面间的位置精度要求较低；若套筒是在装配前进行最终加工，则内孔对外圆的同轴度要求较高，一般为0.01~0.05mm。如果套筒端面（或凸缘端面）在工作中承受轴向载荷，或是作为定位基准和装配基准，则端面与孔中心线有较高的垂直度或轴向圆跳动要求，一般为0.02~0.05mm。

3.1.2 套类工件的常用材料

套类工件的常用材料有钢、铸铁、青铜或黄铜等。有些滑动轴承采用双金属结构，以离心铸造法在钢或铸铁套筒的内壁上浇注一层巴氏合金等轴承合金材料，既可节省贵重材料，又可提高轴承寿命。

套类工件毛坯的选择，与材料、结构尺寸、批量大小等因素有关。直径较小（如$D<20$mm）的套筒一般选择热轧或冷拉棒料，或实心铸件；直径较大的套筒，常选用无缝钢管或带孔的铸件、锻件。大批量生产时，可采用冷挤压和粉末冶金等先进的毛坯制造工艺，既提高了生产率，又节约了金属材料。

3.1.3 加工方法的选择

套类工件加工的主要工序多为内孔与外圆表面的粗、精加工，尤以孔的粗、精加工最为重要。常用的孔加工方法有钻孔、扩孔、铰孔、车孔、磨孔、拉孔及研磨孔等。其中，钻孔、扩孔与车孔一般作为孔的粗加工和半精加工工序；铰孔、磨孔、拉孔和研磨孔一般作为孔的精加工工序。在生产中，必须根据工件的形状、尺寸，孔的大小等结构特点，孔的尺寸公差、表面粗糙度及几何公差等主要技术要求，以及生产批量等条件，分析比较各种加工方法，最后得出最佳方案。在确定孔的加工方案时可按以下原则进行：

1）孔径较小的孔一般采用钻孔→扩孔→铰孔的方案。

2）孔径较大的孔一般采用钻孔→车孔→孔精加工的方案。

3）淬火钢或精度要求较高的套类工件采用磨孔的方法。

4）一般深孔（$L/D=5\sim20$），如各类液压缸体上的孔，可在卧式车床、钻床上用深孔刀具或接长的麻花钻加工；中等深孔（$L/D=20\sim30$），如各类机床主轴孔，可在卧式车床上加工，但必须使用深孔刀具；特殊深孔（$L/D=30\sim100$），如枪管、炮管、电动机转子等，必须使用深孔刀具，并在深孔机床或专用设备上加工。

3.1.4 夹具的选择

采用通用的自定心卡盘装夹小型套类工件，单动卡盘或花盘适用于装夹中大型套类工件。对于有几何精度要求的套类工件，通常采用心轴或者花盘装夹后加工。当套类工件的定位基准为已加工的孔时，为了保证外圆轴线与孔中心线的同轴度要求，应采用心轴方式装夹工件。

心轴有很多种：圆柱心轴或者小锥度心轴适用于以圆柱孔定位的场合：圆锥孔、螺纹孔等特殊孔应采用对应的圆锥心轴、螺纹心轴。圆柱心轴是采用以外圆柱面定心、在端面进行压紧的方式来装夹工件的。心轴与工件孔之间采用的是间隙配合。

为了提高心轴的定位精度，有时将心轴加工成小锥度的圆锥体。还有一种大型盘套类工件的常用夹具——花盘，它是安装在车床主轴上的大圆盘，一般适合装夹形状不规则的工件，在无法采用通用卡盘装夹时使用。使用花盘装夹工件时一定要保持平衡，否则会因产生离心力而引起振动，导致主轴轴承磨损。

3.2 套类工件加工

3.2.1 套类工件的装夹

加工时套类工件的装夹是十分重要的问题，为保证各表面间的位置精度，通常采用下面几种装夹方法。

1. 同轴度要求较高且较短的套类工件的装夹方法

同轴度要求较高且较短的套类工件常在卧式车床上用自定心卡盘或单动卡盘装夹，如图3-1a、b所示。为了保证内、外圆的同轴度，应在一次装夹中把内、外圆及端面都加工完毕。这种方法不存在因安装而产生的定位误差，如果车床精度较高，可获得较高的几何精度。但用这种方法车削时，需要经常转换刀架，尺寸较难控制，切削用量也要经常改变，适用于单件、小批量车削套类工件的生产中。对于有凸缘的短套筒，可先车凸缘，然后调头装夹凸缘端，这种安装方式可防止因套筒刚度降低而产生变形，如图3-1c所示。

2. 以外圆为基准时的装夹方法

当工件以外圆为基准保证位置精度时，一般采用软卡爪装夹工件。软卡爪用未经淬火的45钢在本身车床上车削成形，可保证装夹精度；另外，当装夹已加工表面或软金属工件时，不易夹伤工件表面。尺寸较小的套类工件可用弹簧夹头装夹（图3-2a）。图3-2b为弹性膜片卡盘，弹性盘1用螺栓2和螺母3紧固在夹具体4上，弹性盘有6~12个夹爪，夹爪上装有

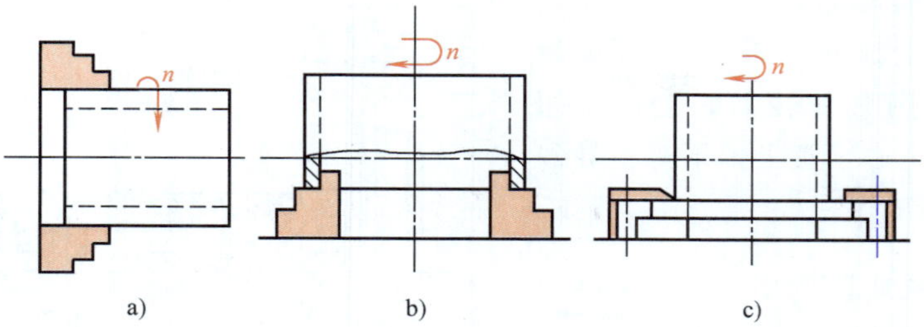

图 3-1　套类工件的装夹

可调夹紧螺钉 5。夹具装在机床后，要将定心尺寸磨至工件被夹紧部分的下极限尺寸。装夹工件时，用外力 F 推动推杆 7，使弹性盘 1 产生弹性变形，将夹爪张开。装上工件后，去掉外力 F，靠弹性盘的回弹力将工件定心并夹紧。这种夹具的定位精度高，但夹紧力较小。

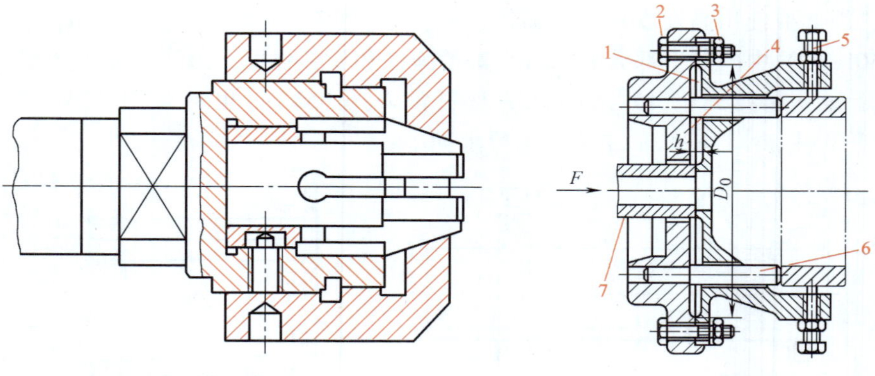

图 3-2　弹性夹具

1—弹性盘　2—螺栓　3—螺母　4—夹具体　5—可调夹紧螺钉　6—轴向定位支承　7—推杆

3. 以内孔为基准时的装夹方法

用已加工好的内孔做定位基准时，需根据内孔配制一根合适的心轴，再将装夹工件的心轴支承在车床上。心轴可采用胀力心轴或实体心轴。实体心轴有不带台阶心轴和带台阶心轴两种。不带台阶的实体心轴又称小锥度心轴，其锥度 $C=1:1000\sim1:5000$，这种心轴制造容易，定心精度高，但轴向无法定位，能够承受的切削力小，装卸不太方便。带台阶心轴的配合圆柱面可与工件孔保持较小的间隙配合，工件靠螺母压紧，特别适合一次装夹多个工件，其装卸工件方便，但定心精度较低。胀力心轴依靠材料弹性变形所产生的胀力来固定工件，装拆方便，定心精度高，应用广泛。图 3-3 所示的液性塑料心轴利用液性塑料的不可压缩性，把压力均匀地传给薄壁套筒，并通过套筒的变形来定心和夹紧工件。该心轴适合加工以内孔及端面定位的套类工件，加工后的内外圆面同轴度误差可达到 0.003～0.006mm。由于是沿圆柱表面均匀接触，工件定位面也不会因夹紧而损伤。

4. 较长套类工件的装夹方法

加工较长套类工件上的深孔和端面时，常采用“一夹一托”的方式装夹工件，即一端用卡盘夹住，另一端用中心架托住，如图 3-4a 所示。调整中心架时必须注意，工件轴线必须与车床主轴回转轴线同轴（图 3-4b），否则车孔时会产生锥度（图 3-4c）。如果工件严重偏斜，则其在转动时会产生扭动，将很快从自定心卡盘上掉下来，导致工件外圆表面夹伤。

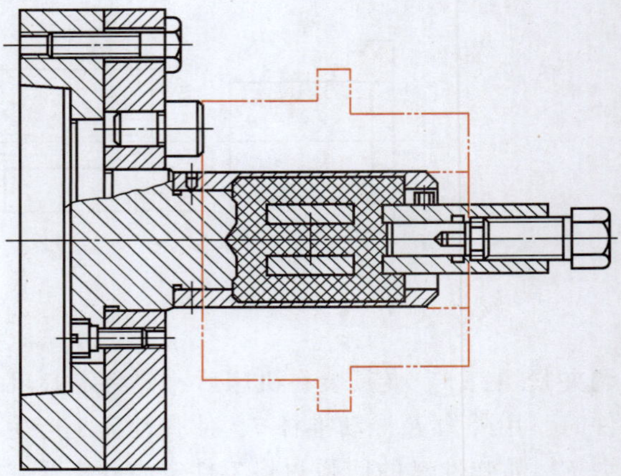

图 3-3 液性塑料心轴

3.2.2 套类工件加工实例

1. 工艺准备

（1）分析图样 弹簧夹头（图 3-5）主要由工件夹持部分、产生弹性变形的中间薄壁部分和夹头安装定位部分组成。工件夹持部分要求耐磨，能较长时间地保持定心精度，因此要使用高硬度材料，需淬火至 55~60HRC。中间薄壁部分要求有良好的弹性和疲劳强度，为防止应力集中，应与夹头装夹定位部分一起淬火至 40~45HRC。材料常采用 65Mn，也可采用 T7A、T8A、T10A、12CrNi3A 等材料。弹性夹头的主要技术要求如下：

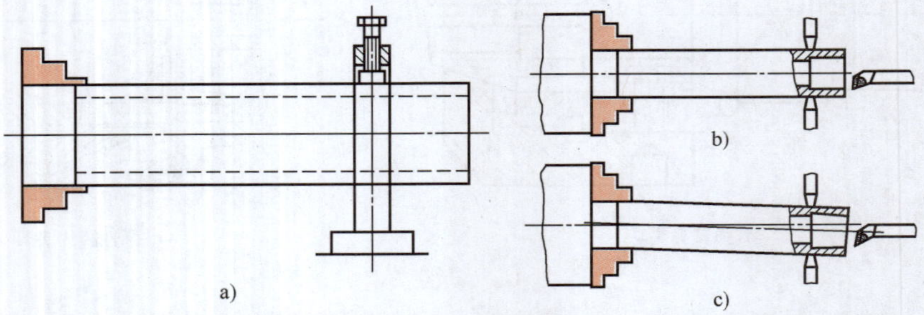

图 3-4 较长套类工件的装夹

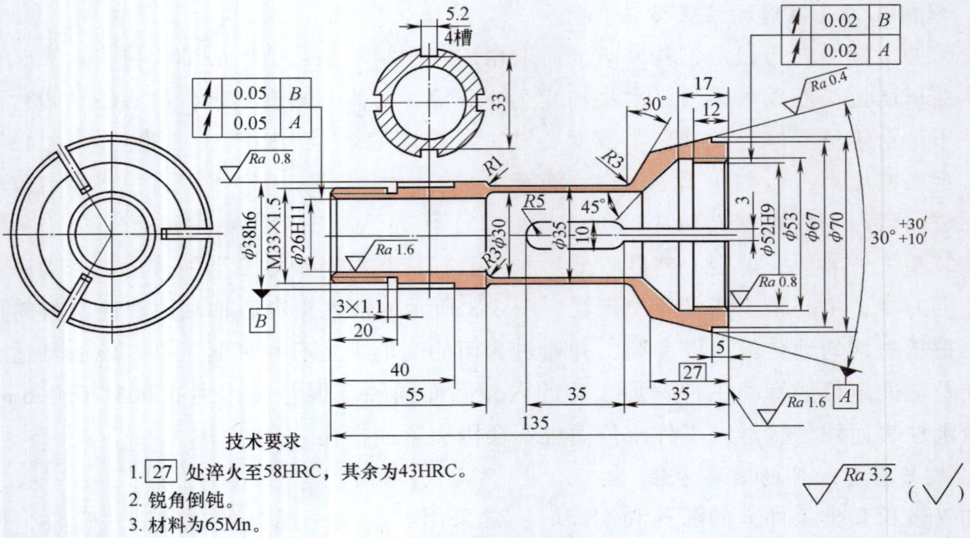

图 3-5 弹簧夹头

1）ϕ52H9 孔对 ϕ38h6 轴线及 $30°^{+30'}_{+10'}$外锥面轴线的圆跳动误差不大于 0.02mm。

2）ϕ26H11 孔对 ϕ38h6 轴线及 $30°^{+30'}_{+10'}$外锥面轴线的圆跳动误差不大于 0.05mm。

3）27mm 处淬火至 58HRC，其余为 43HRC。

（2）制订加工工艺

1）淬火后安排磨削。

2）ϕ38h6 外圆、$30°^{+30'}_{+10'}$外锥面及 ϕ52H9 内孔有圆跳动公差要求，应保证在一次装夹中磨出。

3）为保证定位精度，工艺要求将 ϕ26H11 提高到 ϕ26H8。

4）铣槽后，暂时用铜焊将三条割缝封闭，以防止淬火时发生变形。

5）磨外锥面时，采用转动头架的方式，也可在车床刀架上加装砂轮头进行磨削。

（3）工件的定位与夹紧

1）磨削夹具如图 3-6 所示。

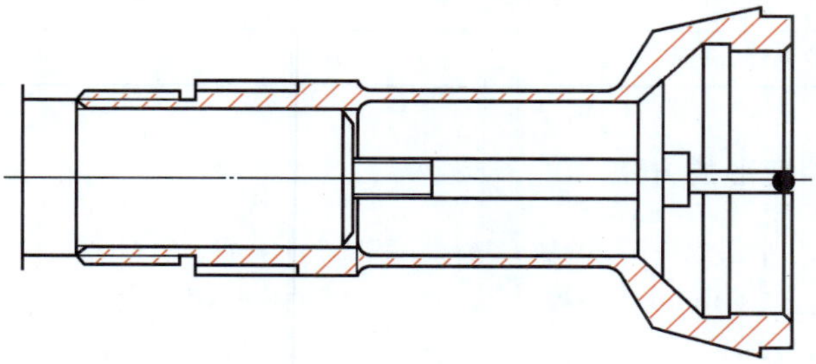

图 3-6　磨削夹具

2）铣槽时，用 F11 200 万能分度头装夹。采用简单分度法，三等分时，每次分度手柄摇 $13\frac{1}{3}$圈。

（4）设备选择

1）粗车、半精车外圆和内孔时，选择 C6140 型车床。

2）铣槽时，选择 X6132 型铣床。附件用 F11 200 万能分度头，采用简单分度法，四等分时，每次分度手柄摇 10 圈；三等分时，每次分度手柄摇 $13\frac{1}{3}$圈。

磨削时一般选择 M1432A 型万能外圆磨床。

2. 工件加工

弹簧夹头的加工步骤见表 3-1。

表 3-1　弹簧夹头的加工步骤

工序号	工序名称	工　序　内　容	备注
1	下料	棒料 ϕ75mm×137mm	
2	车	自定心卡盘夹一端外圆，车出端面，粗车外圆 ϕ38h6 至 ϕ40mm×100mm；钻通孔 ϕ23mm	
3	车	调头夹住外圆，车端面，保持总长 136mm。粗车外圆 ϕ70mm 至 ϕ72mm×35mm。粗车孔 ϕ52H9 至 ϕ50mm×16.5mm，粗车 45°内锥面	
4	车	调头夹住大头外圆，半精车外圆 ϕ38h6 至 $\phi 38.5^{\ 0}_{-0.1}$mm×55mm；车退刀槽 3mm×1.1mm；车 M33×1.5，螺纹长 20mm；车孔 ϕ26H11 至 ϕ26H8	

（续）

工序号	工序名称	工序内容	备注
5	车	调头夹住 ϕ38h6 外圆，车端面，控制总长 135mm；车外圆 ϕ67mm×5mm 至尺寸；半精车 $30^{\circ}{}^{+30'}_{+10'}$ 外锥面 ϕ70mm 至 $\phi70.5^{0}_{-0.1}$mm×27mm。用圆头车刀车 30°斜锥面及 ϕ55mm 外圆至尺寸。半精车孔 ϕ52H9 至 $\phi51.5^{0}_{-0.1}$mm；车沟槽 ϕ53mm×5mm；车 45°内锥面及孔 ϕ30mm（深 80mm）	
6	铣	用分度头卡盘一夹一顶，四等分，铣四条宽 5.2mm 的槽	
7	铣	用分度头卡盘夹住 ϕ38h6 外圆，三等分，铣三条 10mm×35mm 及 3mm×35mm 的槽	
8	焊	在 ϕ65mm×5mm 外圆割缝处点铜焊，将割缝封闭	
9	热处理	淬火，27mm 处至 58HRC，其余为 43HRC	
10	磨	修整内孔 ϕ26H8，用心轴装夹，磨 ϕ38h6 外圆至图样要求；磨 ϕ52H9 内孔至图样要求；磨 $30^{\circ}{}^{+30'}_{+10'}$ 外锥面 ϕ70mm×27mm 至图样要求	
11	钳	去掉铜焊，清理毛刺	

3.2.3 防止套类工件变形的方法

车削套类工件，尤其是薄壁套类工件时，要特别注意工件的变形问题。引起工件变形的因素有切削力、夹紧力、切削热和应力变形等，其中影响最大的是夹紧力和切削力。减小切削力和减少切削热的方法是：合理地选择切削用量、刀具几何角度、刀具材料和切削液等。下面主要讨论减小夹紧力的措施。

1. 增加辅助支承面

增加辅助支承面（图 3-7）可以提高薄壁工件在切削过程中的刚度，从而减少变形。

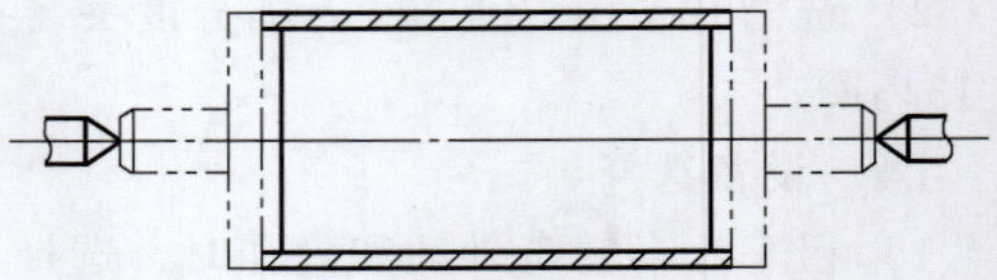

图 3-7 增加辅助支承面

2. 改变夹紧力的方向和着力点

夹紧力的方向应选择有利于减小夹紧变形的方向。当工件为薄壁套时，可轴向夹紧（图 3-8）；当薄壁工件的径向和轴向刚度都较低时，应尽量使夹紧力的方向与切削力的方向一致，以使用较小的夹紧力来夹紧工件。夹紧力的着力点应落在支承点的正对面和切削力部位的附近，以减少变形。

3. 将局部夹紧力机构改为均匀夹紧力机构

采用大面积软爪、扇形软爪（图 3-9a）、开缝套筒（图 3-9b）、液性塑料定心夹具（图 3-3）等，能增大夹紧面积，使夹紧力均匀，以减少变形。

4. 粗、精加工分开

当粗、精加工使用同一夹具时，粗加工时余量大，切削力大，因而需要较大的夹紧力；而精车时余量小，切削力小，所需夹紧力也小。应将粗车时的夹紧装置稍微放松，以减少由夹紧力引起的变形，提高加工精度。

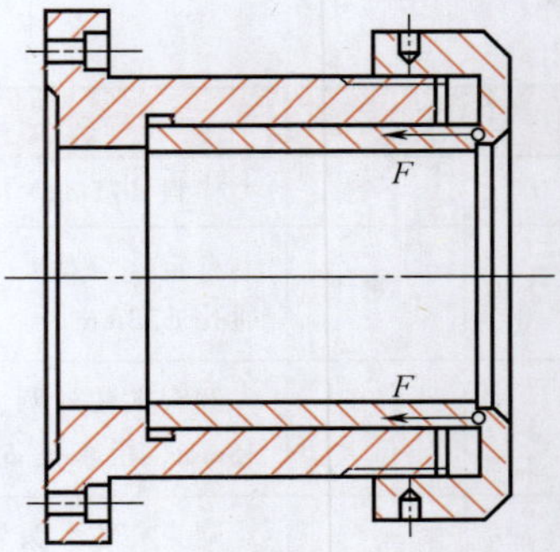

图 3-8 轴向夹紧

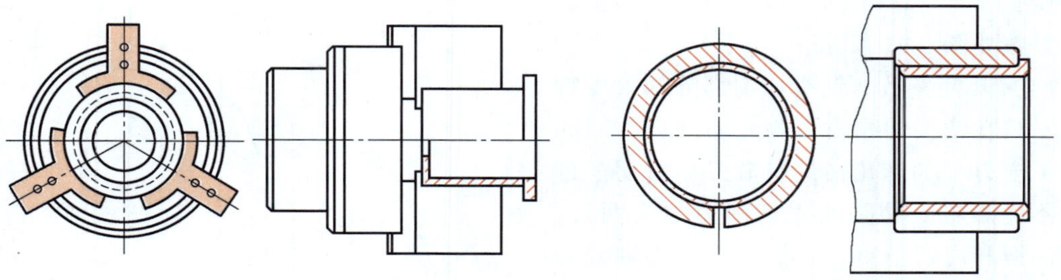

a)扇形软爪　　b)开缝套筒

图 3-9　增大夹紧面积

5. 增加工艺加强肋

可在一些薄壁工件的夹紧部位铸出工艺加强肋或工艺凸缘（图 3-10），以减少装夹变形，提高加工精度。

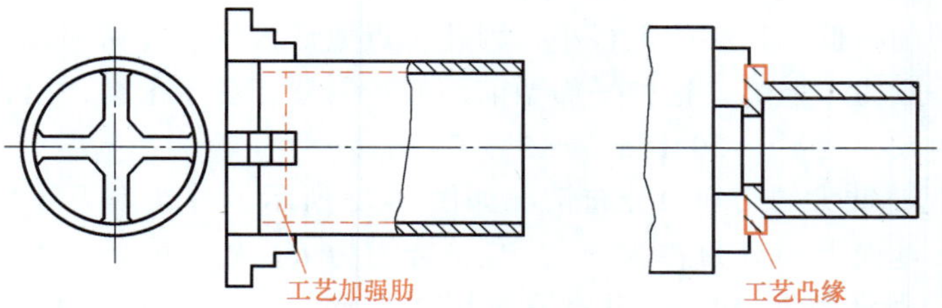

a)　　b)

图 3-10　增加工艺加强肋或工艺凸缘

车削薄壁工件时，应控制主偏角，使进给力 F_f 和背向力 F_P 朝工件刚性差的方向减小，且刃倾角 λ_s 取正值，刃口要刃磨锋利，一般不需要刃磨倒棱；前角 γ_o 和后角 α_o 应比加工刚性好的工件时取得大些。

针对薄壁工件刚性差、变形大的特点，车削时按同种材料车削加工的背吃刀量 a_P 与进给量 f 选取范围，取较小值，而切削速度仍取正常值。这是因为对切削力影响最大的是 a_P，其次是 f，而切削速度的影响很小，车削塑性大的材料时更应如此。

切削温度对薄壁工件的变形影响较大，因此，车削时一定要充分使用切削液，以减少切削温度的影响。

3.3　深孔加工

3.3.1　深孔钻的种类和用途

钻削深孔时，深孔钻的几何形状是影响钻削质量的关键因素之一。深孔钻按其工艺特点不同，可分为单刃外排屑深孔钻、单刃内排屑深孔钻和套料深孔钻等。

1. 单刃外排屑深孔钻

单刃外排屑深孔钻又称枪孔钻，这种钻头适合加工 $\phi3\sim\phi20$mm 的深孔。钻头是由工作部分与钻杆对焊而成的。工作部分一般采用高速工具钢或硬质合金制成，钻杆用无缝钢管制成并压有 V 形槽，中间可通切削液。钻头的几何参数如图 3-11 所示。

（1）几何参数　钻头切削部分的重要特点是，只在钻头轴线的一侧有切削刃，因此消除了横刃（如麻花钻具有横刃）对切削过程的不良影响。钻头的主切削刃分为两段：外切削刃和内切削刃，它们与垂直于轴线的平面分别相交成 30°、20°角，刀尖偏于 $d/4$ 处。

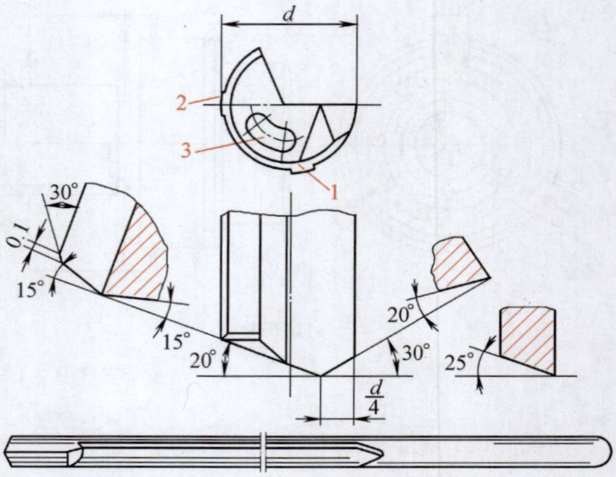

图 3-11　单刃外排屑深孔钻

主切削刃基本上通过钻头轴线，但一般略低于钻心（0.01～0.015）d，且不大于 0.4mm，这样有利于钻头的导向和保证切削稳定性，也可以避免因切削刃高于钻心而引起崩刃。由于主切削刃低于钻心的值很小，因此可近似认为内、外切削刃的刃倾角 $\lambda_S=0°$。

钻头的前角一般为 $\gamma_o=0°$，这种平面型前面便于制造，易于重磨，而且使刀头重磨次数增多。钻头的后角较大（$\alpha_{o1}=20°$，$\alpha_{o2}=15°$）。

（2）受力情况　钻头的切削力分布情况如图 3-12 所示。外切削刃 A、内切削刃 B 切削时产生的切削力在基面上的分力各为 R_A、R_B，合力为 R。R 又可分解为 F_f（进给力）、F_p（背向力）。由于枪孔钻的 F_p 较小，并有支承棱 2 支承；F_c（主切削力）由支承棱 1 支承；另外，中心还有定心尖，因此，钻削时能保持良好的直线性。

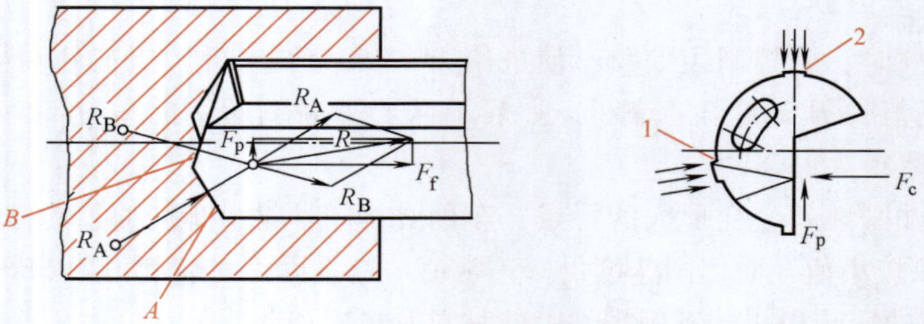

图 3-12　枪孔钻的切削力分布

2. 单刃内排屑深孔钻

单刃内排屑深孔钻的几何形状及角度如图 3-13 所示。刀片和导向部分都采用硬质合金，刀尖偏离中心 3mm，它的作用与单刃外排屑深孔钻相同，即切削时在工件中心形成定心尖，并抵消一部分背向力。硬质合金导向垫 A 的作用是支承背向力 F_p 并起导向作用，导向垫 B 主要承受主切削力 F_c。主切削刃磨成台阶形，起分屑作用，以便得到较窄的切屑。其分刃数量要根据钻头直径大小及排屑孔大小而定，一般钻头直径小于 10mm 的不磨台阶形；钻头直径大于 35mm 的磨两个台阶，以排屑顺利为宜。

各切削刃后面应与被加工孔径让开，以防擦伤孔的表面。导向垫尺寸一般应比刃部直径小 0.08～0.1mm，以免影响钻孔直线性。导向垫上有倒角 1mm×18°，有利于吸入切削液形成油楔。这种单刃深孔钻主要用于加工实心铸件液压筒，经长期加工证明效果良好。同时这种钻头结构简单，刃磨方便。

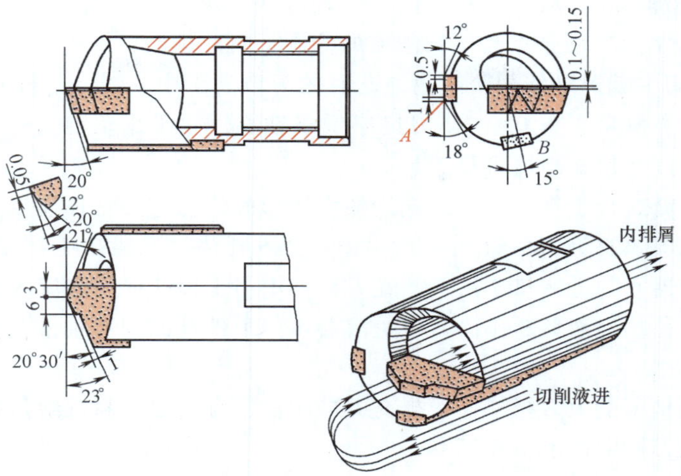

图 3-13　钻铸件用单刃内排屑深孔钻

3. 交错齿内排屑深孔钻

钻削钢料上较深的深孔时，可使用交错齿内排屑深孔钻。交错齿内排屑深孔钻是把切削齿错开分列两边，其目的是保证分屑可靠，有利于排屑，刀片散热条件、切削刃上的背向力可以得到合理的平衡。图 3-14 所示为交错齿内排屑深孔钻的几何形状及角度。

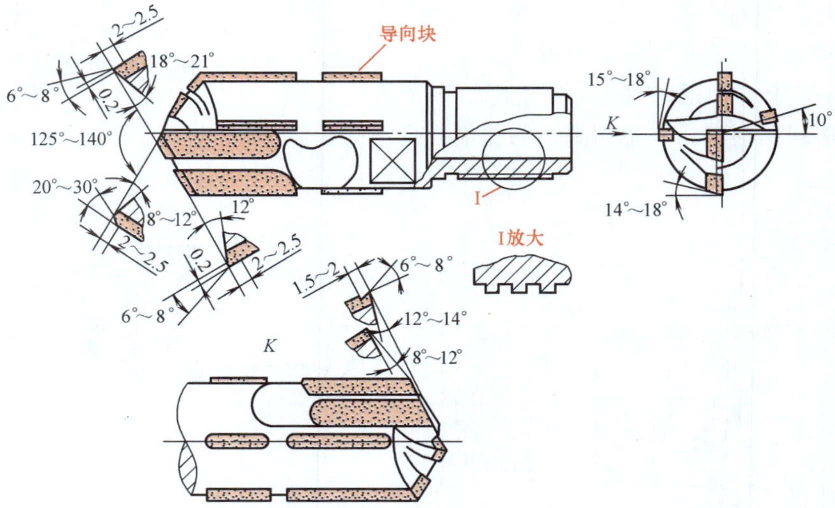

图 3-14　交错齿内排屑深孔钻的几何形状及角度

交错齿内排屑深孔钻钻头的特点如下：

1）钻头的切削部分和导向部分都采用硬质合金制成。外圆周上的切削速度较高，因此，采用耐磨性较好的 YT 类硬质合金刀片；近钻头中心处的切削速度较低，在切屑挤压力的作用下容易产生崩刃，故选用韧性较好的 YW 类硬质合金刀片。切削部分后面的硬质合金导向块在钻孔中起导向作用，能保证孔的直线性。

2）顶角（$2\Phi=125°\sim140°$）比较大，这样可使背向力减小，有利于导向块的受力，能够减小钻头轴线的走偏量，并能改善切屑的流出情况，使排屑顺利。

3）两侧切削刃前角 γ_o 取 6°～8°，使切削较轻快；磨有断屑槽，宽度为 2～2.5mm，可使切屑形成小块 C 字形，便于在高压切削液的冲刷下向外排出。

4）由于内刃刀尖偏离轴线一个距离，此时的刃口高于中心线，这样对切削不利，容易崩刃。因此，磨出刃倾角 $\lambda_s = 10°$，使刃口略低于钻心，并采用负前角 $\gamma_o = -20 \sim 30°$，有利于提高切削刃的强度，保证断屑可靠。

5）钻头体用 40Cr 合金钢制造，后端用短齿矩形螺纹与空心钻杆连接。

内排屑方式如图 3-15 所示，工件一端由中心架 5 托住，刀架 2 托着并带动钻杆 1 进给，高压切削液从受液器 4 的进液口 7 注入，经刀杆外围与工件孔壁间隙流入至切削部分，汇同切屑一起经刀杆内孔从出液口 3 排出。在受液器 4 与工件端面间有油液封头 6，可防止油液泄漏。

内排屑的特点是可增大刀杆外径，提高刀杆刚性，有利于提高进给量和生产率。采用高压切削液将切屑从刀杆中冲出，冷却和排屑效果好，且有利于刀杆的稳定，从而可提高孔的精度和减小孔的表面粗糙度值。但机床必须装设受液器与油液封头，并须预设一套供液系统。

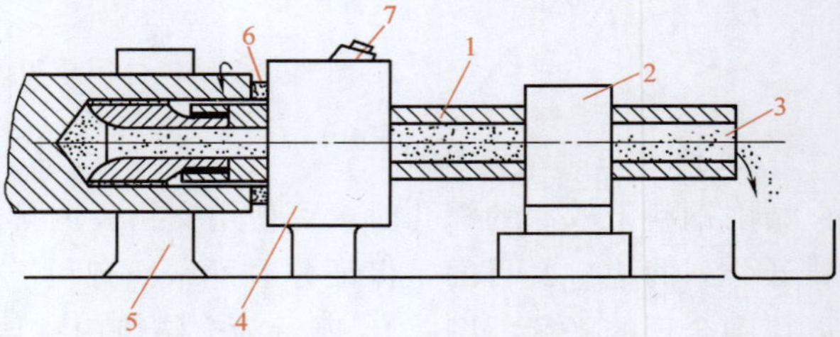

图 3-15　内排屑方式

1—钻杆　2—刀架　3—出液口　4—受液器
5—中心架　6—油液封头　7—进液口

4. 喷吸钻

喷吸钻的几何形状如图 3-16 所示。其几何形状与交错齿内排屑深孔钻基本相同，所不同的是在钻头颈部钻有几个喷射切削液的小孔 *H*，通过这些小孔把高压切削液送到切削区，并把切屑从内排屑孔向后排出。

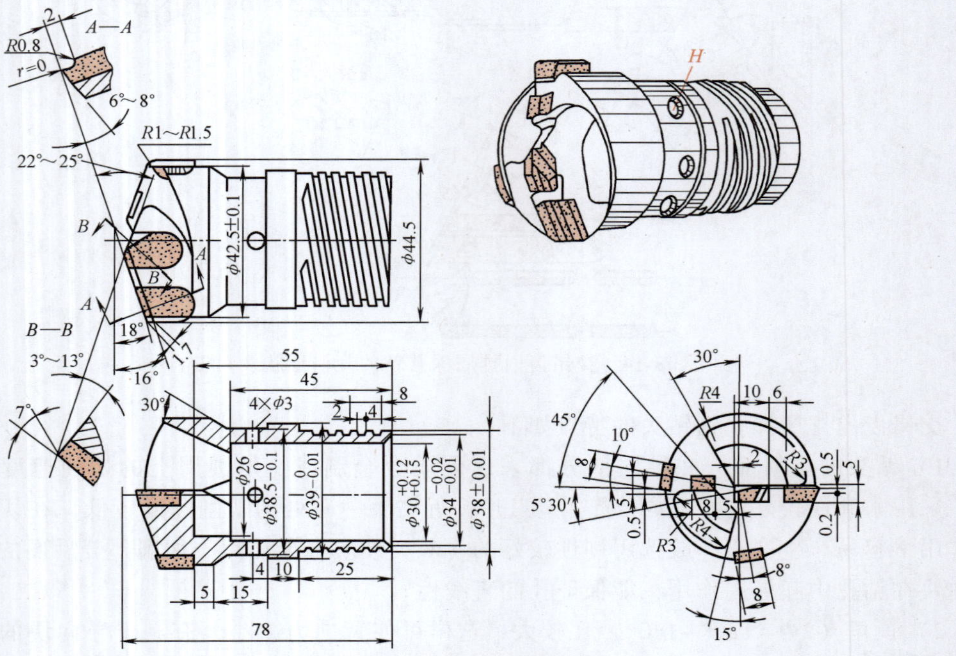

图 3-16　喷吸钻的几何形状

3.3.2 深孔加工方法

1. 深孔加工时工件与刀具的运动形式

（1）工件旋转，刀具不转只进给 这种加工方式多用于在卧式车床上用深孔刀具或接长麻花钻加工中小型套类与轴类工件上的深孔。

（2）工件旋转，刀具旋转并进给 这种加工方式多用于在深孔钻镗床上用深孔刀具加工大型套类工件及轴类工件上的深孔。这种加工方式由于钻削速度高，因此钻孔精度及生产率较高。

（3）工件不转，刀具旋转并进给 这种钻孔方式主要应用在工件特别大且笨重，工件不宜转运或孔的中心线不在旋转中心上的场合。这种加工方式易产生孔中心线的歪斜，钻孔精度较差。

2. 深孔的精加工

（1）镗深孔 当深孔的精度要求较高时，钻削后还需进行镗削，其主要目的是提高孔的尺寸及几何精度和降低表面粗糙度值。镗刀头与刀杆采用螺纹连接，镗刀头的结构如图 3-17 所示。为防止镗杆因悬伸而产生变形和振动，镗刀头前后均有导向块。导向块是硬木制成的，也可以是铜、铸铁等材料制成的。在车孔前要镗一个引导孔，使其中心线与回转轴线重合。精镗时，引导孔的表面粗糙度值应小于 $Ra3.2\mu m$，其深度为 $(0.5 \sim 1.5)D$。镗刀尺寸用对刀块调整。这种镗刀的进给方式是采用推镗法和前排屑方式，此法装夹工件、调整尺寸都较容易，生产率也较高。

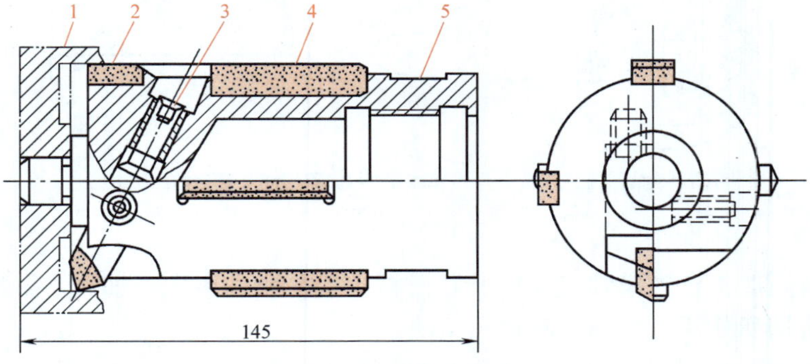

图 3-17 深孔镗刀

1—对刀块 2—前导向块 3—调节螺钉 4—后导向块 5—刀体

（2）浮动铰孔 浮动铰孔是在半精镗后的深孔加工方法。加工时，在钻杆上安装深孔铰刀头，并根据被铰孔尺寸更换油压头中的导向套。图 3-18 所示为浮动铰刀头的结构。浮动铰刀块可以在刀杆的长方形孔内自由滑动，消除了由机床及刀具等误差引起的孔径尺寸误差。由于铰刀块可以浮动，刀块具有自动对中心功能，导向良好。图 3-18 中的导向块用夹布胶木或白桦木制成，有一定的弹性，既可避免划伤已加工表面，保证加工表面质量，又可以自动补偿多次铰孔后直径的磨损量，从而保证必要的导向精度。导向块为双导向，在调整时，前导向块与孔应为无间隙配合，后导向块尺寸应略大于铰刀块直径尺寸，以便铰孔时能够自动磨去而保持较高的导向精度。

（3）珩磨 珩磨内孔可以看作内孔的一种超级精加工，所使用的主要工具是珩磨头，其结构如图 3-19a 所示，由几条具有细小粒度的磨石沿圆周均布而成。为了使每一磨粒的运动轨迹不重复，将孔的圆度误差修整得更小，磨头每转一周要附加转动一个角度，在圆周上的移动量为 S，如图 3-19b 所示。磨石上每一细小磨粒在加工表面上的切削轨迹呈交叉而又不相重复的网络。

几种常见的内孔珩磨头如图 3-20 所示。图 3-20a 所示为由条形磨石组成的内孔用珩磨头；图 3-20b 所示为没有万向接头的珩磨头，安装工件时要求精确对中；图 3-20c 所示为带有万向接头的珩磨头，安装工件时不要求精确对中，珩磨头可在孔中浮动；图 3-20d 所示为双轮式内孔珩磨头。

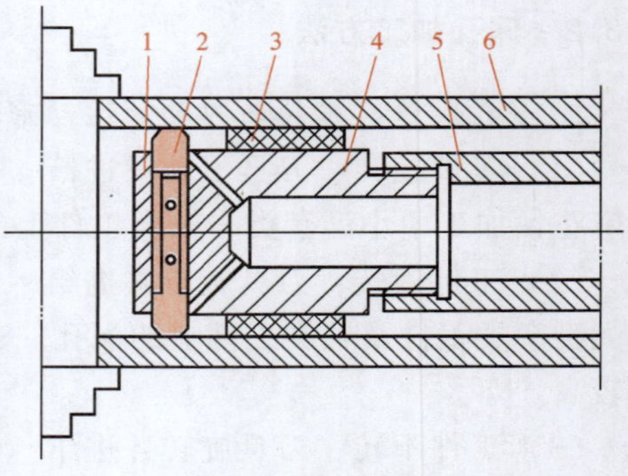

图 3-18　深孔浮动铰刀

1—压盖　2—浮动铰刀块　3—导向块
4—导向头　5—刀杆　6—工件

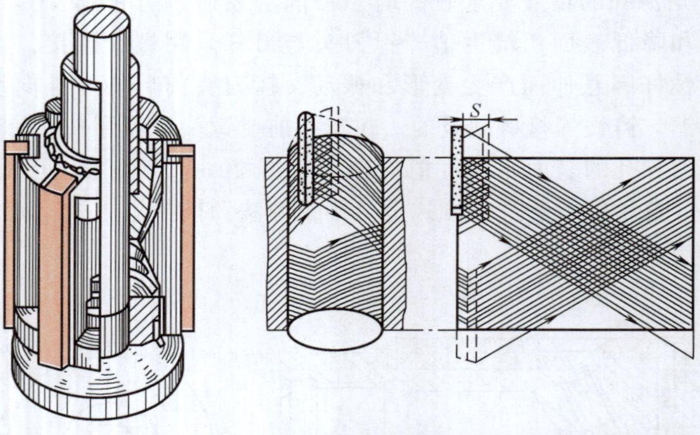

a) 珩磨头的结构　　b) 珩磨内孔磨石上每一磨粒的运动轨迹

图 3-19　珩磨头

使用时，将珩磨头通过销轴与镗杆或刀杆相连，并插入车床主轴孔内，即可进行珩磨。刀杆尾部锥度应同所使用机床的主轴锥孔相配。

珩磨常用来加工液压缸、阀孔、套孔、外形不便旋转的大型工件以及细长孔等。珩磨的劳动强度较低，但能获得较高的精度，孔加工公差等级可达 IT6～IT7；圆度和圆柱度可达 3μm，孔径误差可控制在 5～25μm 范围内；珩磨后表面粗糙度值为 Ra0. 05～0. 4μm。珩磨对机床精度的要求低，在满足同样精度要求的条件下，珩磨机床比其他加工方法机床的精度要低一级或更多。在车床上进行珩磨可解决现场珩磨设备不足的问题，只要对车床做相应的改装，加上珩磨头等必要工装，就可满足生产需要。特别是利用珩磨轮进行珩磨，对工件前工序的表面质量要求不高，即使对车削加工的表面也可直接进行轮式珩磨。但珩磨加工也有其缺陷，采用浮动连接时，无法找正被加工孔的中心线位置，在珩磨过程中可能有磨粒、切屑小块或其他杂质压入被加工表面的毛孔中，以致在使用时导致工件过早磨损。同时，高清洁度是珩磨加工的先决条件，否则将无法达到应有的精度和表面质量。

（4）滚压深孔　滚压深孔是一种在卧式车床上利用滚压工具对深孔表面进行滚压加工，以提高工件表面硬度和减小表面粗糙度值的高效率精加工方法，可加工公差等级为 IT7，表

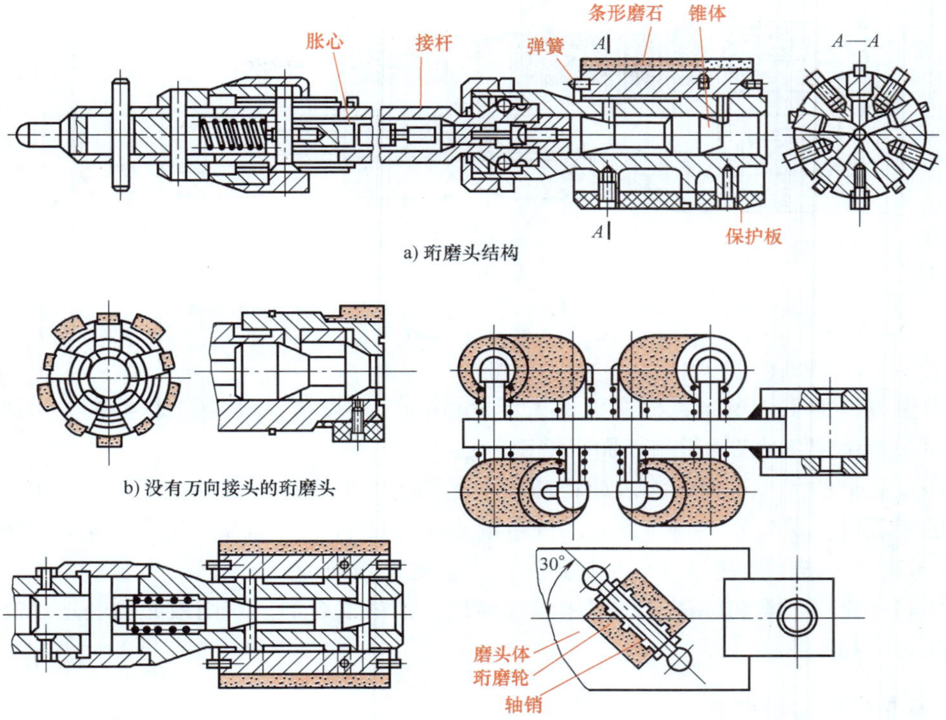

a) 珩磨头结构

b) 没有万向接头的珩磨头

c) 带有万向接头的珩磨头

d) 双轮式内孔珩磨头

图 3-20　几种常见的内孔珩磨头

面粗糙度值为 Ra0.04～0.16μm 的深孔。

滚压加工使用硬度很高的滚珠（或滚柱）对工件表面进行挤压，使零件表面产生塑性变形，将其微观不平度压光挤平，从而提高表面的光洁程度和硬度。

一般采用圆锥形滚柱进行深孔滚压（图 3-21）。圆锥形滚柱用 GCr15 轴承钢制造，淬硬至 62～64HRC，滚柱前端磨出 R2mm 的圆弧，与圆锥面光滑连接。滚压时，滚柱表面与工件表面之间形成 0.5°～1°的后角，其作用是减小滚柱挤压时的接触面积，从而降低表面粗糙度值。滚柱的数量根据孔径大小而定，一般选 4～8 个。但几个滚柱的外径尺寸必须一致，尺寸公差在 0.005mm 以内。滚柱数量增多，滚压的总接触面积就增大，可以增加进给量和提高滚压效率。

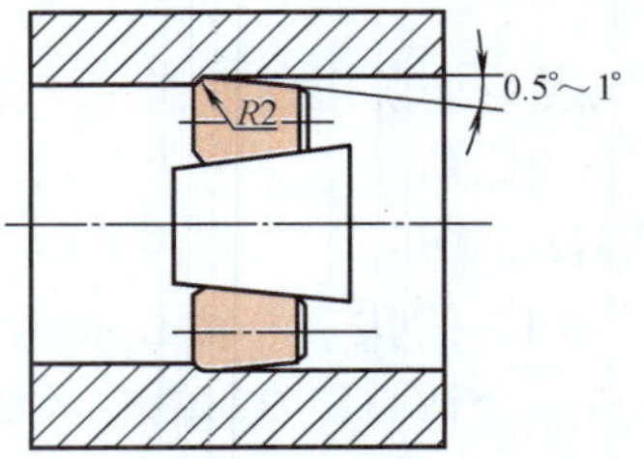

图 3-21　用圆锥形滚柱滚压深孔

图 3-22 所示为深孔滚压头，在滚压过程中，滚柱 2 所受的轴向力经销子 3 传递给套圈 4，向右顶在推力轴承 6 上。这时，滚压头外径为滚压内孔的尺寸，滚压完毕后，滚压头从已滚过的内孔中退出。当滚柱反向通过工件内孔时，受到一个向左的轴向力，这个力传给保持器 1，经套圈压缩弹簧 5，滚柱 2 就沿锥度套筒 11 向左移动，滚压头外径就会缩小。这样滚压头从工件孔中退出时，不会损伤已滚好的表面。

滚压头的径向尺寸可做微量调节，以适应不同挤压量的需要。方法是调节旋转螺母 9，使套筒 7 轴向移动，并使滚柱在锥度套筒 11 上移动，滚柱即可径向伸缩。滚压前，内孔应

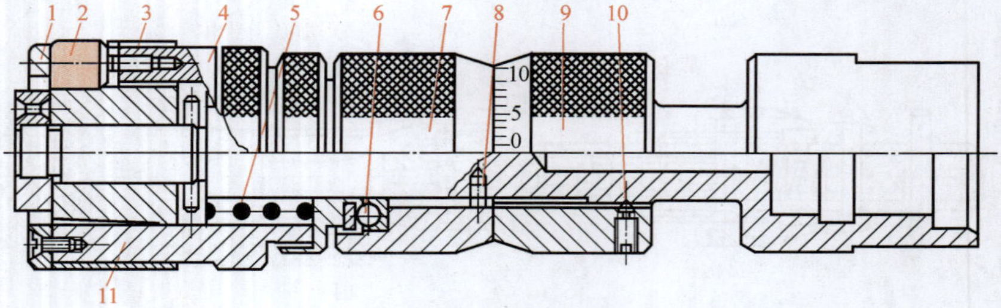

图 3-22　深孔滚压头

1—保持器　2—滚柱　3—销子　4—套圈　5—弹簧　6—推力轴承
7—套筒　8、10—螺钉　9—螺母　11—锥度套筒

经过浮动镗刀精加工，表面粗糙度值不大于 $Ra5\mu m$。还要清洗孔壁，去除油污及切屑，否则滚压后会产生“麻点”，影响表面粗糙度。

滚压过盈量的大小直接影响表面粗糙度，过盈量太大容易使工件表面产生“脱皮”，一般钢件的滚压过盈量为 0.1~0.12mm。进给量 f 为 0.15~0.25mm/r，滚压速度 $v_c=60\sim80$m/min。滚压次数一般不要超过 2，否则会产生“脱皮”现象。

滚压时可使用油类切削液，一般用煤油和硫化油的混合剂。切削液必须经过过滤，保证清洁，无切屑和脏物。

3.3.3　群钻的结构和刃磨

1. 群钻的结构

群钻，是将标准麻花钻的切削部分修磨成特殊形状的钻头。标准麻花钻的切削部分由两条主切削刃和一条横刃构成，最主要的缺点是横刃和钻心处的负前角大，切削条件不利。群钻是把标准麻花钻的切削部分磨出两条对称的月牙槽，形成圆弧刃，并在横刃和钻心处经修磨形成两条内直刃。这样，加上横刃和原来的两条外直刃，就将标准麻花钻的“一尖三刃”磨成了“三尖七刃”，如图 3-23 所示。

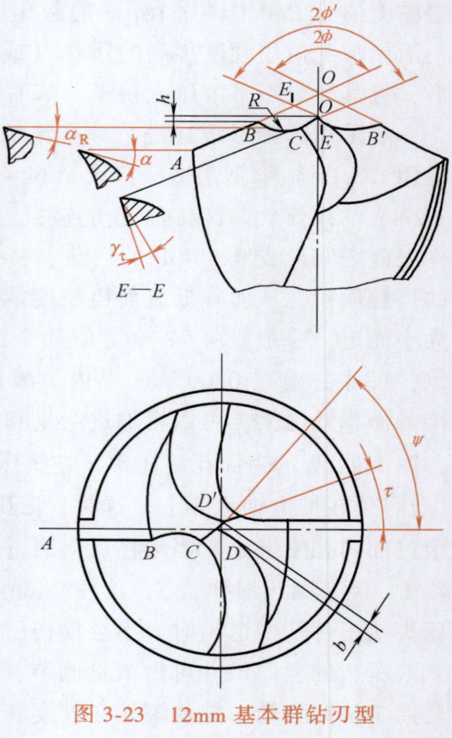

图 3-23　12mm 基本群钻刃型

（1）三尖——钻心 O 尖、B 尖、B' 尖　群钻也有一个钻心尖 O，但在其左右还有两个钻侧尖 B 和 B'。钻心尖 O 略高于两侧尖，它在最前面先接触工件，由于其切削性能较差、强度较低，因此在其对金属层进行挤刮时，两侧尖便很快切入工件，将中心部分金属撕裂、剥开。这时，钻心尖 O 除了起着保护钻心的作用，还减小了钻削时的轴向阻力，使钻尖与其他切削刃能更快、更顺利地进行切削。

（2）七刃——外刃 $AB\times2$、弧刃 $BC\times2$、内刃 $CD\times2$、横刃 DD'　由于将普通麻花钻的三刃磨成

七刃，使整个切削刃的长度增加，因此，单位长度上的切削力也就减小了。另外，在原来的两条外直刃上磨出了两个对称于钻心的弧刃 BC，切削时它在底孔上形成一道“凸圆箍”，起着导向和稳定中心的作用，因此，钻出的孔不易偏斜，直线性好。

(3) 11角——外刃后角 $\alpha\times2$、弧刃后角 $\alpha_R\times2$、内刃前角 $\gamma_\tau\times2$、内刃斜角 $\tau\times2$、外锋角 2ϕ、内锋角 $2\phi'$、横刃斜角 Ψ。

2. *基本群钻刃形快速刃磨法*

基本群钻刃形快速刃磨法是将原来人们习惯的“弧形摆动刃磨”改变为“平推移动刃磨”。其主要优点，一是刃磨时能保持稳定，使钻头刃形的对称性好；二是先除去钻尖及后背面的多余部分，使刃磨时间比原来的习惯磨法至少缩短2倍。现以 ϕ12mm 麻花钻头为例，介绍其刃磨顺序及刃磨要领。

(1) 磨尖高

要求：从市场上购来的麻花钻钻头，其外锋角 $2\phi=118°\pm2°$，将其钻尖高磨至约为 $H/2$。

目的：减少后续的刃磨量和刃磨时间。

方法：使钻头轴线稍高于砂轮中心线，双手一前一后平握钻头，使钻尖对着砂轮圆周面，均匀进刀并左右移动磨削。将钻尖磨至全高约为 $H/2$ 时立即入水冷却，如图3-24所示。

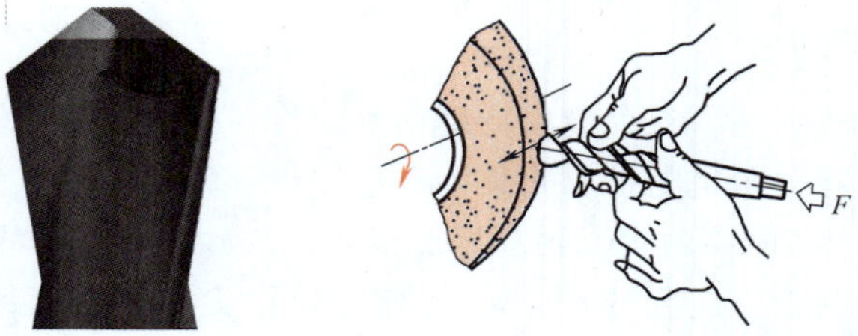

a)　　b)

图3-24　磨尖高

(2) 磨后背

要求：两主后面须对称、均匀，将全后面宽度磨至约为 $H'/2$，如图3-25所示。

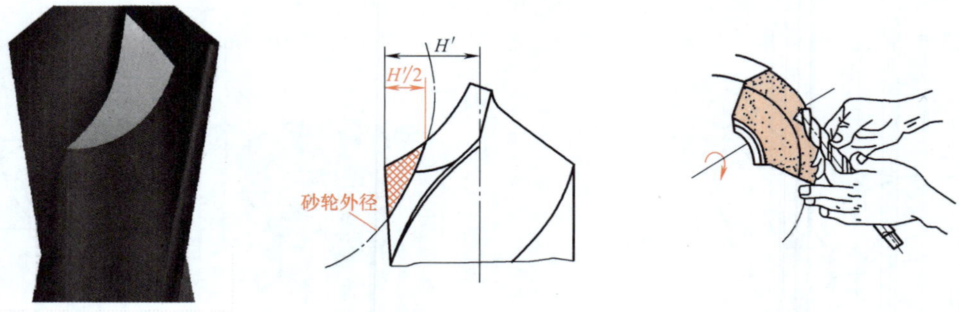

a)　　b)　　c)

图3-25　磨后背

目的：①减少下一步的刃磨量；②增加钻削中的排屑空间；③使切削液更快进入主切削刃。

方法：手指按在砂轮机防护罩某点上，将钻头一侧主后面置于砂轮中心高约10mm的圆周面上。钻头主轴与砂轮切线方向约成30°夹角，然后将钻头压向砂轮，左右均匀施力移动磨削。当磨至宽度约为 $H'/2$ 时，一手将钻头入水冷却（手指原按点不动），翻转180°磨另一后背。

（3）磨外刃

要求：刃磨锋角 $2\phi=135°\sim140°$，使每条外刃的长度不小于原长度的 1/2～2/3，同时须产生两后角 $\alpha\approx10°\sim15°$，两侧角度与刃长对称相等，如图 3-26 所示。

目的：使外刃上每一点处的轴向前角增大，钻削时轴向阻力小，排屑快而顺畅。

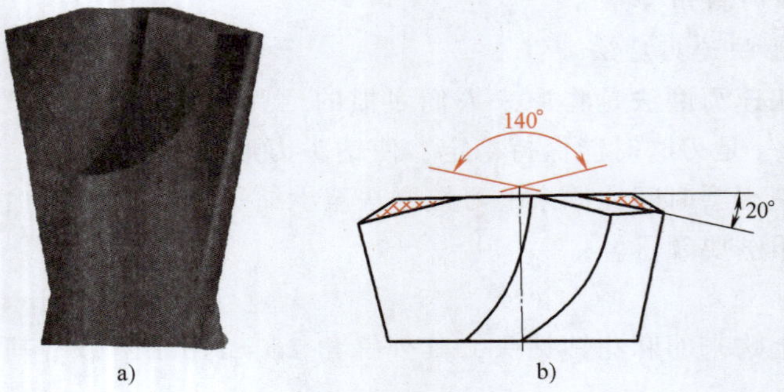

图 3-26　磨外刃

方法：双手前后持稳钻头，将一外刃置于砂轮中心约 10mm 的圆周面上，中指或食指按压在砂轮机防护罩壳某一点上定位，将钻头调整为以下位置：①钻头主切削刃与砂轮轴线成 65°～70°夹角；②钻头尾部下倾，与砂轮外圆切线方向成 10°～15°角；③将钻头主切削刃沿逆时针方向旋转 6°～10°（使靠近钻尖处外刃上每一点处的后角 α 增大），此时将钻头压向砂轮圆周面，均匀施力做左右（砂轮宽度一半的距离）移动磨削。当一外刃磨成后，微松两手，身体站位与手指的定位点不变，另一手持钻头旋转 180°，仍按原位置刃磨另一外刃，如图 3-27 所示。

（4）磨弧刃

要求：每一侧弧刃长度磨至钻头外刃全长度约为 $L/2$，同时产生弧刃后角 $\alpha_r\approx15°$，横刃斜角 $\psi=50°$，内锋角 $2\phi'=100°\sim120°$，钻尖高 $h=0.05\sim0.08$mm，如图 3-28 所示。

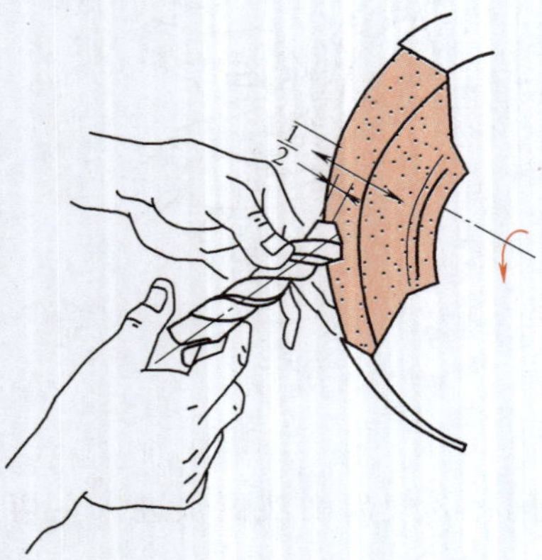

图 3-27　磨外刃方法

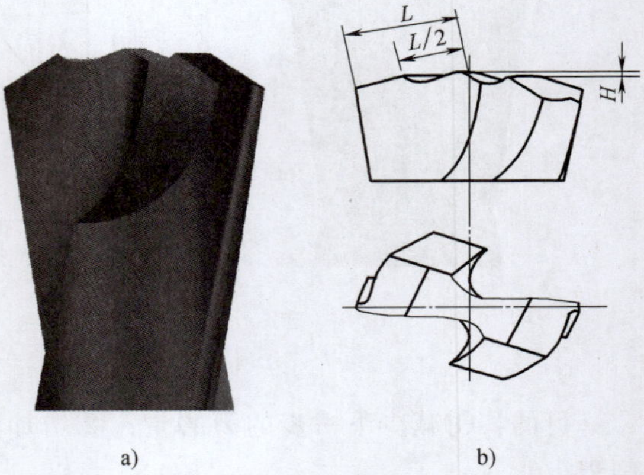

图 3-28　磨弧刃

目的：①增加钻头切削刃长度；②钻削时中心稳定，孔的直线性易于保证；③使切屑易变形而折断；④保护钻尖，提高其使用寿命。

方法：磨削点高于砂轮轴线与外缘侧面相交处约 10mm。①使钻头轴线与砂轮外侧面成

50°~60°角，尾部下倾15°~20°，并沿顺时针方向旋转8°~10°；②一手指按住砂轮防护罩壳上某一点定位；③按此磨削位置，以钻头轴线方向进给磨削到位，微松两手，身体站位与手指的定位点不变，另一手将钻头翻转180°，仍在原位刃磨另一弧刃；④两弧刃反复刃磨两次对称后冷却，如图3-29所示。

(5) 磨内刃

要求：内刃宽度磨至弧刃全长L的1/2，同时产生内刃前角$\gamma_\tau \approx -10° \sim -5°$，内刃斜角$\tau \approx 20° \sim 30°$，横刃长$B=0.04 \sim 0.07$mm，如图3-30所示。

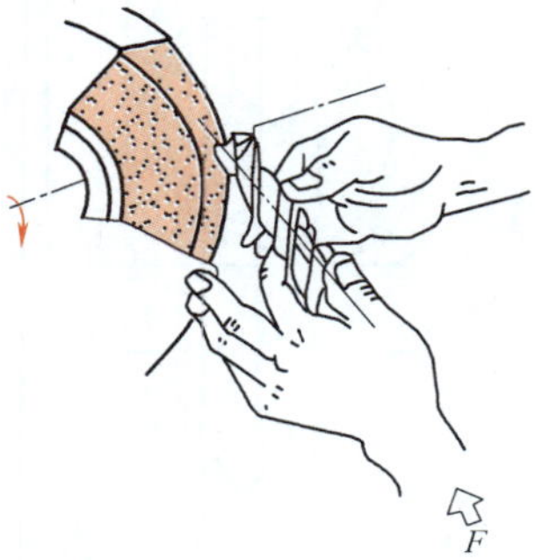

图3-29 磨弧刃方法

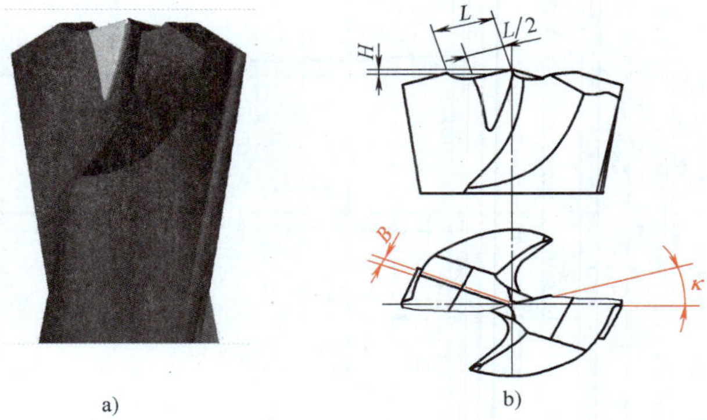

图3-30 磨内刃

目的：使内刃前角γ_τ的负值减至最小，横刃长减小，钻削时轴向力就小得多，从而为采用大进给量创造了条件。

方法：钻心前面磨削点为砂轮外圆中心与其侧面相交处。①钻头尾部抬高，与砂轮磨削点成15°~25°夹角；②左手抓住钻尾，中指按在砂轮机某一点上定位，右手拇指和食指抠住钻头前端两螺旋沟槽；③摆出以上位置后，右手将钻头后面的螺旋槽逐渐靠上砂轮磨削点，与此同时左手微松，右手持住钻头沿顺时针方向缓慢转动刃磨，当磨至近横刃处，观察到砂轮磨削点与钻头前面成15°~20°夹角时，右手将钻心向砂轮侧面做一直线微量进给，使内刃斜角τ产生并同时缩短横刃长。左手微松，使钻头旋转180°，仍在原位置，按上述动作刃磨另一侧内刃。在刃磨的全过程中，身体站位与手指的定位点不变，如图3-31所示。

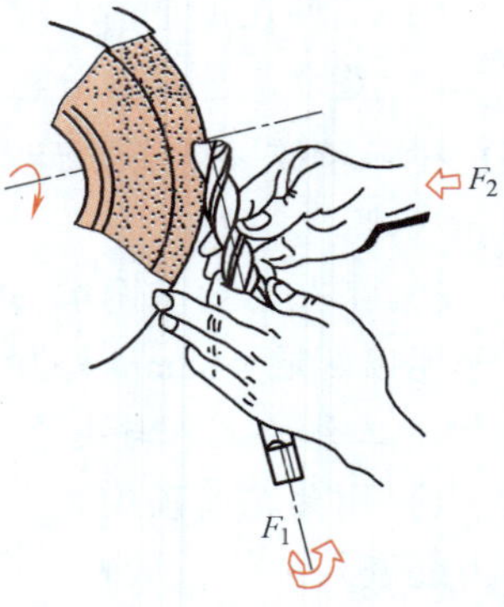

图3-31 磨内刃的方法

(6) 磨分屑槽 ϕ13mm以下的钻头通常都不磨分屑槽，如果需要，则使用薄片树脂砂轮在钻头外刃侧磨一条分屑槽即可。

作用：①钻削时，可使钻头两外刃所承受的径向力均衡；②可将较宽的切屑分割成窄条状，使钻削轻快，排屑更为顺畅。

大直径钻头可磨两条或多条分屑槽，可直接在普通砂轮机上刃磨。但砂轮外缘圆角半径要修小，磨槽前要设计好各条槽相互错开的槽距、槽宽和槽深，避免将外刃两侧的分屑槽磨在同一个圆周内。

3.3.4 深孔加工实例

1. 分析图样

图 3-32 所示液压筒为铸铁（HT200）深孔工件，单件小批量生产。其特点是壁薄容易变形，车削时容易产生振动，刀具也容易磨损。因此，应正确选择刀具、辅具和装夹方式。

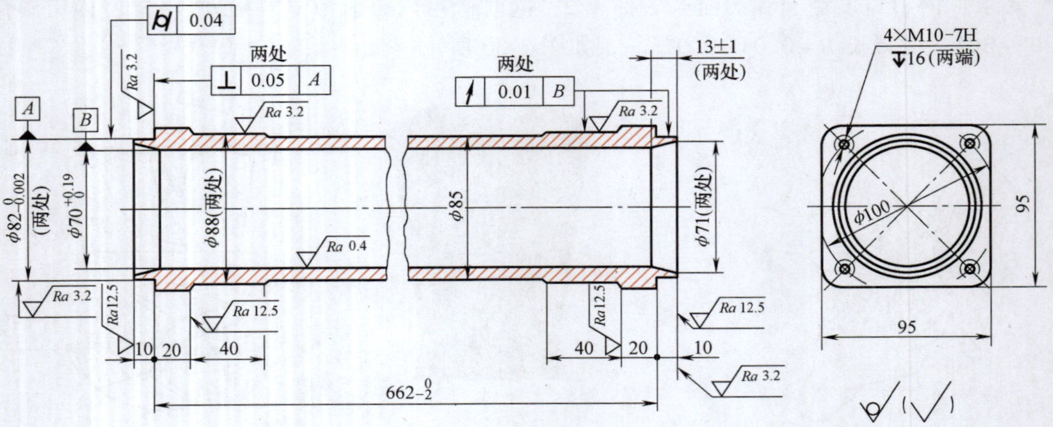

图 3-32 液压筒

主要技术要求如下：

1）$\phi70^{+0.19}_{0}$mm 内孔的圆柱度公差为 0.04mm。

2）两端 $\phi82^{0}_{-0.022}$mm 外圆和 $\phi88$mm 外圆对内孔中心线的径向圆跳动公差为 0.01mm，要求较高，因此要合理安排工序。

3）两端法兰盘外端面对 $\phi82^{0}_{-0.022}$mm 外圆轴线的垂直度公差为 0.05mm。

2. 制订加工工艺

1）工件在加工前要安排一次人工时效，以消除铸造应力。

2）整个工艺过程分粗加工、半精加、精加工三个阶段。$\phi70^{+0.19}_{0}$mm 内孔的加工顺序：粗精镗→精铰→珩磨。$\phi82^{0}_{-0.022}$mm 外圆及两端 $\phi88$mm 外圆的加工顺序：粗车→半精车→精车。

3）工艺上要求两端 $\phi88$mm 外圆的尺寸保持一致，偏差要小于 0.03mm，这样可使后续工序能以两端 $\phi88$mm 外圆定位，达到较高的相互位置精度。

3. 工件的定位与夹紧

1）用菊花前顶尖装夹工件（图 3-33）。可缩短装夹时间，不但能定心，而且圆锥面上的齿能嵌入工件，从而带动工件旋转。这种方法可使后续以外圆定位加工内孔时，内孔的余量很均匀。

2）端托中心架示意图如图 3-34 所示，工件以两个已经车好的外圆在中心架上定位，一端用卡爪夹紧。可车工件的端面和内孔。

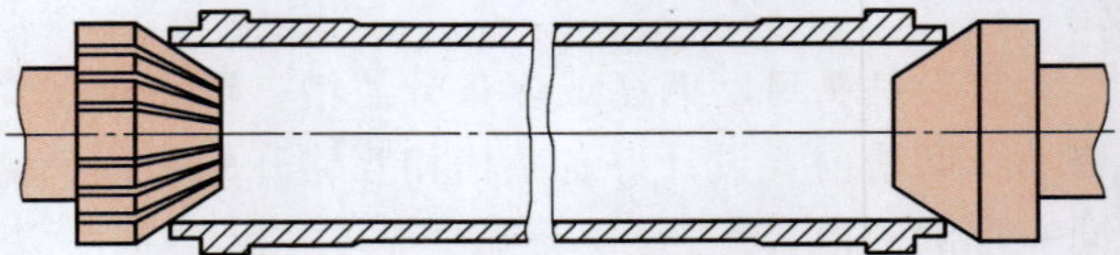

图 3-33 用菊花前顶尖装夹工件

4. 选择刀具

加工深孔时需要使用图 3-35 所示

的加工装置，该装置由深孔钻、刀杆、刀架夹持器、导套支架及切削液泵站等组成。

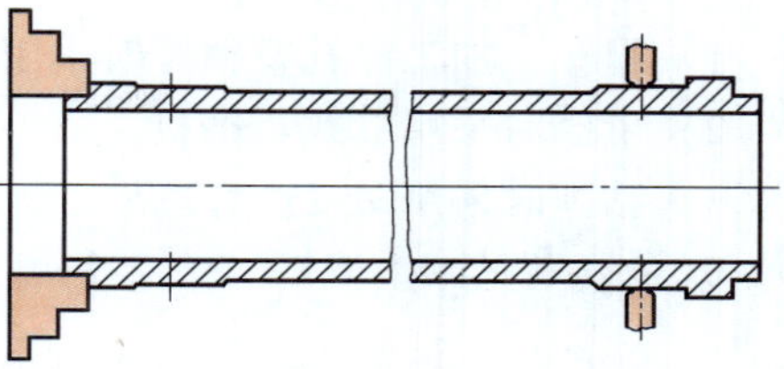

图 3-34　用端托中心架装夹工件

刀杆由厚壁无缝钢管制成，如图 3-36 所示。前端的矩形外螺纹和直径为 d_1 的导向面与刀头相连，外径 D_0 比工件孔径小 4~8mm，内孔 d 为切削液输入通道。

刀杆夹持器由高强度铸铁或钢制成，若刀杆直径 D_0<45mm，可采用能安装在车床刀架上的刀杆夹持器（图 3-37a）；若刀杆直径 D_0>50mm，则应采用直接安装在车床床鞍上的刀杆夹持器（图 3-37b）。

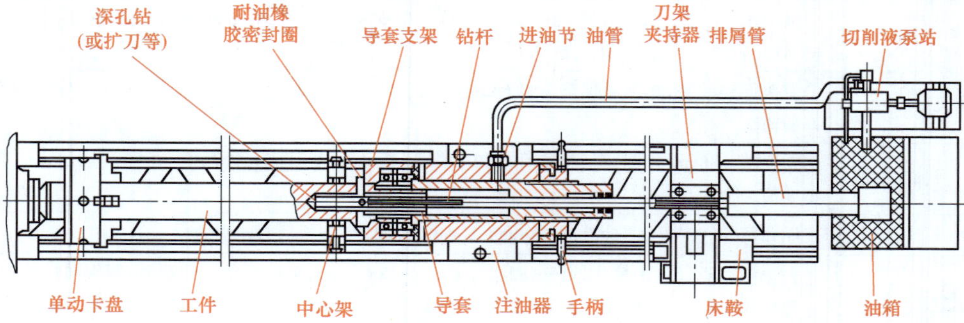

图 3-35　液压筒加工装置

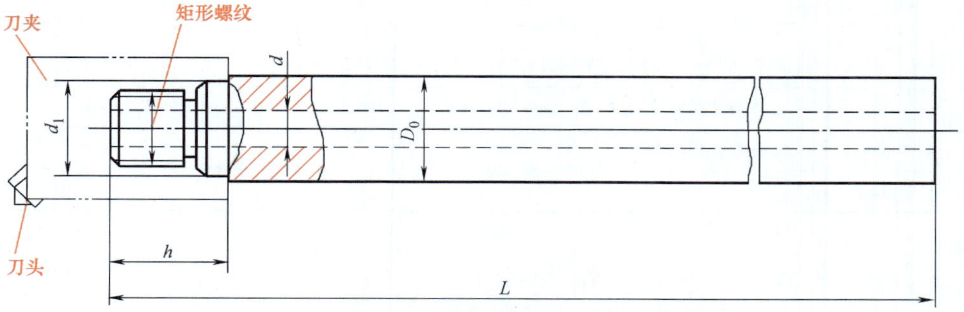

图 3-36　加工液压筒所用刀杆

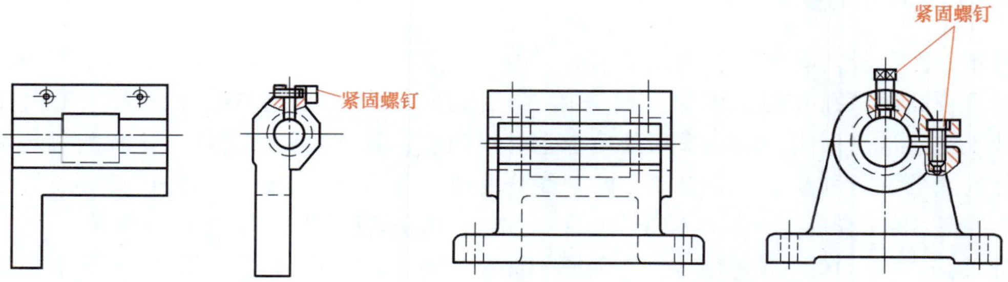

a) 刀杆直径小于45mm时　　b) 刀杆直径大于50mm时

图 3-37　刀杆夹持器

5. 选择设备

1）粗车、加工深孔及精车时采用 C6140A 型车床。

2）珩磨时采用立式珩磨机。

3）钻削时采用 Z525 型立钻。

6. 液压筒的加工步骤（表 3-2）

表 3-2 液压筒的加工步骤

工序号	工序名称	工序内容
1	铸造	
2	热处理	人工时效
3	粗车	用菊花前顶尖装夹，粗车两处 $\phi88$mm 外圆至 $\phi91$mm，车法兰盘两内端面
4	粗车	夹一端 $\phi82_{-0.022}^{0}$mm 外圆，用中心架托另一端 $\phi88$mm 外圆，车端面；粗车一端 $\phi82_{-0.022}^{0}$mm 外圆至 $\phi85$mm，车法兰盘一外端面
5	粗车	调头同样装夹，车端面保证总长 662mm，粗车另一端 $\phi82_{-0.022}^{0}$mm 外圆至 $\phi85$mm，车法兰盘另一外端面
6	加工深孔	托两端 $\phi88$mm 外圆，粗、精车孔 $\phi70_{0}^{+0.19}$mm 至 $\phi69.8_{0}^{+0.1}$mm，铰孔至 $\phi(70\pm0.02)$mm，表面粗糙度值为 $Ra3.2\mu m$
7	车	以孔定位，半精车两处外圆 $\phi88$mm 至 $\phi89.1$mm，车法兰盘两内端面
8	车	夹一端，托一端，半精车外圆 $\phi82_{-0.022}^{0}$mm 至 $\phi83.1$mm，车法兰盘一外端面；调头同样装夹，车另一端面
9	珩磨	夹两端 $\phi88$mm 外圆，粗、精珩内孔至图样要求
10	车	以孔定位，一次安装，正、反进给将两处 $\phi88$mm 外圆精车至图样要求，要求尺寸一致
11	车	夹一端，托一端，精车外圆 $\phi82_{-0.022}^{0}$mm 至图样要求，车法兰盘一外端面至要求，车圆锥面至图样要求；调头同样装夹，车成另一端，并保证长度 662_{-2}^{0}mm
12	钻	在两端法兰盘上钻 $4\times\phi8.5$mm 孔，攻 4×M10-7H 螺孔（深 16mm）
13	钳	去毛刺，清理内孔
14	检验	

3.4 精度检验及误差分析

3.4.1 孔颈尺寸的检测

常用的测孔量具有塞规、内径指示表、内径千分尺及简单的量具卡尺和内卡钳等。对于精度要求较高的深孔孔径的测量，可采用三爪内径千分尺。图 3-38a 所示为三爪内径千分尺，件 1 为三爪测量头，测砧采用硬质合金材料制造，具有高的耐磨性，这种测量头可接近不通孔的底端进行测量；微分套筒 2 的刻线分度值一般为 0.005mm。在 11~20mm 尺寸范围内，每间隔 3mm 有一把三爪内径千分尺；在 20~40mm 范围内，每间隔 5mm 有一把三爪内径千分尺；在 40~100mm 范围内，每间隔 10mm 就有一把三爪内径千分尺。棘轮 3 用来提供恒定的测量力。当所测量的孔较长时，要换上适当长度的接长杆 4。图 3-38c 所示为数显三爪内径千分尺。用三爪内径千分尺测量孔径时，在测量前先要用精密环规（图 3-38d）进行

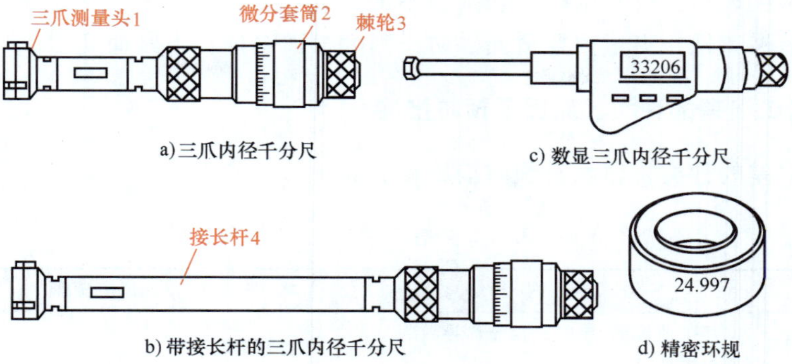

图 3-38　深孔孔径的测量

零点调节。

3.4.2　几何公差的检测

孔的圆度误差可用内径指示表测量。测量前应先用环规或外径千分尺将内径指示表调到零位，将测量头放入孔内，在各个方向上测量，测量截面内最大值与最小值之差的一半即为单个截面的圆度误差。按上述方法测量若干个截面，取其中最大的误差作为该圆柱孔的圆度误差。

孔的圆柱度误差可用内径指示表测量，在孔全长的前、中、后部位各测量几个截面，比较各个截面测量出的最大值与最小值，然后取最大值与最小值误差的一半作为孔全长的圆柱度误差。

如果条件允许，应采用光学自准直仪或圆度仪来测量孔的直线度或圆柱度误差。

测量图 3-32 所示液压筒的 $\phi 82_{-0.022}^{\ 0}$mm 外圆和 $\phi 88$mm 外圆对内孔中心线的径向圆跳动误差时，在内孔两端塞入与 $\phi 70_{\ 0}^{+0.19}$mm 内孔配合并带中心孔的小锥度锥体，在偏摆仪上用两顶尖顶住，转动工件就可用指示表测量两处径向圆跳动误差。也可互换基准，将 $\phi 88$mm 外圆放在两等高 V 形架上，转动工件，用指示表测量内孔的径向圆跳动误差。

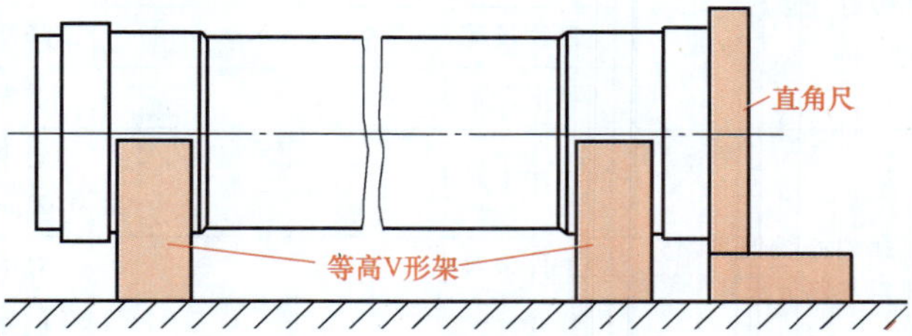

图 3-39　垂直度误差的测量

法兰盘外端面对 $\phi 82_{-0.022}^{\ 0}$mm 外圆轴线垂直度误差的测量方法如图 3-39 所示，将 $\phi 88$mm 外圆放在两等高 V 形架上，用直角尺及塞尺测量法兰盘外端面与直角尺的最大间隙，该间隙即为垂直度误差。

3.4.3　误差分析

加工 $\phi 70_{\ 0}^{+0.19}$mm 时须托住两端 $\phi 88$mm 外圆，两端的轴线应与主轴轴线重合，之后以孔定位半精车 $\phi 88$mm 外圆，再夹两端 $\phi 88$mm 外圆粗、精珩内孔至图样要求。如果轴线不重合，将导致无法磨出内孔或表面粗糙度达不到要求。

用菊花前顶尖装夹工件车削时，切削力不能太大，否则会出现工件打滑而损坏的情况。用端托中心架装夹工件，夹紧力要适当，防止因太松而歪掉，太紧而变形。

3.4.4 深孔加工误差的种类、原因及预防措施

深孔加工误差的种类、原因及预防措施见表 3-3。

表 3-3 深孔加工误差的种类、原因及预防措施

误差种类	原　　因	预防措施
钻孔表面质量差	切削速度低，导向块积瘤而导致表面被磨伤	提高切削速度
	切削液使用不当，温度太高（超过55℃），导致硫化润滑剂受热分解	检查油温或改进油箱
	过滤较差，小颗粒未滤净而沉积在导向块表面	增加合理过滤器（40μm）
	导向块磨损	重装钻头，更换导向块材质，检查切削速度
	振动，机床失稳或夹紧部件失稳	加固机床或重新装夹
	刀杆刚性差，支承不良	复查刀杆刚度，检查刀杆支承架
在钻头及刀杆内孔中切屑堵塞	切削液不足	重修和检查液压泵；检查切削液流速；检查过滤器是否堵塞；检查泵的旋转方向是否正确；检查泵和连接器之间是否垂直；检查切削液管的倾斜度
钻头崩刃或切屑未很好地形成	在钻头或钻杆孔内切屑堵塞。中心刀片上的积屑瘤会导致崩刃，因此会产生长的切屑或切屑堵塞	降低每转进给量，检查工件的夹紧情况，使工件在钻削开始时不产生移动
钻头崩刃或切屑未很好地形成	不正确地钻削，如不规则的表面上有中心孔、钻套过大等	如果钻套已磨损，则应更换合格的钻套；缩小中心孔，以便中心刀片能先切削
	十字钻削（交叉孔）	不要钻削交叉孔
	刀片过载	降低每转进给量
	稳定性不足	增强机床或夹具的稳定性，检查所有钻头连接部分
孔中心线偏离，钻孔后壁厚太大	机床未对中	对中机床（夹头与尾座或夹具间的偏心不得超过0.02mm）
	工件未对中	对中工件
	钻套过大	更换合格钻套
	钻杆过长	应用钻杆支承架，支承架间距不应过长
刀片寿命短或崩刃	切削速度和进给量过低	提高切削参数
	（机床与工件）未对中	对中机床或工件（0.02mm）
	切削速度太高	降低切削速度
	导向块和周边刀片过度磨损	更换切削液；检查钻套磨损程度并确认钻套符合规定要求
	刀片材质不合适	选择合适的刀片材质
	切削液容量不正确，压力过小或切削液过少	选择正确的容量和压力

（续）

误差种类	原　　因	预防措施
孔径过大超差	钻头或刀尖设计不合理	检查钻头是否符合刀尖圆要求，复查刀尖设计是否合理
	钻套过大或未对中	检查钻套孔径及同心度是否符合要求
	不稳定的机床或装夹	增加机床或夹具的稳定性
出现螺旋状孔	导向块脆弱	更换钻头，或复查导向块材质是否合适
	（机床或工件）未对中	对中机床或工件（0.02mm）
	切削液中缺少润滑剂	增加润滑剂
	切削液流量过小	检查断屑，调整压力
喇叭孔	钻套过大	检查和更换钻套
	钻套刚性太差	提高刚性

3.5　数控车床车削二次曲线和曲面

3.5.1　用户宏程序

1. 用户宏程序的概念

在数控系统中存储的包含变量并能实现某种功能的一组子程序，称为用户宏程序，简称宏程序。调用宏程序的指令称为用户宏程序指令，简称宏指令。用户宏程序的实质和应用都与子程序相似。在主程序中，只要编入相应的调用指令，就能实现调用宏程序进行零件加工的功能。

宏程序与普通程序相比，普通程序的程序字为常量，一个程序只能描述一种几何形状，因此缺乏灵活性和适用性。而在宏程序中，可以使用变量进行编程，还可以用宏指令对这些变量进行赋值、运算等处理。通过使用宏程序，能执行一些有规律变化加工（如非圆二次曲线轮廓）的动作。

用户宏程序分为 A 类、B 类两种。两者的主要区别在于，A 类宏程序不能对“+”“-”“×”“/”“=”“[ ]”等符号进行赋值及数学运算。在早期的 FANUC 系统机床面板上没有这些符号，因此只能用 A 类宏程序编程加工；而在 FANUC 0*i* 及其后的系统中（如 FANUC 0*i* Mate MD 等），则可以方便地通过面板输入这些符号，并运用 B 类宏程序对这些符号进行赋值编程。下面仅以应用广泛的 B 类宏程序为例，讲解宏程序的编制过程。

2. B 类宏程序的变量及其运算

（1）变量的形式　变量是由符号“#”及其后的变量号码组成的，即 #*i*（*i*=1，2，3，…），如#3、#101、#1045；也可用#［表达式］的形式来表示，但表达式必须全部写入方括号“[ ]”中，如#［#201］、#［#1045-1］、#［A+C］。

（2）变量的引用　地址符后的数值可以用变量置换。例如，若写成 F#12，则当#12=200 时，与 F200. 相同；再如，Z-#15，当#15=4 时，与 Z-4. 指令相同。另外，也可以采用表达式引用变量。

例 3-1　G01 X［#120-20］　Y-#16　F［#16+#103］；

当#120＝100、#16＝50、#103＝150 时，即表示为 G01 X80. Y−50. F200；

注意：作为地址符的“O”“N”“/”等不能引用变量。例如，O#23、N#45 等都是错误的。

（3）变量的种类　变量有空变量、局部变量、公共变量和系统变量四种。

1）空变量。尚未被定义的变量称为<空>。变量#0 经常被用作<空>变量。空变量不能赋值。

2）局部变量。#1～#33 为局部变量，局部变量只能在宏程序中存储数据。断电时，局部变量被初始化为<空>；调用宏程序时，自变量对局部变量赋值。

3）公共变量。#100～#199、#500～#999 为公共变量，公共变量在不同的宏程序中意义相同。断电时，变量#100～#199 被初始化为<空>，变量#500～#999 的数据不会丢失。

4）系统变量。#1000 之后为系统变量，系统变量用于读和写数控系统运行时的各种数据，如刀具的当前位置和补偿值等。

（4）变量的赋值　变量的赋值有地址赋值和直接赋值两种方法。

1）地址赋值。宏程序以子程序方式出现，在调用宏程序时，可由主程序通过 G65 对所有变量进行地址赋值。

例 3-2　G65　P102　X120. Y30. Z25. F200. ；

经赋值后，#24＝120，#25＝30，#26＝25 ，#9＝200。

此处的 X、Y、Z 不代表坐标字，F 也不代表进给字，而是对应于宏程序中的变量地址号，变量的具体数值由地址后的数值决定。在地址赋值方式下，宏程序中的地址与变量号的对应关系见表 3-4。其中，G、L、N、O、P 不能作为地址进行变量赋值。

表 3-4　常用地址与变量号的对应关系

地址（自变量）	变量号	地址（自变量）	变量号	地址（自变量）	变量号
A	#1	I	#4	T	#20
B	#2	J	#5	U	#21
C	#3	K	#6	V	#22
D	#7	M	#13	W	#23
E	#8	Q	#17	X	#24
F	#9	R	#18	Y	#25
H	#11	S	#19	Z	#26

2）直接赋值。可以在操作面板上用“MDI”方式对变量直接赋值，也可在程序中以等式方式赋值，但等号左边不能用表达式。B 类宏程序的赋值为带小数点的值。在实际编程中，大多采用在程序中以等式方式赋值的方法。

例 3-3　N20　#100＝40. ；

N30　#100＝#100+15. ；

N40　G01　X#100；

执行 N40 程序段时，刀具将直线插补加工至 X55 坐标点处。

（5）变量的运算指令　B 类宏程序中变量的运算与数学运算相似，变量之间可以进行算术运算和逻辑运算。常用的变量运算指令见表 3-5。

表 3-5　B 类宏程序常用的变量运算指令

类型	功能	格　　式	举　　例	备　　注
算术运算	加法	#i = #j+#k	#1 = #2+#3	常数可以代替变量
	减法	#i = #j−#k	#1 = #2−#3	
	乘法	#i = #j * #k	#1 = #2 * #3	
	除法	#i = #j/#k	#1 = #2/#3	
三角函数运算	正弦	#i = SIN[#j]	#1 = SIN[#2]	角度以度指定，如 35°30′表示为 35.5 常数可以代替变量
	反正弦	#i = ASIN[#j]	#1 = ASIN[#2]	
	余弦	#i = COS[#j]	#1 = COS[#2]	
	反余弦	#i = ACOS[#j]	#1 = ACOS[#2]	
	正切	#i = TAN[#j]	#1 = TAN[#2]	
	反正切	#i = ATAN[#j]	#1 = ATAN[#2]	
其他函数运算	平方根	#i = SQRT[#j]	#1 = SQRT[#2]	常数可以代替变量
	绝对值	#i = ABS[#j]	#1 = ABS[#2]	
	舍入	#i = ROUN[#j]	#1 = ROUN[#2]	
	上取整	#i = FIX[#j]	#1 = FIX[#2]	
	下取整	#i = FUP[#j]	#1 = FUP[#2]	
	自然对数	#i = LN[#j]	#1 = LN[#2]	
	指数对数	#i = EXP[#j]	#1 = EXP[#2]	
逻辑运算	与	#i = #jAND#k	#1 = #2AND#2	按位运算
	或	#i = #jOR#k	#1 = #2OR#2	
	异或	#i = #jXOR#k	#1 = #2XOR#2	
转换运算	BCD 转 BIN	#i = BIN[#j]	#1 = BIN[#2]	
	BIN 转 BCD	#i = BCD[#j]	#1 = BCD[#2]	

注：函数 SIN、COS 等的角度单位是度、分和秒要换算成带小数点的度，如 50°30′表示为 30.5°。

(6) 关系运算　关系运算由关系运算符和变量（或表达式）组成表达式。系统中使用的关系运算指令见表 3-6。

表 3-6　关系运算指令

条　　件	意　　义	示　　例
EQ	等于(=)	IF[#5 EQ #6]GOTO 300;
NE	不等于(≠)	IF[#5 NE 100]GOTO 300;
GT	大于(>)	IF[#6 GT #7]GOTO 100;
GE	大于等于(≥)	IF[#8 GE 100]GOTO 100;
LT	小于(<)	IF[#9 LT #10]GOTO 200;
LE	小于等于(≤)	IF[#11 LE 100]GOTO 200;

(7) 运算的优先级　宏程序数学运算的优先级：函数运算（SIN、COS、ATAN 等），乘和除运算（*、/、AND 等），加和减运算（+、−、OR、XOR 等），关系运算。

例 3-4　#1 = #2−#3 * SIN［#4］

运算顺序为：函数 SIN［#4］；乘和除运算：#3 * SIN［#4］；加和减运算：#2+#3 * SIN［#4］。

另外，函数中的括号用于改变运算顺序，括号允许嵌套使用，但最多只允许嵌套5层。例如：

#1=SIN[[[#2+#3]*4+#5]/#6]；

3. B类宏程序的控制结构

B类宏程序的控制结构包括分支结构、循环结构、顺序结构等常用类型。下面就常用控制结构加以介绍。

(1) 无条件转移（GOTO）

格式：GOTO *n*；（*n* 为顺序号，取1~9999）。

例如：

```
GOTO 20;
 ⋮        语句组;
N20  G00  X35  Y60;
```


执行GOTO 20语句时，转去执行N20程序段。

(2) 条件转移（IF）

格式：IF［关系表达式］

GOTO *n*；

例如：

```
IF [#100  LE  #50]
GOTO  50;
 ⋮        语句组;
N50  G00  X15  Y30;
```

如果#1≤#50，则转去执行N50程序段，否则执行GOTO　50后面的语句组。

(3) 条件转移IF［表达式］THEN

格式：IF［表达式］THEN

THEN后面只能跟一个语句。例如：

IF［#20 GT #30］　THEN　#30=#30-1；

当#20>#30时，将#30-1之后的结果赋给变量#30。

(4) 循环（WHILE）

格式：WHILE［关系表达式］DO　m；

```
 ⋮        语句组;
END  m;
```

当条件表达式成立时，执行DO与END之间的程序，否则转去执行END后面的程序。

例3-5　某段宏程序如下：

```
#1=0;
#2=0;
WHILE[#1 LE 10]  DO  1;
#1=#1+1;
#2=#2+#1;
G00  X#2;
```

```
END 1;
M99;
```

当#1≤10 时，执行循环程序；当#1>10 时，结束循环返回主程序。子程序结束循环时，刀具的位置在 X55 坐标点处。

3.5.2　二次曲线公式换算

在实际车削加工中，有时会遇到工件轮廓是某种方程曲线的情况，此时可采用宏程序完成方程曲线的加工。

1. 非圆曲线轮廓定义

加工形状简单的工件时，由于其轮廓通常由直线和圆弧组成，因此，采用直线和圆弧插补功能即能完成零件轮廓的编程。对形状复杂的工件，特别是对具有椭圆、双曲线、抛物线等非圆曲线的工件进行加工时，数控系统无法直接实现插补，在 FANUC 系统中可以通过参数编程来实现。

2. 非圆曲线轮廓拟合类型

（1）采用直线段拟合非圆曲线　这种拟合方法的数学处理一般较简单，但计算的坐标数据较多，且各直线段间的连接处存在尖角。

（2）采用圆弧段拟合非圆曲线　这种拟合方法可以大大减少程序段的数量，其数值计算分为两种情况：一种为相邻两圆弧段间彼此相交；另一种则采用彼此相切的圆弧段来逼近非圆曲线。

3. 非圆曲线轮廓拟合的数学处理方法

（1）常见数学处理方法　非圆曲线的节点计算过程一般比较复杂，目前生产中采用的数学处理方法也较多。采用直线段拟合时，常见的处理方法有等步距法、等误差法、等程序段法等；采用圆弧段拟合时，常见的处理方法有曲率圆法、三点圆法、相切圆法等。其中，等步距法直线段拟合非圆曲线，由于计算、编程均相对简单，因此应用广泛。

等步距法是指在一个坐标轴方向上，将拟合总增量（直角坐标系中指某方向上尺寸的总量，极坐标系中指转角或径向坐标的总增量）等分后，对设定节点进行坐标值计算，如图 3-40 所示。

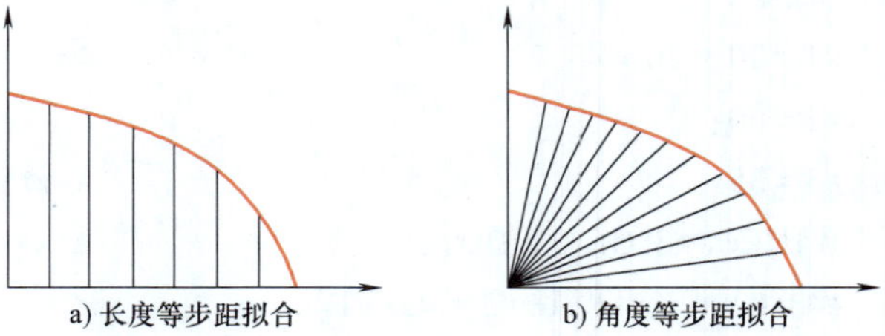

图 3-40　非圆曲线轮廓的等步距拟合

3.5.3　方程曲线的编程与车削加工

在实际车削加工中，有时会遇到工件轮廓是某种方程曲线的情况，此时可采用宏程序完成方程曲线的编程与加工。

1. 方程曲线车削加工的走刀路线

（1）粗加工　应根据毛坯的情况选用合理的进给路线：对于棒料外圆，采用类似于 G71 的进给路线；对于盘料，采用类似于 G72 的进给路线；对于内孔加工，选用类似于 G72 的进给路线较好，此时镗刀杆可粗一些，以保证加工质量。

（2）精加工　一般应采用仿形加工，即半精车、精车各一次。

2. 椭圆轮廓的加工

对于椭圆轮廓的粗加工，采用 G71/G72 进给方式时，用直角坐标方程比较方便；而精加工（仿形加工）用极坐标方程比较方便。

极坐标方程

$$\begin{cases} X = 2a\sin\theta \\ X = b\cos\theta \end{cases}$$

式中 a——X 向椭圆半轴长；

b——Z 向椭圆半轴长；

θ——椭圆上某点的圆心角，零角度在 Z 轴正向。

直角坐标方程

$$\frac{X^2}{4a^2}+\frac{Z^2}{b^2}=1$$

$$Z=b\sqrt{1-\frac{X^2}{4a^2}}$$

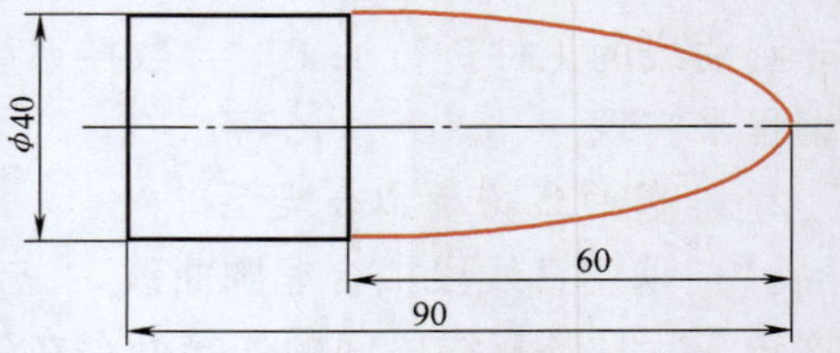

图 3-41 椭圆轮廓加工

例 3-6 加工图 3-41 所示椭圆轮廓，毛坯采用 ϕ45mm 棒料，编程零点位于工件右端面。

椭圆轮廓的加工程序如下：

```
%200
G50 X100 Z200;
T0101;
G95 G0 X41 Z2 M03 S800;
G1 Z-100 F0.3;                          粗加工开始
G0 X42;
Z2;
#1=20*20*4;                             4a²
#2=60;                                  b
#3=35 ;                                 X 初值(直径值)
WHILE[#3 GE 0] DO1;                     粗加工控制
#4=#2*SQRT[1-#3*#3/#1];                 Z
G0 X[#3+1];                             进刀
G1 Z[#4-60+0.2] F0.3;                   切削
G0 U1;                                  退刀
Z2;                                     返回
#3=#3-7;                                下一刀切削直径
END1;
#10=0.8;                                X 向精加工余量
#11=0.1;                                Z 向精加工余量
WHILE[ #10 LE 0] DO1;                   半精加工、精加工控制
```

```
G0 X0 S1500;                        进刀,准备精加工
#20=0;                              角度初值
WHILE [#20 LE 90] DO2;              曲线加工
#3=2*20*SIN[#20];                   X
#4=60*COS[#20];                     Z
G1 X[#3+#10] Z[#4+#11] F0.1;
#20=#20+1;
END2;
G1 Z-100;
G0 X45 Z2;
#10=#10-0.8;
#11=#11-0.1;
END1;
G0 X100 Z200 T0100;
M30;
```

3. 抛物线加工

例 3-7　加工图 3-42 所示抛物线孔，方程为 $Z=X^2/16$，换算成直径编程形式为 $Z=X^2/64$，则 $X=\text{sqrt}[Z]/8$。采用端面切削方式，编程零点位于工件右端面中心，工件上预钻 ϕ30mm 底孔。

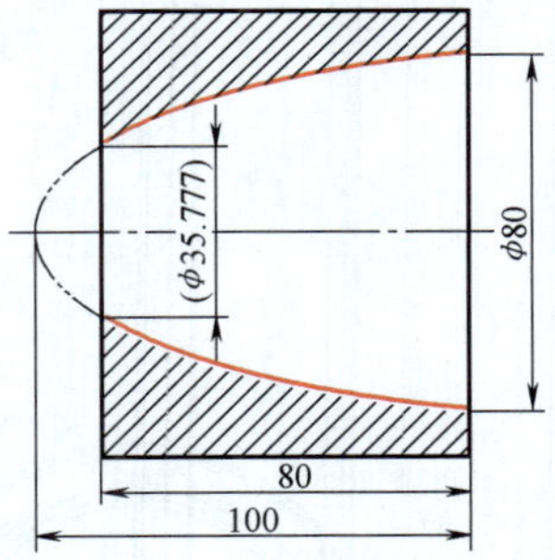

图 3-42　抛物线孔

抛物线孔的加工程序为：

```
%120
G50 X100 Z200;
T0101;
G90 G0 X28 Z2 M03 M07 S800;
#1=-3;                              Z
WHILE [#1 GE-81] DO1;               粗加工控制 X
#2=SQRT[100+#1]/8;
G0 Z[#1+0.3];
G1 X[#2-0.3] F0.3;
G0 X28 W2;
#1=#1-3;
END1;
#10=0.2;
#11=0.2;
WHILE [#10 GE 0] DO1;               半精加工、精加工控制
#1=-81;
G0 Z-81 S1500;
WHILE [#1 LT 0.5] DO2;              曲线加工控制
#2=SQRT[100+#1]/8;                  X
```

```
G1 X[#2-#10] Z[#1+#11] F0.1;
#1=#1+0.3;
END2;
G0 X28;
#10=#10-0.2;
#11=#11-0.2;
END1;
G0 X100 Z200 M05 M09;
T0100;
M30;
```


3.6 技能训练——滑动轴承套和综合工件的加工

一、滑动轴承套的加工

1. 工艺准备

(1) 分析图样 滑动轴承套（图 3-43）为机床主轴部件，属于整体式轴瓦结构。为了改善轴瓦表面的摩擦性质，在其内表面上浇注一层锡青铜（ZCuSn10Pb1）减摩材料。

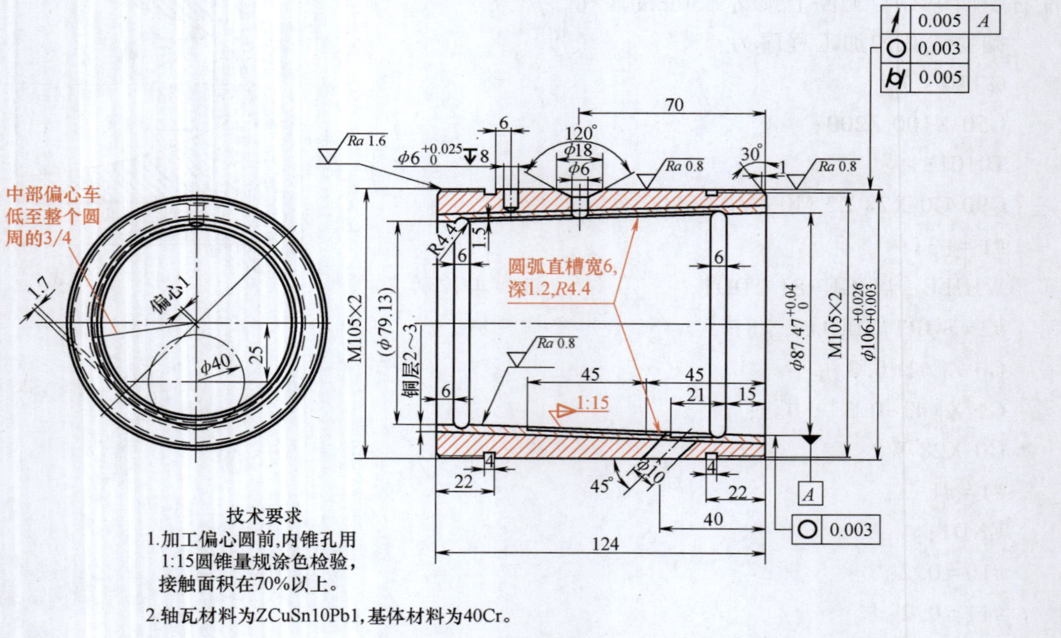

图 3-43 滑动轴承套

轴承套做成外柱内锥式，外表面是圆柱面，与箱体孔配合，内表面和轴颈是锥度相同的锥面。轴承套两端的 M105×2 外螺纹与圆螺母配合，用来调整轴承与轴颈的轴向相对位置，达到调节径向间隙的目的。

该滑动轴承套属于单油楔的动压轴承，在内锥孔左下方 45°方向上有一个偏心 1mm 的仅为 3/4 圆周的偏心锥孔油槽，偏心锥孔表面在 45°线方向上的最深距离是 1.7mm。偏心锥孔的轴向宽度是 45mm，槽的右侧与右端面的距离为 45mm。在内锥孔的下方有一个偏心 25mm、直径为 40mm、轴向宽度为 21mm 的偏心孔油槽。靠近内锥孔前后两端各有一条圆弧油槽，上下还各有一条长短不一的圆弧直油槽，油槽的宽度是 6mm，深度是 1.2mm。主要技术要求如下：

1）外圆柱面尺寸是 $\phi106^{+0.026}_{+0.003}$mm，表面粗糙度值为 $Ra0.8\mu m$。

2）内锥孔大端尺寸是 $\phi87.4^{+0.04}_{0}$mm，表面粗糙度值为 $Ra0.8\mu m$，在加工偏心锥孔前，内锥孔用 1∶15 圆锥量规涂色检验，接触面积应大于 70%。

3）$\phi106^{+0.026}_{+0.003}$mm 外圆的圆度公差为 0.003mm，圆柱度公差为 0.005mm。

4）$\phi87.4^{+0.04}_{0}$mm 内锥孔的圆度公差为 0.003mm。

5）$\phi106^{+0.026}_{+0.003}$mm 外圆表面对 $\phi87.4^{+0.04}_{0}$mm 内锥孔轴线的径向圆跳动公差为 0.005mm。

（2）制订加工工艺

1）工件是复合材料，线胀系数不一，受切削热影响会产生热变形，并且壁厚比较薄，在切削力和夹紧力作用下，容易产生振动和变形。为保证加工质量，整个工艺过程划分为粗加工、半精加工和精加工三个阶段，使粗加工产生的误差和变形，通过半精加工和精加工予以恢复，并逐步提高轴承套的精度和表面质量。

2）由于工件壁厚较薄，为减少夹紧变形，在精加工阶段应采取相应措施减少夹紧变形。

3）根据工件的结构和技术要求，采用了适当分散工序的办法。主要工序是粗车→半精车→精车→车螺纹→外圆磨→车偏心孔→拉油槽→铣→钻。

（3）工件的定位与夹紧

1）精车内锥孔和螺纹时，可采用具有较大接触面积的软爪卡盘，以减少夹紧变形和提高定位精度。

2）在以内锥孔定位磨削外圆时，为保证径向圆跳动的要求，可先加工出图 3-44 所示的锥度为 1∶15 的圆锥心轴。圆锥配合可做到无间隙配合，使用轴度误差大大减小。工件采用，以轴向夹紧防止夹紧变形。

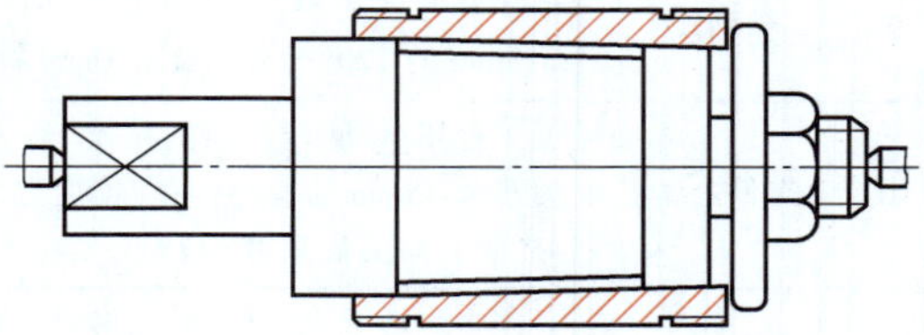

图 3-44　圆锥心轴

（4）选择刀具

1）加工两处宽 6mm、深 1.2mm 的圆弧沟槽时，根据计算，应采用 $R4.4$mm 圆头车刀。加工上、下两条圆弧直油槽时，应采用沟形圆头拉槽刀，并径也为 4.4mm。

2）加工直径为 40mm、宽 21mm 的圆弧油槽时，由于很少有直径小于或等于 40mm 的三面刃铣刀，因此改用直径为 40mm 的 T 形槽铣刀。

3）加工 $\phi10$mm 斜通孔时，不能采用麻花钻钻孔，否则不易定心，并会将孔钻偏。应用 $\phi10$mm 键槽铣刀轴向进给加工。

（5）选择设备

1）粗车、半精车及精车采用 C6140A 型车床。

2）磨削采用 M1432A 型万能外圆磨床。

3）立铣采用 X5032 型铣床。

4）钻削采用台式钻床。

2. 工件加工

滑动轴承套的加工步骤见表 3-7。

表 3-7 滑动轴承套的加工步骤

工序号	工序名称	工序内容	工艺装备
1	铸造		
2	粗车	用自定心卡盘夹住右端外圆，车左端面，车出即可。粗车 $\phi106^{+0.026}_{+0.003}$mm 外圆至 $\phi108$mm，长度大于 102mm	C6140A
3	粗车	工件调头装夹，车右端面，总长控制在 125mm。小滑板转动 1°54′32″，粗镗内锥孔，大端直径为 $\phi86$mm	C6140A
4	半精车	用自定心卡盘夹住右端外圆，车左端面；半精车 $\phi106^{+0.026}_{+0.003}$mm 外圆至 $\phi106.4^{0}_{-0.10}$mm，长度大于 101mm；半精车 M105×2 螺纹外圆至 $\phi105.4^{0}_{-0.10}$mm	C6140A
5	半精车	工件调头，夹住左端外圆，车右端面，保证总长 124mm；半精车 M105×2 螺纹外圆至 $\phi105.4^{0}_{-0.10}$mm。半精镗内锥孔，大端直径为 $\phi87^{+0.10}_{0}$mm	C6140A
6	精车	用面积较大的软爪卡盘夹住外圆，转动小滑动 1°54′，精车内锥孔至尺寸，用圆锥量规涂色检验，接触面积大于 70%；用 $R4.4$mm 圆头内孔车槽刀切宽 6mm、深 1.2mm 两处圆弧沟槽	C6140A
7	车螺纹	用软爪卡盘夹住外圆，车 M105×2 螺纹外圆至 $\phi105^{-0.10}_{-0.20}$mm，长 22mm；车宽 4mm，深 1.5mm 的退刀槽；倒角 30°×1mm（轴向）；车 M105×2 外螺纹至尺寸。调头装夹，用同样的方法车另一头螺纹	C6140A
8	磨外圆	工件以内锥孔在 1∶15 锥度心轴上定位，轴向夹紧，精磨 $\phi106^{+0.026}_{+0.003}$mm 外圆至尺寸	C1432A
9	划线	在右端面上过中心划十字线，转 45°后再划一条线。划出 $\phi6^{+0.025}_{0}$mm、$\phi18$mm 的 120°沉头孔及 $\phi10$mm 斜通孔的中心位置	
10	车偏心锥孔	工件用单动卡盘装夹，在 45°线方向上偏心 1mm，找正后夹紧，用内沟槽车刀车长 45mm 的偏心锥孔（锥度为 1∶15），中部偏心车低至整个圆周的 3/4，45°线方向上最深为 1.7mm	C6140A
11	拉直油槽	用自定心卡盘夹住外圆，转动小滑板 1°54′，用 $R4.4$mm 沟形圆头拉槽刀，手动移动小滑板拉削上、下两条圆弧直油槽，槽宽 6mm，深 1.2mm（批量较大时，用插床插直油槽）	C6140A
12	铣	工件以左端面放在立式铣床工作台台面上，找正后夹紧，根据划线，用直径为 40mm 的 T 形槽铣刀加工 $\phi40$mm、宽 21mm 的圆弧油槽	X5032
13	铣	工件以左端面放在倾斜 45°角铁上，找正后夹紧，根据划线，用 $\phi10$mm 键槽铣刀轴向进给，铣 $\phi10$mm 斜通孔	X5032
14	钻	钻、铰 $\phi6^{+0.025}_{0}$mm、深 8mm 孔，孔轴线距左端面 28mm；钻 $\phi6$mm 径向通孔，孔轴线距右端面 70mm；锪 $\phi18$mm 的 120°沉头孔	台式钻床
15	钳	去毛刺	

3. 精度检验及误差分析

（1）内锥孔锥度检验　用圆锥量规涂色检验，接触面积应大于 70%。锥度检验应在车偏心锥孔之前进行。

（2）$\phi106^{+0.026}_{+0.003}$mm 外圆圆度和圆柱度误差的测量　采用图 3-45 所示方法，工件回转一周，指示表读数最大差值的一半为该横截面内的圆度误差；连续测量若干个横截面，取各横截面内测得的所有读数中的最大与最小读数之差的一半，即为圆柱度误差。

（3）内锥孔圆度误差的测量　由于内孔为圆锥表面，用量具（如内径指示表）无法测量，通常在检测锥面接触面时，根据经验判断圆度是否合格，必要时在圆度仪上进行检测。

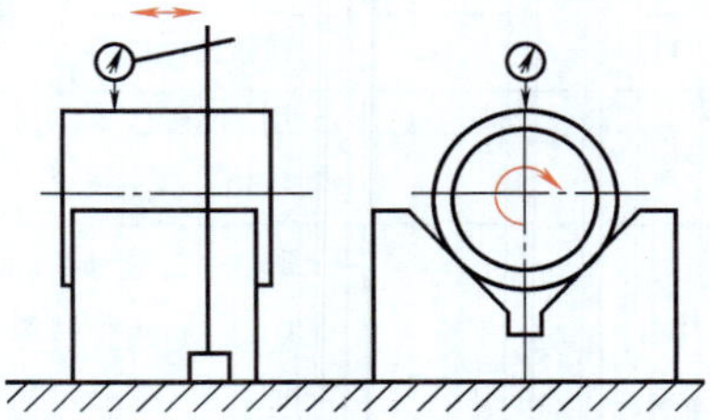

图 3-45　外圆圆度和圆柱度误差的测量

（4）$\phi106^{+0.026}_{+0.003}$mm 外圆表面对 $\phi87.4^{+0.04}_{0}$mm 内锥孔轴线径向圆跳动的检验　将工件装夹在圆锥心轴上，再将心轴装夹在偏摆仪两顶尖之间，将指示表触头顶在 $\phi106^{+0.026}_{+0.003}$mm 外圆表面上，转动心轴，测量三个横截面，指示表的最大跳动量即为径向圆跳动误差。

二、综合工件（图 3-46）的加工

1. 分析图样

综合工件（图 3-46）主要由左侧外圆和内孔、产生弹性变形的中间薄壁部分和夹头安装外圆部分组成，其中右侧有一部分是椭圆。整个工件的尺寸精度和表面粗糙度要求较高，同时还有位置精度的要求。材料是 45 钢。

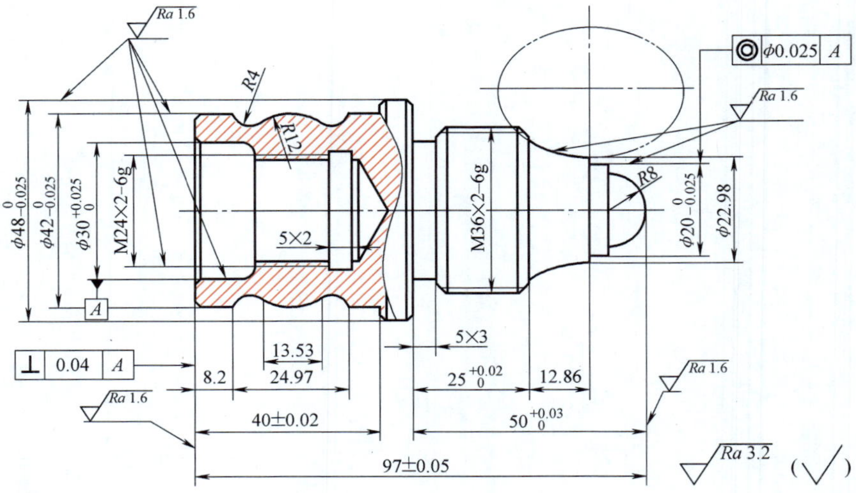

图 3-46　综合工件

2. 机械加工工艺过程（表 3-8）

表 3-8 综合工件的机械加工工艺过程

工序号	工序名称	工 序 内 容	工艺装备
1	下料	棒料 ϕ50mm×100mm	
2	车	用自定心卡盘夹住右端外圆，车出端面，粗车外圆 ϕ48mm 和 ϕ42mm，留 1mm 精加工余量；钻不通孔 ϕ20mm×45mm	
3	车	精加工左端外圆，确保 $\phi48_{-0.025}^{0}$mm 和 $\phi42_{-0.025}^{0}$mm 尺寸要求	
4	车	用自定心卡盘夹住右端外圆，粗镗内孔至 ϕ30.5mm，精镗至 $\phi30_{0}^{+0.025}$mm	
5	车	调头夹住 ϕ48mm 外圆，车端面总长 97mm，车外圆，确保 $\phi20_{-0.025}^{0}$mm 和椭圆等要素要求，车沟槽 5mm×3mm，车螺纹 M36×2-6g	
6	钳	清理毛刺	

项目 4

偏心工件及曲轴加工

思维导图：

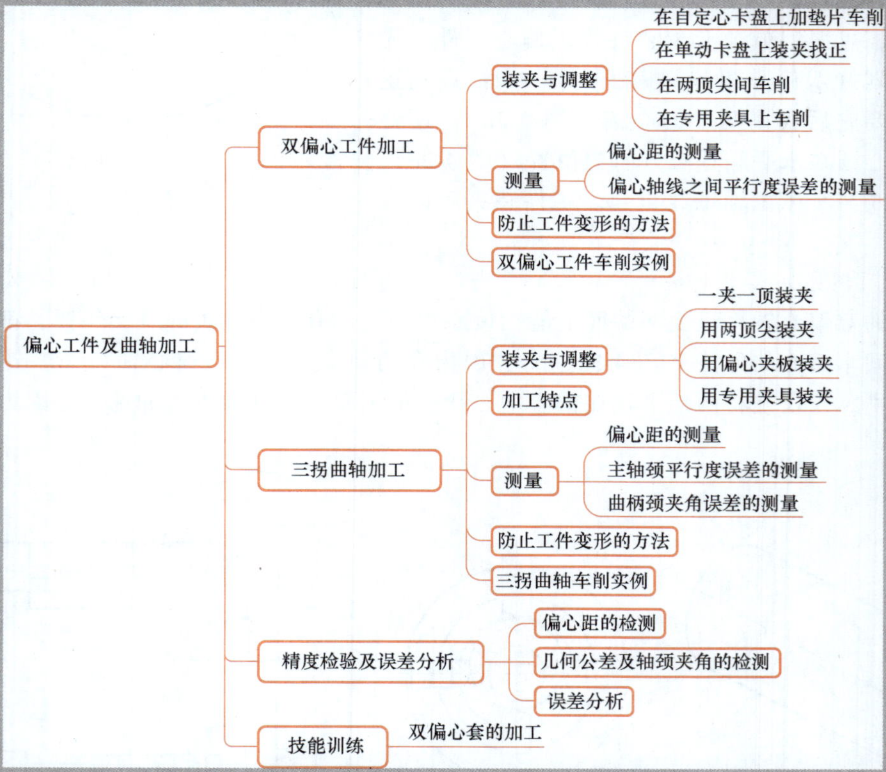

4.1 双偏心工件加工

4.1.1 双偏心工件的装夹与调整

偏心工件的加工，主要是解决工件的装夹问题，即如何把偏心部分的轴线找正到与车床主轴回转轴线重合。加工双偏心工件时，要找正轴向截面内对称偏移的双偏心轴线。一般按照工件的形状、加工批量和精度要求选择以下几种装夹方法。

1. 在自定心卡盘上加垫片车削双偏心工件

对于长度较小的双偏心工件，可以在自定心卡盘的一个卡爪上增加一块垫片，使工件产生偏心来车削，如图 4-1 所示。垫片的厚度可先近似等于偏心距 e 的 1.5 倍。试切后，再根据实际偏心距误差 Δe 进行修正。增加或减少的修正量近似等于 $1.5\Delta e$。车削好一个偏心圆后，将卡爪稍许松开，将工件旋转 180°，找正轴向截面内对称偏移的双偏心轴线后，即可车削另一偏心圆。

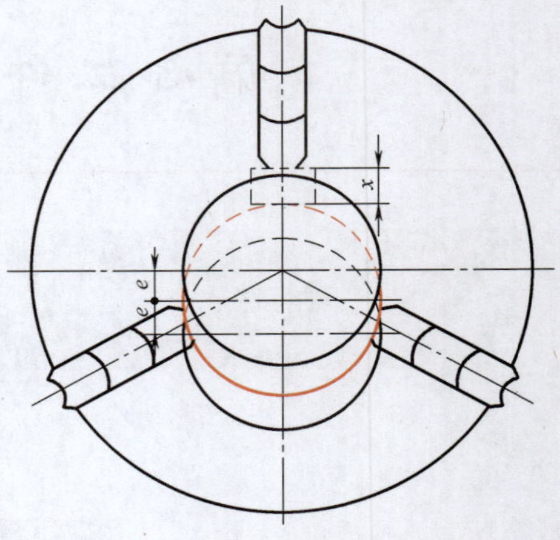

图 4-1　在自定心卡盘的一个卡爪上加垫片车削双偏心工件

2. 在单动卡盘上装夹找正双偏心工件

当工件数量较少，长度较小，不便于在两顶尖上装夹时，可采用单动卡盘装夹找正偏心工件。先在工件上划好双偏心圆和侧素线（图 4-2a）；找正时，不仅要先后找正两个偏心圆（图 4-2b），还要找正双偏心圆在水平和垂直方向的位置（图 4-2c），使偏心轴线与车床主轴轴线重合。工件装夹后即可车削。

3. 在两顶尖间车削双偏心工件

一般的双偏心轴，只要两端面上能钻偏心中心孔，有鸡心夹头的装夹位置，都应该采用在两顶尖间车偏心的方法（图 4-3a、b），因为在两顶尖间车或磨偏心轴与一般外圆加工没有太大区别，仅仅是将两顶尖顶在偏心中心孔中加工而已。这种方法的优点是因为偏心中心

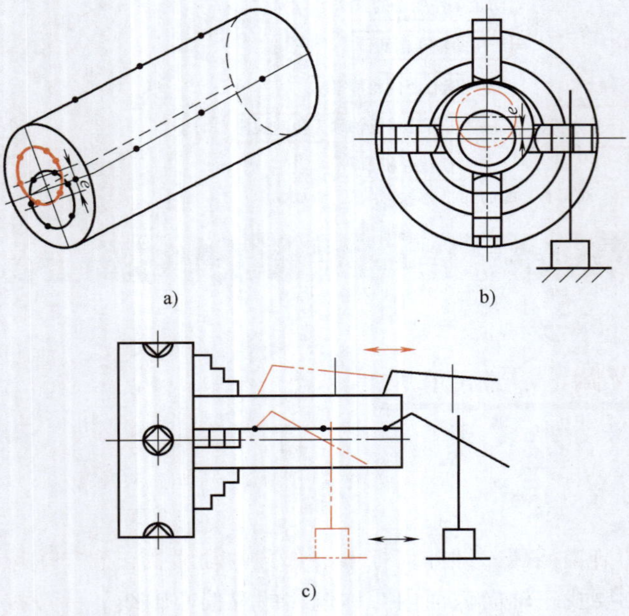

图 4-2　在单动卡盘上装夹找正双偏心工件

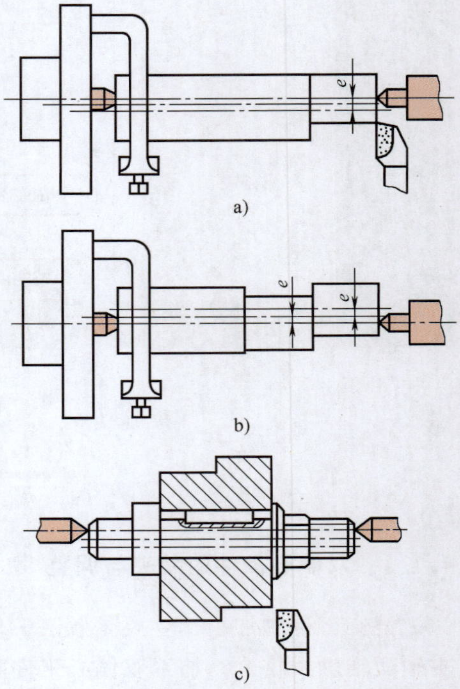

图 4-3　在两顶尖间车削双偏心工件

孔已钻好，所以不需要用很多的时间去找正偏心。双偏心轮也可在两顶尖间车削，如图 4-3 所示，先加工内孔，然后装在偏心心轴上加工外圆。

在双偏心工件的两端面上钻中心孔时，不仅要求偏心距准确，还要求两端的偏心孔都处于同一平面上。因此，最好在坐标镗床上进行加工。也可采用如下方法（图 4-4）：

1）把工件装夹在 V 形架上，将工件连同 V 形架放在已拆去小滑板和刀架的中滑板上，通过调整垫块厚度来找正工件中心。垫块应平整，上、下面应平行。

2）将磁性表座放在床身导轨上，使指示表测头接触工件的侧素线，移动床鞍，找正工件轴线与床鞍导轴平行，并紧固 V 形架。

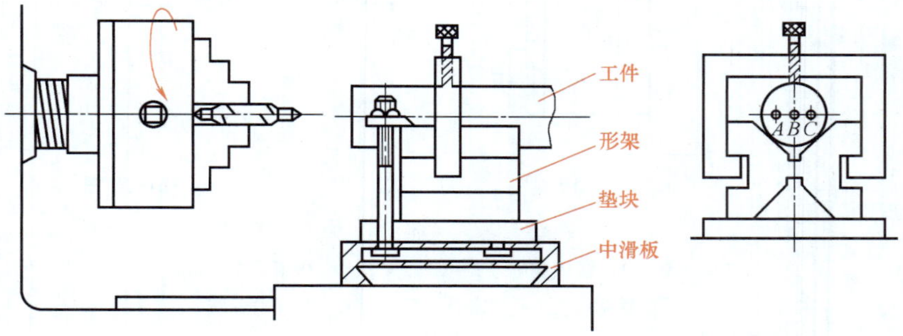

图 4-4　在工件两端面上钻中心孔

3）将磁性表座放在中滑板的导轨上，使测头接触中滑板端面或 V 形架端面，根据端面划线钻第一个中心孔 *A*，并把指示表调整到零位。

4）根据指示表读数，将中滑板移动一个偏心距，钻第二个中心孔 *B*。继续将中滑板移动一个偏心距，钻第三个中心孔 *C*。

5）松开压紧 V 形架的压板，将 V 形架连同工件转过 180°，用同样方法钻另一端中心孔。

4. 在专用夹具上车削双偏心工件

加工数量较多的短双偏心工件时，可以制造专用夹具装夹加工。图 4-5 所示是工件以外圆为基准车偏心孔的专用夹具，先在工件端面上通过中心线处划一垂直平分线，安装工件时，将其中一条线对准夹具上的固定箭头处，车好一个偏心孔后，只要将工件旋转 180°，使另一条线对准夹具上的固定箭头处，就可车另一个偏心孔。可用这种方法加工精度要求不高的椭圆孔。

4.1.2　双偏心工件的测量

双偏心工件的测量主要包括偏心距的测量和偏心轴线之间平行度误差的测量。

测量两端有中心孔（图 4-6a），且偏心距较小而精度要求较高的双偏心轴时，把工件装夹在两顶尖之间（图 4-6b），同时使两个指示表的测量头接触两个偏心轴部分，然后转动偏心轴，指示表指示出的最大值与最小值之差的一半即为偏心距。当一个指示表的读数出现最大值时，另一个指示表的读数应同时出现最小值，这说明两偏心轴线处于同一平面内。将指示表测量头移到偏心轴部分的另一端，然后转动偏心轴，此时指示表测出的偏心距与前一次测出的偏心距之差即为偏心轴线之间的平行度误差。对于偏心套工件，只要将偏心套套在心

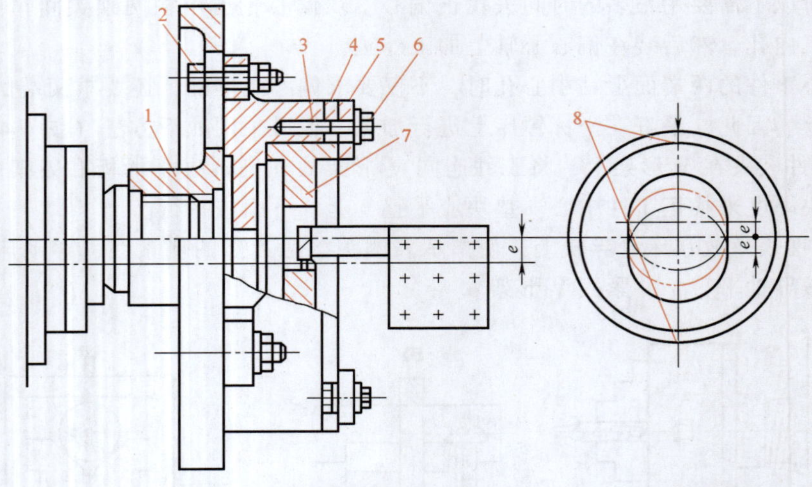

a) 夹具图　　b) 工件图

图 4-5　专用车偏心夹具

1—花盘　2—紧固螺栓　3—偏心夹具 4—垫板　5—压板
6—夹紧螺钉　7—双偏心孔工件　8—垂直平分线

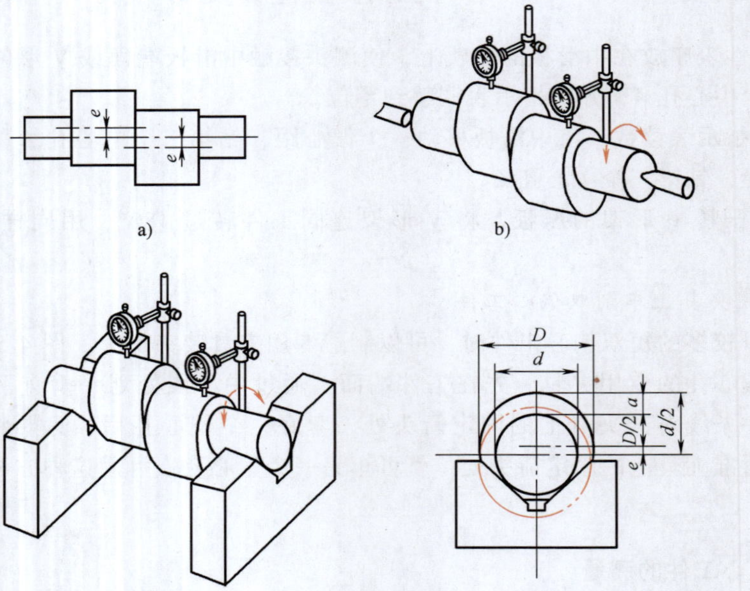

图 4-6　偏心工件的测量

轴上，再将心轴和偏心套作为一个整体安装在两顶尖之间，即可用类似于偏心轴的测量方法实行测量。

测量两端无中心孔的偏心轴时，若偏心距不大，则可用指示表直接测出，即把两块等高 V 形架放在平板上，再把工件的基准外圆放置在两 V 形架中（图 4-6c）。其余方法同上述一样。若偏心距较大（$e>5$mm），受指示表测量范围的限制，不能直接测出偏心距，则可用间接测量法（图 4-6d）。转动偏心轴，用指示表测出偏心轴的最高点（最低点），然后把工件固定，把指示表移至基准轴处，测出偏心轴外圆与基准轴外圆之间的距离 a，用式（4-1）计算出偏心距 e

$$e=\frac{D}{2}-\frac{d}{2}-a \tag{4-1}$$

式中　d——基准轴直径的实际尺寸（mm）；

D——偏心轴直径的实际尺寸（mm）；

a——基准轴外圆与偏心轴外圆之间的最大（最小）距离（mm）。

4.1.3　防止工件变形的方法

1）车削双偏心薄壁工件时，防止工件变形方法如下：

① 工件分粗、精车，粗车时夹紧力大些，精车夹紧力小些。

② 应用开缝套筒，使夹紧力均布在工件外圆上，这样不易产生变形。

③ 使用轴向夹紧夹具来避免工件产生变形。

2）防止偏心轴、套工件的偏心距变化。工件分粗、精车，粗车时找正在偏心距最大公差内；精车前再次找正，最好在偏心距中间公差内。

3）在两顶尖车削偏心轴时，应防止工件产生热变形，车削时须加足够的切削液，精加工前应调整后顶尖。

4.1.4　双偏心工件车削实例

加工图 4-7 所示的双偏心薄壁套。

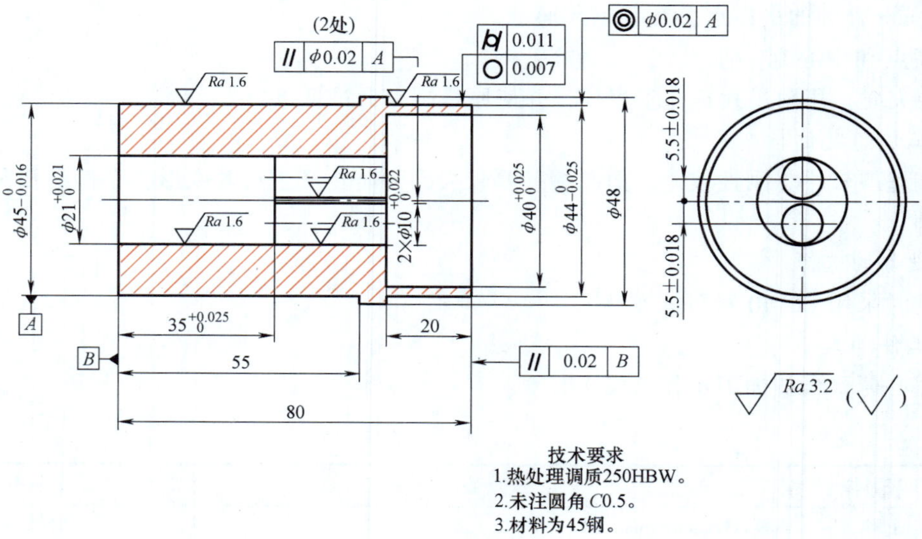

图 4-7　双偏心薄壁套

1. 分析图样

图 4-7 所示工件为单件生产，对图样分析如下：

1）偏心套在 180°方向对称偏心，偏心距为（5.5±0.018）mm。

2）$2\times\phi10^{+0.022}_{0}$mm 偏心圆中心线对 $\phi45^{0}_{-0.016}$mm 外圆轴线的平行度公差为 $\phi0.02$mm。

3）$\phi44^{0}_{-0.025}$mm 外圆轴线对 $\phi45^{0}_{-0.016}$mm 外圆轴线的同轴度公差 $\phi0.02$mm。

4）$\phi44^{0}_{-0.025}$mm 外圆的圆度公差为 0.007mm，圆柱度公差为 0.011mm。

5）左右两端面的平行度公差为 0.02mm。

6）未注倒角 C0.5。

7）材料为 45 钢。

8）热处理：调质 250HBW。

2. 制订加工工艺

1）由于是单件生产，采用单动卡盘装夹工件进行加工。先全部粗车，再精车内、外圆，最后加工两偏心孔。

2）热处理调质工序一般应安排在粗车之后、精车之前进行，但由于是单件加工，为简化生产，也可安排在粗车之前进行。

3）只依靠划线找正是很难保证偏心距加工精度的，一定要用量具测量才能保证精度要求。可采用图 4-8a 所示方法，量块的尺寸等于偏心距的两倍。用指示表测量并调整，使 a、b 两点位置等高。

4）为保证两偏心孔中心成 180°对称分布，可采用图 4-8b 所示方法，在一偏心孔车好后，用指示表找出 $\phi45^{0}_{-0.016}$mm 外圆的最高点，在右端环面上过最高点和中心划一垂直线。工件转 180°后装夹时，用角尺找正此垂直线，并使原最高点为最低点。

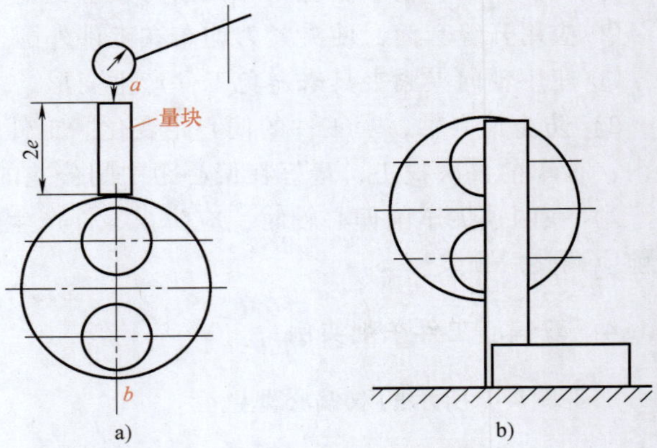

图 4-8 工件偏心距的找正

3. 工件的定位与夹紧

右端壁厚较小，刚性较差，而左端壁厚较大，为防止产生夹紧变形，车偏心孔时应夹住左端外圆。

4. 设备的选择

车削时采用 C6140 型卧式车床。

5. 工件加工

双偏心薄壁套的加工步骤见表 4-1。

表 4-1 双偏心薄壁套的加工步骤

工序号	工序名称	工序内容	工艺装备
1	下料	棒料 ϕ52mm×84mm	锯床
2	粗车	夹毛坯右端外圆，粗车左端面，车出即可。钻、粗车内孔至 ϕ19mm（长 34mm），粗车外圆至 ϕ50mm（长度大于 60mm）	C6140
3	粗车	调头装夹，粗车右端面，总长为 82mm，粗车外圆至 ϕ48mm（长 18mm）。钻、粗车内孔至 ϕ36mm（长 18mm）	C6140
4	热处理	调质 250HBW	

（续）

工序号	工序名称	工序内容	工艺装备
5	精车	夹右端外圆，精车左端面，车出即可。精车 $\phi48$mm 外圆，精车 $\phi45_{-0.016}^{0}$mm 外圆（长 55mm），精车 $\phi21_{0}^{+0.021}$mm 内孔（长 $35_{0}^{+0.025}$mm）	C6140
6	精车	调头，用单动卡盘（垫铜片）夹住外圆 $\phi45_{-0.016}^{0}$mm，并找正外圆径向圆跳动误差在 0.01mm 之内。车端面，尺寸为 80mm，粗、精车外圆 $\phi44_{-0.025}^{0}$mm，粗、精车孔 $\phi40_{0}^{+0.025}$mm，倒角	
7	精车	按原装夹，找正偏心距和平行度。用 $\phi9.5$mm 钻头钻孔，半精车至 $\phi9.8$mm，铰孔至 $\phi10_{0}^{+0.022}$mm。用指示表找出 $\phi45_{-0.016}^{0}$mm 外圆的最高点，在右端环面上过最高点及中心划一垂直线	C6140
8	精车	按原装夹，找正偏心距和平行度，并用角尺找正垂直线，使原最高点位置为最低。用 $\phi9.5$mm 钻头钻孔，半精车至 $\phi9.8$mm，铰孔至 $\phi10_{0}^{+0.022}$mm	C6140
9	检验	按图样要求检查各部分尺寸和精度	

4.2　三拐曲轴加工

4.2.1　三拐曲轴的装夹与调整

曲轴的车削或磨削加工，主要是解决曲柄颈加工时工件的装夹问题，即如何把曲柄颈轴线找正到与车床或磨床主轴回转轴线相重合。根据曲轴的结构特点，常用的装夹方法有如下几种。

1. 一夹一顶装夹曲轴

当曲轴的直径较大、偏心距不大时，可采用一夹一顶的方法装夹曲轴，如图 4-9 所示。先在两端面上各钻出一个主轴颈中心孔 A，再在一个端面上钻出各曲柄颈的偏心中心孔 B 和 C。预先粗加工外径 d_3 和只有中心孔 A 一端的主轴颈 d_1，并与中心孔 A 同轴，然后用一夹一顶的方法将曲轴装夹在偏心卡盘和顶尖之间，偏心卡盘的偏心距应等于曲柄颈的偏心距 e。曲柄颈的周向分度和它与主轴颈的平行度，由端面中心孔 B、C 及用卡爪找正 d_3 在垂直

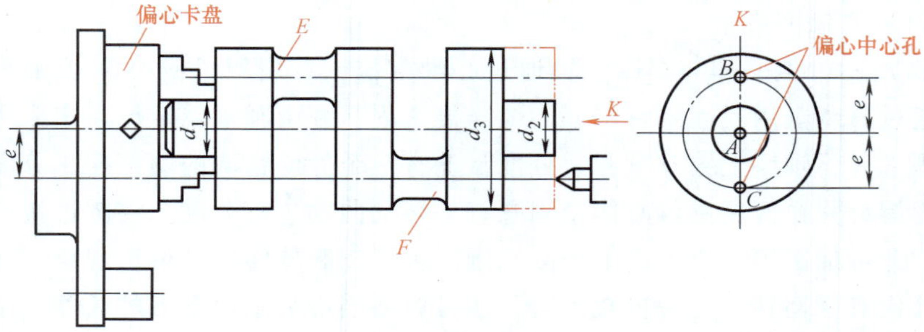

图 4-9　一夹一顶装夹曲轴

和水平两个方向上的素线来保证。粗加工时应先车曲柄颈 F，再车曲柄颈 E；精加工时应先车曲柄颈 E，再车曲柄颈 F。最后，再用两顶尖支承两端中心孔加工 d_1、d_2 和 d_3 各外圆。这种装夹方法由于每次安装都要进行找正，对操作工人的技术水平要求较高。

2. 用两顶尖装夹曲轴

如图 4-10 所示，在曲轴两端面预先钻出主轴颈中心孔 A 及曲柄颈的偏心中心孔 B 和 C，然后以各中心孔定位将曲轴安装在机床两顶尖间，分别加工曲柄颈 F、E 和外圆 d_3，最后加工主轴颈 d_1 和 d_2，并车去两端面上的偏心中心孔 B 和 C。这种方法适用于小型的或偏心距不大的曲轴，一般直接用圆棒料加工。其定位装夹方便，曲柄颈之间及其与主轴颈之间的位置精度由两端偏心中心孔来保证。

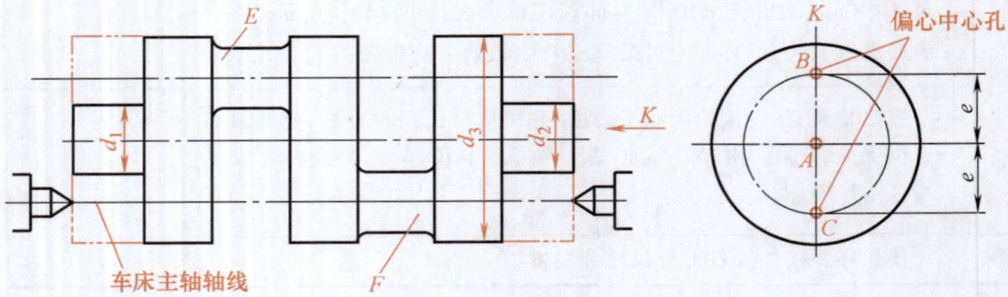

图 4-10　用两顶尖装夹曲轴

3. 用偏心夹板装夹曲轴

如图 4-11 所示，在经过加工的曲轴两端主轴颈上（直径为留有余量的工艺尺寸）安装一对偏心夹板，并在平板上用 V 形架等工具进行找正，找正后紧固偏心夹板上的螺钉，然后在两端偏心夹板的偏心中心孔中用两顶尖装夹来加工曲柄颈。这种方法适合加工偏心距较大、无法在端面钻偏心中心孔的曲轴。

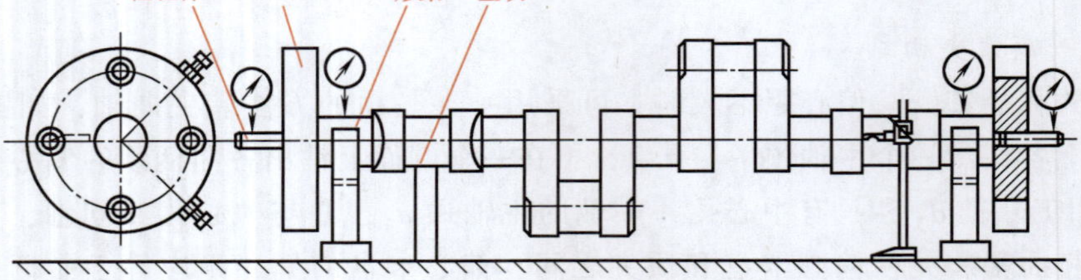

图 4-11　用偏心夹板装夹曲轴

4. 用专用夹具装夹曲轴

如图 4-12 所示，偏心体与车床主轴通过心轴定位，并用四只偏心体紧固螺钉紧固在花盘上。曲轴通过分度盘用紧固螺钉与偏心体连接紧固，并由圆锥销定位。车床尾座处采用对分式轴座紧固工件，轴座上镶有铜套。分度盘上有三个分度精确的圆锥孔。分度时，卸下偏心体处的紧固螺钉并松开尾座偏心体紧固螺钉，转动曲轴进行分度，将圆锥销插入下一个分度锥销孔中，即可加工第二个方向上的曲柄颈。为了克服旋转时的偏重现象，在偏重对面花盘最大直径处装有平衡铁。当偏重较大时，还可以适当增加轴座下方的长度，帮助平衡。这种方法适用于加工批量较大的场合。

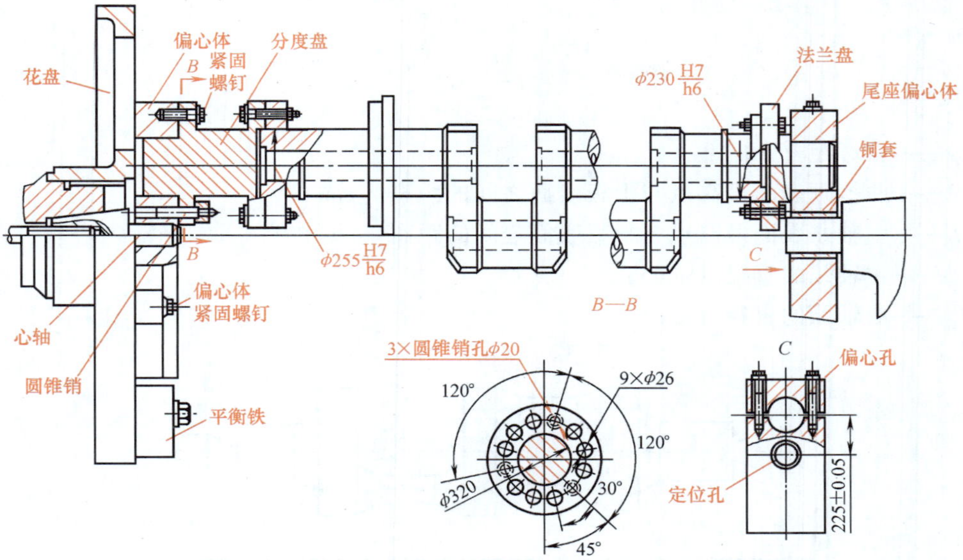

图 4-12　用专用夹具装夹曲轴

4.2.2　三拐曲轴的加工特点

（1）形状复杂　曲轴主轴颈与连杆轴颈不在同一轴线上，对偏心距有一定的尺寸要求，并且两轴有较高的位置度要求，同时主轴颈与连杆轴颈间有较大的平衡块。因此，在工艺设计中应解决以下几个问题：①设计加工连杆轴颈的专用夹具；②为消除加工中的不平衡力，设计夹具时应精确设计平衡重。

（2）刚性差　本曲轴由于长径比较大，同时具有曲拐，因此刚性较差。曲轴在切削力及其自重的作用下会产生严重的扭曲及弯曲变形，在单边传动的机床上加工时更为严重，在工艺设计中应解决以下问题：①粗加工时由于切削余量大，切削力也较大，可使用中间托架来增强刚性，减少变形和振动，同时机床刀具及夹具都应有较高的刚度；②加工时应尽量使切削力的作用相互抵消，可用前后刀架同时横向进给；③合理安排工位次序以减少加工变形，按先粗后精的原则安排加工工艺，逐步提高精度；④在有可能产生变形的工序后面增设校直工序。

（3）技术要求高　该曲轴的技术要求较高，加工面多，需要保证的尺寸、形状、位置精度较多。因而总的工艺路线较长，精加工占有相当比例。加工时应解决以下问题：①正确分配粗加工、半精加工及精加工余量；②粗基准选择曲轴两端的中心孔，中心孔的加工以主轴颈外圆为基准，这样能保证曲轴加工中径向及轴向加工余量的均匀性；③精加工时仍以中心孔为基准，但要重新修磨中心孔，避免精加工时因中心孔磨损而引起加工误差，也可一端用主轴颈定位，另一端用中心孔定位，以提高刚度；④曲轴轴向以主轴颈轴肩定位，工艺设计时的定位基准应尽量与设计基准一致。

4.2.3　三拐曲轴的测量

1. 偏心距的测量

如图 4-13 所示，把曲轴安装在带有两专用顶尖的检测工具上，用高度尺量出 H、h、d

和 d_1，然后用式（4-2）计算偏心距

$$e=H-\frac{d_1}{2}-h+\frac{d}{2} \tag{4-2}$$

式中　e——偏心距（mm）；

H——曲柄颈表面最高点与平板表面之间的距离（mm）；

h——主轴颈表面最高点与平板表面之间的距离（mm）；

d——主轴颈的直径（mm）；

d_1——曲轴颈的直径（mm）。

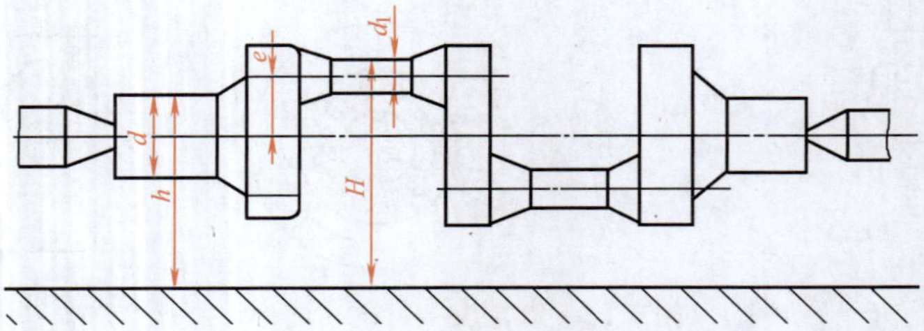

图 4-13　曲轴偏心距的测量

2. 主轴颈平行度误差的测量

如图 4-14 所示，把工件两端的主轴颈安放在专用测量工具上，用指示表找正，使两端主轴颈在同一高度上（注意轴颈的半径误差），再将指示表移到曲柄颈上，检测各曲柄颈的最高点是否相同。

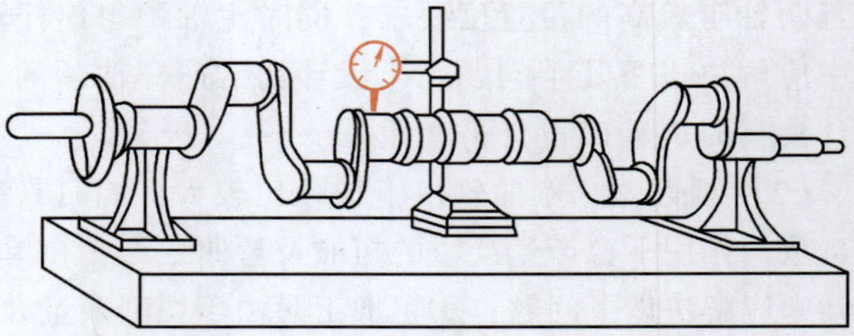

图 4-14　主轴颈平行度误差的测量

3. 曲柄颈夹角误差的测量

（1）用分度头测量曲柄颈夹角误差　如图 4-15 所示，曲轴端用分度头的自定心卡盘夹住，另一端用可调 V 形架支承，用指示表找正好主轴颈中心线。将第一曲柄颈旋转至与主轴成同一水平面的位置，用高度尺测量出 H_1 值。把分度头旋转 120°（两拐或四拐曲轴为旋转 180°）后，再用高度尺测量出 H_2 值，则可计算得到

$$L_1=H_1-\frac{d_1}{2},\ L_2=H_2-\frac{d_2}{2},\ \Delta L=L_1-L_2 \tag{4-3}$$

$$\sin\Delta\theta=\frac{\Delta L}{e}$$

式中　d_1——曲柄颈 A 的实际直径（mm）；

d_2——曲柄颈 B 的实际直径（mm）；

L_1——曲柄颈 A 的中心高（mm）；

L_2——转过角度 θ 后，曲柄颈 B 的中心高（mm）；

ΔL——曲柄颈 A 与 B 中心高之差（mm）；

$\Delta\theta$——曲柄颈 A 与 B 之间的角度误差（mm）；
e——偏心距（mm）。

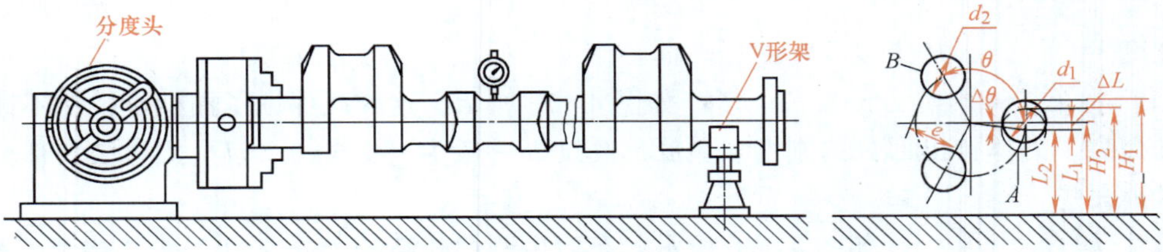

图 4-15　用分度头测量曲柄颈夹角误差

（2）用量块测量曲柄颈夹角误差 如图 4-16 所示，把曲轴的两端支承在一对 V 形架上，并使主轴轴线与平板平行，然后在一个曲柄颈的下面垫进经过计算的量块，使曲柄颈的中心与主轴中间平面形成夹角 θ。

量块高度的计算公式为

$$h=M-\frac{D}{2}-e\sin\theta-\frac{d}{2} \tag{4-4}$$

式中　h——量块高度（mm）；
e——偏心距（mm）；
M——主轴颈外圆顶高（mm）；
D——主轴颈实际直径（mm）；
d——曲柄颈 A 的实际直径（mm）；
θ——曲柄颈与主轴颈中间平面之间的夹角（°）。

测量时，先测出曲柄颈 A 的高度 H，再测出曲柄颈 B 的高度 H_1，用式（4-5）计算出角度误差 $\Delta\theta$

$$\Delta\theta=\theta-\theta_1 \tag{4-5}$$

其中

$$\sin\theta=\frac{L}{e}$$

$$\sin\theta_1=\frac{L+\Delta H}{e}$$

$$\Delta H=H-H_1$$

式中　ΔH——曲柄颈 B 与 A 中心高之差（mm）；
L——曲柄颈 A 中心至主轴颈中心高度差（mm）。

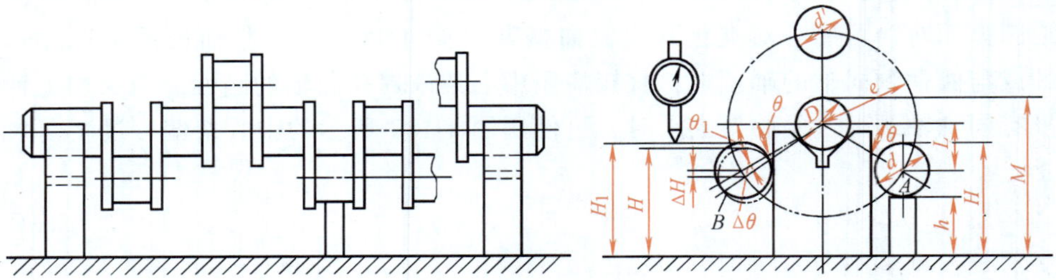

图 4-16　用量块测量曲柄颈夹角误差

4.2.4 防止工件变形的方法

由于曲轴形状复杂、刚性差，车刀的悬伸长度也较大，造成工艺系统刚性差，容易产生振动和变形。因此，加工时要设法提高曲轴和刀具的刚性，以防止工件变形。

（1）将车刀伸出部分做成鱼肚形　如图 4-17a 所示，这样既保证了曲柄旋转时不碰撞刀架，又提高了刀体伸出部分的刚性。鱼肚形高度 h 一般为（0.6~0.8）L。刀体装夹部分高度 H 应尽量大些。

（2）刀头刀排车刀　如图 4-17b 所示，车刀由刚性较高的刀排 1 和刀头 3 构成，螺钉 2 用于紧固刀头。这种结构使刃磨和更换刀具较方便，并且可节省刀体材料，但车削钢件时排屑不顺利，切屑容易挤入刀头前面与刀排间的缝隙中，也不易于观察加工情况，因此多用于粗加工。

（3）辅助支承车刀　如图 4-17c 所示，在刀头底部预先加工出一个螺孔，螺钉 2 支承在中滑板上，调节支承长度并用螺母 4 锁紧，即可提高车刀的使用刚性。采用这种方法时转动刀架不太方便。

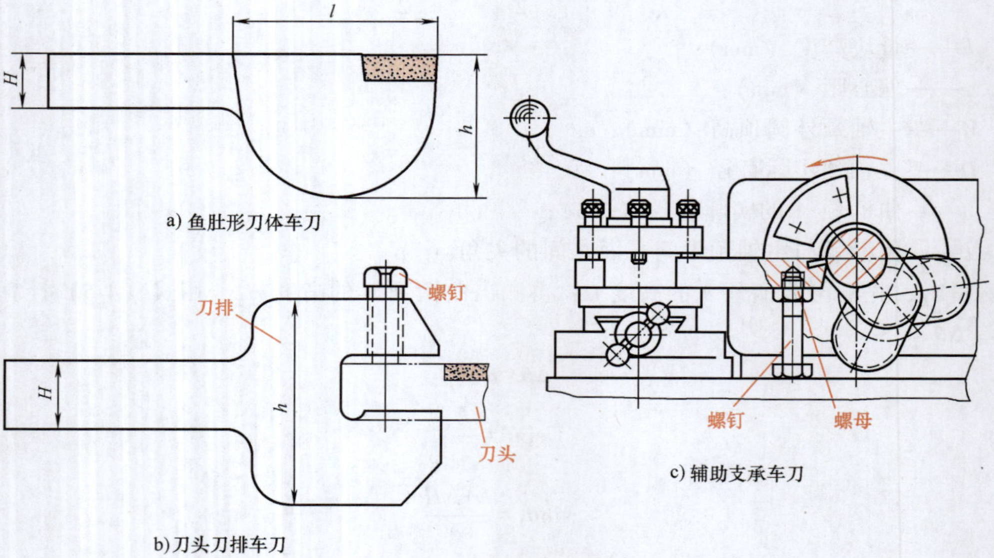

图 4-17　提高刀具的刚性

（4）提高曲轴加工刚性　如图 4-18a 所示，在曲柄颈或主轴颈之间安装支承螺栓；当两曲柄臂的间距较大时，可用材质较硬的木块或木棒来支承（图 4-18b）；当两曲柄臂内侧面为斜面或圆弧面时，可用一对夹板来夹紧曲柄臂（图 4-18c）。在曲轴长径比较大时，可以在主轴颈或与曲柄颈同轴的轴颈上，直接使用中心架来提高曲轴的刚性。当被加工轴颈两侧近距离没有同轴轴颈可供中心架支承时，可使用图 4-18d 所示的中心架偏心过渡套来提高加工刚性。

另外，还可以从多个方面考虑来防止工件变形：①粗、精加工分开，粗加工后充分释放应力；②有效控制装夹力，特别是精加工工序；③注意切削刀具的选型，尽量减小切削力；④为了防止产生热变形，在加工过程中应使用切削液充分冷却；⑤考虑设计相应的工装来减

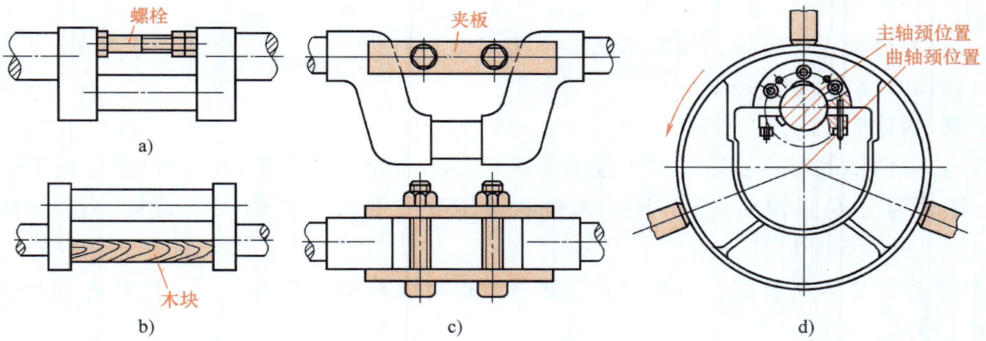

图 4-18　提高曲轴加工刚性

小变形量。

4.2.5　三拐曲轴车削实例

1. 分析图样

加工图 4-19 所示的三拐曲轴，该曲轴的形状结构复杂，精度要求高，批量为单件生产，采用在通用机床上加装简单夹具的办法来完成加工。

工件图样分析如下：

1）$\phi55^{+0.025}_{-0.005}$ 两轴颈的同轴度公差为 $\phi0.03$mm。

2）1∶20 锥度部分对 $A—B$ 轴线的同轴度公差为 $\phi0.03$mm。

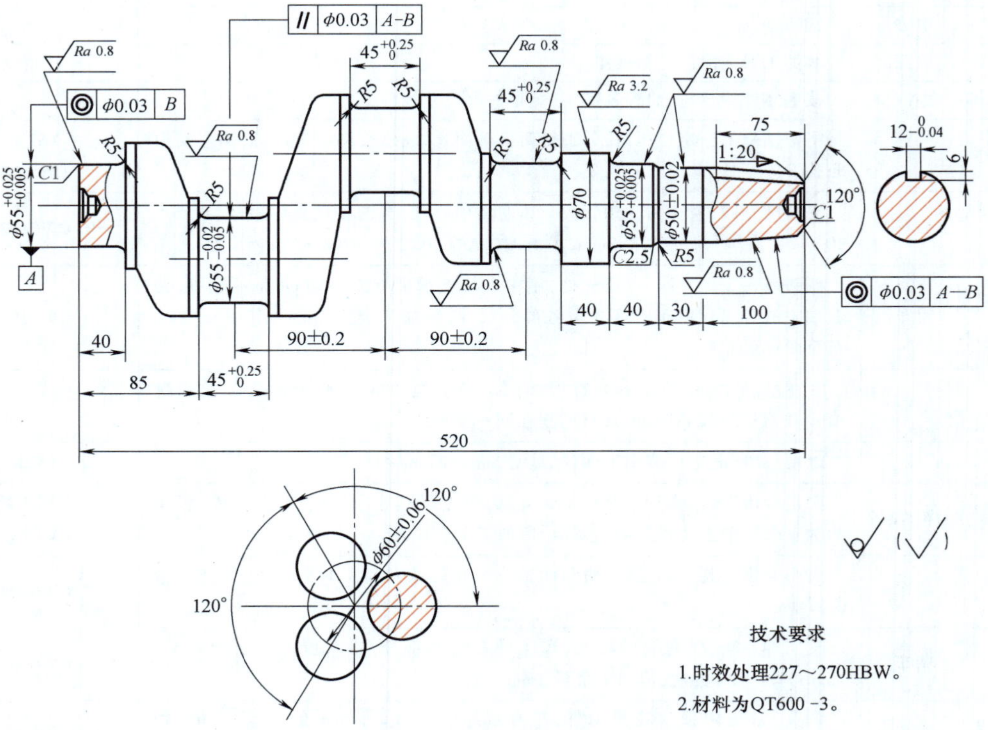

图 4-19　三拐曲轴

3）三个拐颈对 $A—B$ 轴线的平行度公差均为 ϕ0.03mm。

4）热处理为人工时效，硬度达 227~270HBW。

5）曲轴材料为 QT600-3。

2. 工艺分析

1）三拐曲轴的形状复杂，加工技术要求较高。为加工三个拐颈，应制作专用工装（通常工厂称其为分度回转夹具），其要求是能够均分三等份（曲轴三拐颈偏心距为 60mm±0.02mm），并要保证回转平衡。

2）工件加工时应将粗、精车分开，必要时也可以将粗、精磨分开，这样有利于提高工件的加工精度。

3）为了使用分度回转夹具加工曲轴的三个拐颈，在铸造工序中有意加大了曲轴左端轴颈尺寸，留出工艺键槽的加工余量。

4）工件 1∶20 锥度的检查采用专用环规进行。

5）曲轴偏心距的检测可以参照单拐曲轴偏心距的检测方法。

3. 工件加工

三拐曲轴机械加工工艺过程卡见表 4-2。

表 4-2　三拐曲轴机械加工工艺过程卡

工序号	工序名称	工序内容	工艺装备
1	铸	铸造(左端 ϕ55mm 处的铸造尺寸为 ϕ75mm)	
2	清砂	清砂	
3	热处理	人工时效处理	
4	清砂	细清砂	
5	涂漆	非加工表面涂红色防锈漆	
6	划线	按毛坯外形找正,照顾各加工面,划外形尺寸线	
7	铣	将两轴颈部分定位压紧,分别铣两个端面,保证总长尺寸 520mm,钻左端中心孔 B4	X62W（端铣）
8	粗车	夹右端外圆,找正两轴颈外圆。顶左端中心孔,车两轴颈处,其中锥度 1∶20 一端(右端)尺寸为 ϕ62mm,另一端(左端)尺寸为 ϕ70mm(工艺尺寸)	CW6163
9	粗车	调头装夹工件左端 ϕ70mm 处,用中心架支承带锥度一端 ϕ62mm 轴颈,钻右端中心孔 B4,粗车锥度一端各部分尺寸,留加工余量 5mm（其中 ϕ70mm 车至图样尺寸）	CW6163
10	划线	在左端 ϕ70mm 轴颈上划键槽线,深 5mm、宽 10mm、长 35mm(工艺用键槽),注意应与靠 ϕ70mm 最近的拐在同一平面内	
11	铣	以两 ϕ70mm 定位装夹工件,铣键槽 5mm×10mm×35mm	X52K
12	粗车	采用专用工装(专用工装为回转夹具,可进行三等分分度)装夹工件,粗车曲轴三个拐轴颈及拐颈两个侧面,留加工余量 5mm	专用工装 CW6163
13	精车	采用专用工装装夹工件,精车曲轴三个拐轴颈及拐颈两个侧面,留磨削量 0.8~1mm	CW6163
14	精车	夹工件左端,顶右端中心孔,车工件右端各部分尺寸,留加工余量 0.8~1mm;车 1∶20 锥度,留加工余量 1mm	CW6163
15	精车	调头,采用两顶尖装夹工件,车左端尺寸 $\phi55^{+0.025}_{+0.005}$mm 至 $\phi55^{+1.0}_{+0.8}$mm,倒角 $R5$	CW6163

（续）

工序号	工序名称	工 序 内 容	工艺装备
16	检验	检查曲轴偏心距	
17	磨	以两中心孔定位装夹工件（专用工装），磨拐颈三处至图样尺寸 $\phi55^{+0.025}_{+0.005}$mm，靠磨拐颈两侧及圆角 $R5$	M8240
18	磨	以两中心孔定位装夹工件，磨轴颈两处 $\phi55^{+0.025}_{+0.005}$mm 至图样尺寸，磨 $\phi(50\pm0.02)$mm 至图样尺寸	M1432A
19	磨	夹工件左端，中心架夹右端 $\phi55^{+0.025}_{+0.005}$mm 处，找正，磨 1∶20 锥度至图样尺寸	M1432A 锥度环规、铜皮
20	划线	划 $12^{\ 0}_{-0.04}$mm×6mm 键槽线	
21	铣	以两轴颈定位装夹工件，铣 $12^{\ 0}_{-0.04}$mm×6mm 键槽	X52K
22	钳	修锉毛刺	
23	检验	磁粉探伤	
24	检验	按图样检验工件各部分尺寸精度	
25	入库	涂油入库	

4.3　精度检验及误差分析

4.3.1　偏心距的检测

1. 双偏心薄壁套（图 4-7）偏心距的检测

将 $\phi45^{\ 0}_{-0.016}$mm 外圆放在 V 形架上，用指示表测孔 $\phi10^{+0.022}_{\ 0}$mm 的最低点，固定工件再测孔 $\phi21^{+0.021}_{\ 0}$mm 的最低点，两者之差就是偏心距误差，这是因为孔 $\phi21^{+0.021}_{\ 0}$mm 与孔 $\phi10^{+0.022}_{\ 0}$mm 是相切的。

2. 三拐曲轴（图 4-19）偏心距的检测

将工件装夹在两顶尖之间，参照单拐曲轴偏心距的检测方法进行检测。

4.3.2　几何公差及轴颈夹角的检测

1. 双偏心薄壁套（图 4-7）

（1）$\phi44^{\ 0}_{-0.025}$mm 外圆圆度和圆柱度的检测　一般用测量特征参数的近似方法来测量圆度和圆柱度误差，如图 4-20a 所示。工件回转一周，指示表读数最大差值的一半为该剖面圆的圆度误差；连续测量若干个横截面，取各截面内测得的所有读数中最大值与最小值之差的一半，即为圆柱度误差。

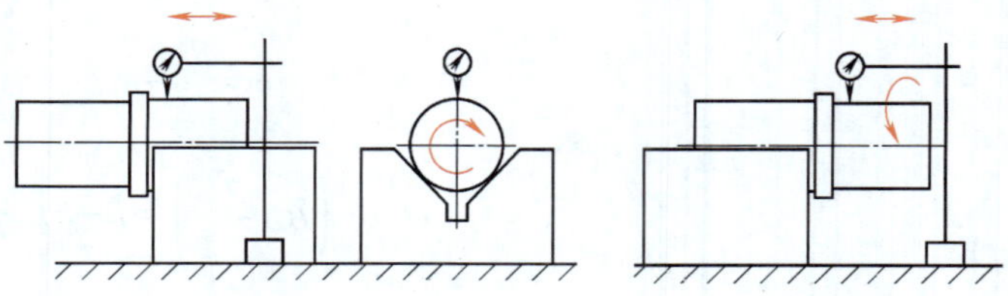

a)　　b)

图 4-20　圆度、圆柱度及同轴度误差的测量

（2）$\phi44^{\ 0}_{-0.025}$mm 外圆轴线对 $\phi45^{\ 0}_{-0.016}$mm 外圆轴线同轴度的检测　若 $\phi44^{\ 0}_{-0.025}$mm 外圆的

圆度和圆柱度误差较小，可用图 4-20b 所示的方法近似测量同轴度误差。转动被测工件，测量若干个截面，取各截面测量读数差中的最大值作为同轴度误差。

2. 三拐曲轴（图 4-19）同轴度的检测

所有轴颈及轴颈线上各部分尺寸的加工均以两中心孔为定位基准，因此同轴度均由设备（工艺）来保证。如果需要检测两轴颈的同轴度，可以用一对标准的 V 形架支承两个 $\phi55^{+0.025}_{+0.005}$mm 轴颈，用百分表进行测量。

三个拐颈 120°均布的检测可参看图 4-21，用一对标准 V 形架（V 形架安放在标准平台上）支承工件两端轴颈 $\phi55^{+0.025}_{+0.005}$mm，然后调整两端使支承处轴颈的轴线与平台平行。

用高度尺测量尺寸 AA，使拐颈中心和轴颈中心连接在水平面夹角为 30°，通过计算得到拐颈角度误差。

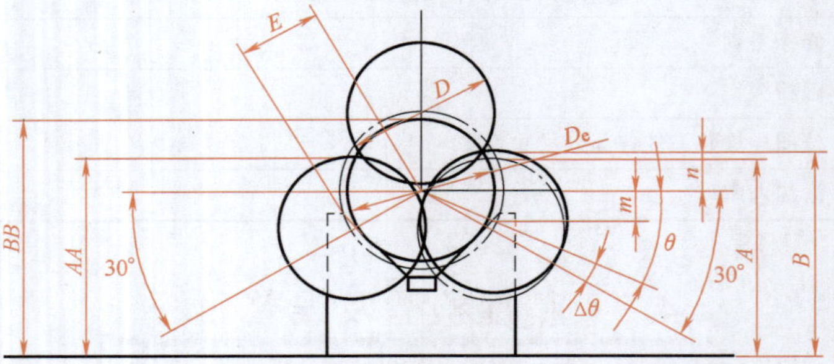

图 4-21　三拐曲轴 120°均布检测示意图

尺寸 AA 的计算公式为

$$AA=BB-\frac{D_e}{2}+(D-E\sin30^\circ)=BB-\frac{D_e}{2}+\frac{D}{2}-\frac{E}{2}$$

式中　AA——标准 30°位置拐颈计算的理论值（各轴颈、拐颈尺寸均为实测值）(mm)；

BB——支承轴颈外圆实际高度（mm）；

D_e——曲轴轴颈实际尺寸（mm）；

D——曲轴拐颈实际尺寸（mm）；

E——偏心距（mm）。

按计算出的 AA 尺寸调整好一侧拐颈位置之后，测量与其相对应的拐颈高度值 B，若 B 值与 AA 值相等，即等分合格；若 B 值与 AA 值不相等，则应计算出拐颈中心和轴颈中心连线与水平面的夹角 θ。由图 4-21 可知，θ 的计算公式为

$$\sin\theta=\frac{m}{E}$$

$$m=\frac{D}{2}-n$$

$$n=B-\left(BB-\frac{D_e}{2}\right)=B-BB+\frac{D_e}{2}$$

则

$$m=\frac{D}{2}-\left(B-BB+\frac{D_e}{2}\right)=\frac{D}{2}-B+BB-\frac{D_e}{2}$$

$$\sin\theta=\frac{\dfrac{D}{2}-B+BB-\dfrac{D_e}{2}}{E}$$

式中　θ——拐颈中心和支承轴颈中心连线与水平面的夹角；

B——实测尺寸；

m、n——为计算 θ 值而给出的中间变量。

$$\Delta\theta=30°-\theta$$

如果 $\Delta\theta$ 为负值，则此拐颈与标准 30°位置拐颈的夹角小于 120°，反之大于 120°。

对于拐颈轴线对轴颈轴线的平行度误差，可在图 4-20 的基础上测出拐颈外圆最高点处最长距离的两点差值，即为两轴线的平行度误差，三个拐颈分别测量即可。

4.3.3　误差分析

用两顶尖装夹，在偏心中心孔中车削偏心圆，这与在两顶尖间车削一般外圆相类似。不同的是车偏心圆时，在一转内工件加工余量变化很大，且是断续切削，因而会产生较大的冲击和振动，中心孔易损坏，从而会产生偏心距误差。应选用较小的切削用量，初次进刀时一定要从离偏心最远处切入。

车削偏心工件时，关键是要保证基准圆中心孔和偏心圆中心孔的钻孔位置精度。否则偏心距精度无法保证，因此钻中心孔时应特别注意。

顶尖与中心孔接触的松紧程度要适当，且应经常加注润滑油，以减少彼此的磨损。

4.4　技能训练——双偏心套的加工

加工图 4-22 所示的双偏心套。

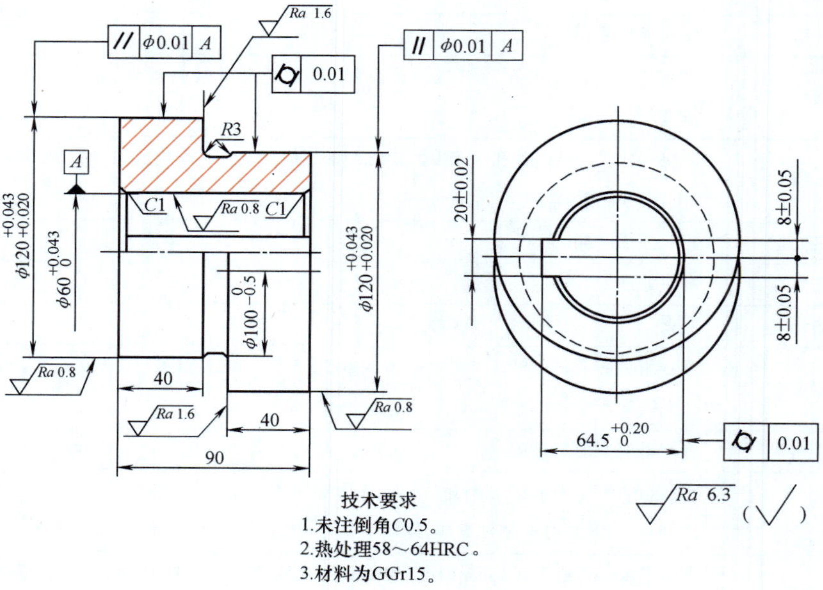

图 4-22　双偏心套

1. 分析图样

1）偏心套为在 180°方向对称偏心，偏心距为（8±0.05）mm。

2）$\phi120^{+0.043}_{+0.020}$mm 偏心圆中心线对中心孔中心线的平行度公差为 $\phi0.01$mm。

3）$\phi120^{+0.043}_{+0.020}$mm 外圆的圆柱度公差为 0.01mm。

4）$\phi60^{+0.043}_{0}$mm 内孔的圆柱度公差为 0.01mm。

5）未注倒角 $C0.5$。

6）材料为 GCr15。

2. 工件加工

双偏心套的机械加工工艺过程见表 4-3。

表 4-3　双偏心套的机械加工工艺过程

工序号	工序名称	工序内容
1	下料	棒料 $\phi120$mm×165mm
2	锻造	锻造尺寸 $\phi155$mm×$\phi45$mm×104mm
3	热处理	正火
4	粗车	夹毛坯外圆，粗车内孔至尺寸 $\phi50$mm，粗车端面，车出即可。车外圆至 $\phi140$mm，长 45mm
5	粗车	调头装夹，粗车外圆至尺寸 $\phi140$mm，与上道工序接刀，车端面，保证总长 $92_{-0.2}^{0}$mm；中间车槽 $\phi102_{-0.5}^{0}$mm，槽宽 8mm，使两偏心圆的厚度均为 42mm
6	精车	调头装夹，用自定心卡盘装夹工件外圆并找正，车内孔至尺寸 $\phi59.6_{-0.05}^{0}$mm；精车端面，保证总长（90.4±0.05）mm，并做标记（此面为定位基准）；精车槽外圆至 $\phi100^{+0.4}_{+0.2}$mm，槽宽（9.6±0.05）mm，使两偏心圆的厚度均为 40.4mm
7	钳	在非标记端面处划键槽线
8	插	以有标记的端面及外圆定位，按线找正，插键槽，保证槽宽尺寸（20±0.02）mm 及尺寸 $64.5^{+0.2}_{0}$mm 至 $64.3^{+0.15}_{0}$mm
9	钳	修锉键槽毛刺
10	半精车	以 $\phi59.6_{-0.05}^{0}$mm 内孔及键槽定位，用专用偏心夹具装夹工件，车偏心外圆 $\phi120^{+0.043}_{+0.020}$mm 至 $\phi120.5_{-0.10}^{0}$mm
11	半精车	以 $\phi59.6_{-0.05}^{0}$mm 内孔及键槽定位，用专用偏心夹具装夹工件，车另一端偏心外圆 $\phi120^{+0.043}_{+0.020}$mm 至 $\phi120.5_{-0.10}^{0}$mm
12	热处理	淬火至 58～64HRC
13	热处理	水冷处理
14	热处理	回火
15	磨	用专用偏心工装或单动卡盘装夹工件 $\phi120.5_{-0.10}^{0}$mm 外圆处，按 $\phi59.6_{-0.05}^{0}$mm 内孔找正，磨内孔至图样尺寸 $\phi60^{+0.043}_{0}$mm
16	钳	修锉键槽中的氧化皮
17	磨	以 $\phi60^{+0.043}_{0}$mm 内孔、键槽和一端面在胀式弹性心轴上定位装夹工件，磨外圆 $\phi120^{+0.043}_{+0.020}$mm 至图样尺寸，并靠磨此端外端面，保证偏心圆的厚度 40mm 为 40.2mm，并保证总长 90.2mm
18	磨	调头装夹，以 $\phi60^{+0.043}_{0}$mm 内孔、键槽和一端面在胀式弹性心轴上定位装夹工件，磨另一端 $\phi120^{+0.043}_{+0.020}$mm 至图样尺寸，并靠磨右端面，保证总长 90mm

（续）

工序号	工序名称	工 序 内 容
19	磨	以 $\phi60^{+0.043}_{0}$mm 内孔、键槽和一端面在胀式弹性心轴上定位装夹工件，靠磨槽外圆至图样尺寸 $\phi100^{0}_{-0.05}$mm，并靠磨两内侧面，使两偏心圆的厚度均为图样尺寸 40mm
20	检验	按图样要求检查各部分尺寸和精度
21	入库	入库

项目 5

螺纹加工

思维导图：

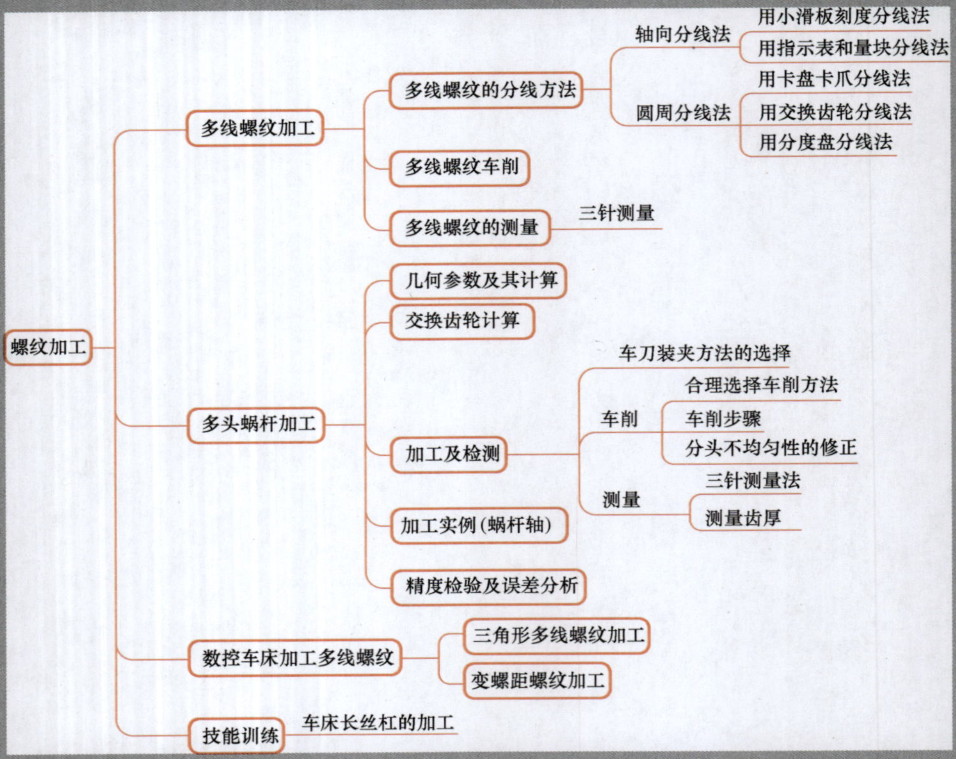

5.1 多线螺纹加工

5.1.1 多线螺纹的分线方法

车削多线螺纹时，主要是解决螺纹的分线（分头）问题。分线误差直接影响多线螺纹的螺距精度，严重影响多线螺纹的配合精度及使用寿命，因此必须重视分线方法的选择。根据多线螺纹在轴向和圆周上等距分布的特点，分线方法有轴向分线法和圆周分线法两种。

1. 轴向分线法

车好一条螺旋线后，把车刀沿工件轴向移动一个螺距［齿距（$P_x=\pi m_x$）］，再车另一条螺旋线的方法，称为轴向分线法。这种方法只需精确测量出车刀的移动距离，就可达到分线的目的。轴向分线法的具体操作又分以下几种方法：

（1）用小滑板刻度分头法　根据螺纹螺距（蜗杆齿距）和小滑板分度值计算出小滑板应转过格数，再利用小滑板刻度控制车刀的轴向移动距离，即

$$K=P/S \tag{5-1}$$

或

$$K=P_x/S \tag{5-2}$$

式中 K——小滑板应转过格数；

P——螺距（mm）；

P_x——螺纹轴向齿距（mm）；

S——小滑板分度值（mm）。

例 5-1　车削多线螺纹 Tr36×18（P6），用小滑板刻度来分线。车床小滑板分度值每格为 0.05mm，求分线时小滑板应转过格数。

解： 已知 $P=6\text{mm}$，$S=0.05\text{mm/格}$。根据式（5-1）可得

$$K=\frac{P}{S}=\frac{6\text{mm}}{0.05\text{mm/格}}=120\text{格}$$

例 5-2　车削模数 $m_x=1.5\text{mm}$、头数 $z_1=3$ 的多头蜗杆，车床小滑板分度值每格为 0.05mm，求分头时小滑板应转过格数。

解： 已知 $m_x=1.5\text{mm}$，$P_x=m_x\pi=1.5\text{mm}\times3.1416=4.712\text{mm}$，$S=0.05\text{mm/格}$。格根据式（5-2）可得

$$K=\frac{P_x}{S}=\frac{4.712\text{mm}}{0.05\text{mm/格}}=94.24\text{格}$$

利用小滑板分度值分线的方法操作简单，不需要其他辅助工具就可进行，但分线精度较低（特别是对于蜗杆的分头，小滑板应转格数不易成整格），适用于粗车或精度较低螺纹（或蜗杆）的分线（分头）。注意：分线时，应先把小滑板导轨找正到与主轴轴线平行，否则，小滑板的移动距离误差会造成分线误差。

对于精度要求较高的多线螺纹（或模数不大的多头蜗杆），可利用指示表控制小滑板的移动距离。方法是车好一条螺旋线后，将磁性表座装于床鞍上，使指示表测头与小滑板接触，并把指示表调节到零位，移动小滑板，则指示表指示的读数就是小滑板移动的距离，如图 5-1 所示。

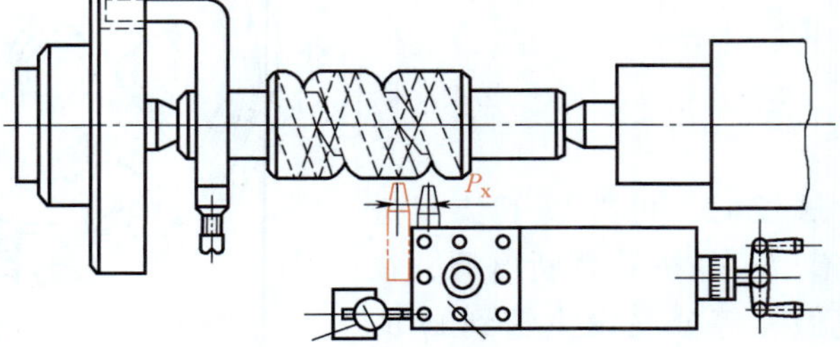

图 5-1　用指示表控制小滑板移动距离

(2) 用指示表和量块分线法　对螺距较大的多线螺纹（或轴向模数较大的多头蜗杆）进行分线时，会受指示表量程的限制。此时，可用指示表和量块控制小滑板移动距离，如图 5-2 所示。方法是把指示表固定在刀架上，并在床鞍上装一固定挡铁。车第一条螺旋线时，在挡铁与指示表之间放入厚度等于两倍螺距（P）或两倍轴向齿距（$2P_x$）的量块，移动小滑板，使指示表触头接触量块，并调整指示表指针至零位。车好第一条螺旋线后，调换为一块厚度等于一个螺距（P）或一个轴向齿距（P_x）的量块，移动小滑板，使指示表触头接触量块，并调整指针至零位，即可车削另一条螺旋线。

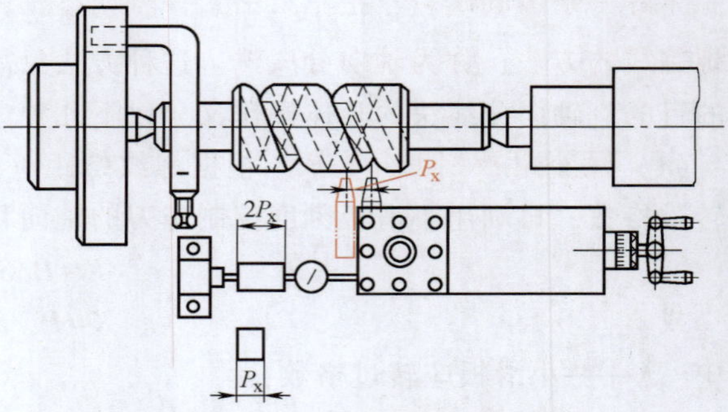

图 5-2　用指示表和量块分线法

这种分线方法的精度较高，但由于车削时存在振动，使指示表的位置容易变动，因此在移动小滑板接触第二个量块时，可先与第一个量块校对一下指示表指针位置。

2. 圆周分线法

圆周分线（头）法就是根据多线螺纹或多头蜗杆在圆周上等距分布的特点进行分线，多线螺纹（多头蜗杆）各个线（头）在端面上相隔的角度为

$$\alpha = 360°/n \tag{5-3}$$

或

$$\alpha = 360°/z \tag{5-4}$$

式中　α——多线螺纹（多头蜗杆）在端面上相隔的角度（°）；

n——螺纹线数；

z——蜗杆头数。

圆周分线法是在车好一条螺旋线后，使工件与滑板之间的传动链分离，并把工件转过 α 角，再接通传动链车另一条螺旋线。这种分线法的具体操作方法有以下几种：

(1) 用卡盘卡爪分线法　在两顶尖间装夹工件时，可用单动卡盘或自定心卡盘的卡爪对 2~4 线的螺纹（或蜗杆）进行分线（或分头）。分线时，只需把后顶尖松开，把工件连同夹头一起转动一个角度，由卡盘上另一卡爪拨动，顶好后顶尖后，即可车削另一条螺旋线。

这种分线方法较简单，但精度不高，适用于齿面还需磨削的多线螺纹或多头蜗杆。

(2) 用交换齿轮分线法　当车床交换齿轮的齿数 z_1 是螺纹线数（或蜗杆头数）的整数倍时，可以在交换齿轮上进行分线，如图 5-3 所示。

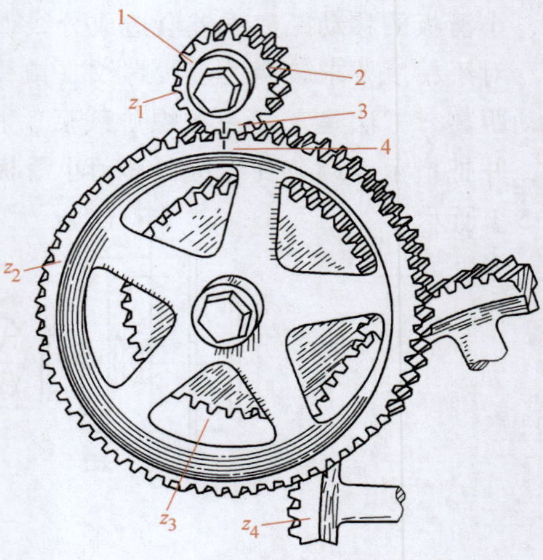

图 5-3　交换齿轮分线法

例如，车削三线螺纹时，可按以下步骤进行：车好第一条螺旋槽后，停机并切断电源，在交换齿轮 z_1 上用粉笔做三等分（设主轴到 z_1 的传动比为 1）记号 1、2、3；随后把齿轮 z_2 与齿

轮 z_1 脱开，用手转动卡盘，使记号 2 的一个齿转到原来 3 的位置上，并与 z_2 在记号 4 处啮合，即可车削第二条螺旋槽。用同样方法车削第三条螺旋槽。

这种分线方法不需要其他装置，但分线时受到交换齿轮 z_1 齿数的限制，操作也比较麻烦，因此不宜在成批生产中使用。

（3）用分度盘分线法　如图 5-4 所示，车多线螺纹或多头蜗杆的分度插盘通过内螺纹与车床主轴连接，盘上有等分精度很高的定位孔 2（一般以 12 个孔为宜，它可以分 2、3、4、6 及 12 头的蜗杆或螺纹）。在两顶尖间装夹工件，分头时，先停机，松开螺母 3，拉出定位插销 1，将分度盘 4 旋转 360°/n（n 为螺纹线数）的角度，再把定位销插入另一个定位孔，紧固螺母 3，然后车削第二条螺旋槽，这样依次分线。

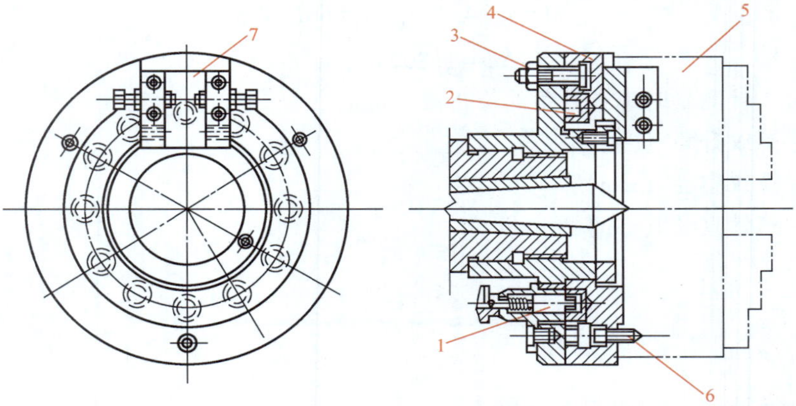

图 5-4　用分度盘分头法

1—定位插销　2—定位孔　3—螺母　4—分度盘　5—卡盘　6—螺钉　7—拨块

用这种方法分线的精度主要取决于定位孔的等分精度（如果定位孔是在坐标镗床或数控镗铣床上加工的，则其分度精度就较高）。分度盘操作方便，是一种较理想的分度工具。

车削多线内螺纹时，可把拨块 7 拆下，装上卡盘 5，并用螺钉 6 把卡盘与分度盘连接在一起，分线方法与上述相同。

5.1.2　多线螺纹车削

车削多线螺纹时必须注意，决不能把一条螺旋线全部车好后，再车另外的螺旋线。为保证螺纹加工质量，车削时可按下列步骤进行：

1）粗车第一条螺旋线后，应记住中滑板和小滑板的分度值。

2）根据螺纹精度进行分线，粗车第二、第三……条螺旋线。采用圆周分线法时，中、小滑板刻度应与车削第一条螺旋线时相同；如果采用轴向分线法，则中滑板分度值与第一条螺旋线相同，小滑板精确移动一个螺距。

3）按上述方法精车各条螺旋线，直至达到图样的规定要求。

多线螺纹车刀的刃磨与一般螺纹车刀的刃磨要求基本相似。但多线螺纹的导程大，螺纹升角也大，因此，要注意螺纹升角对螺纹车刀左、右切削刃后角的影响。例如，刃磨右旋螺纹车刀时，应按左刃后角 $\alpha_{fL}=(3°\sim5°)+\phi$，右刃后角 $\alpha_{fR}=(3°\sim5°)-\phi$（$\phi$ 为螺纹升角）的原则刃磨。

5.1.3 多线螺纹的测量

用三针测量多线螺纹中径时，三针不可能和被测螺纹的牙型在轴向截面内接触，而是与法向牙型相切。因此测量时产生了误差，当螺纹升角大于 3°30′时，误差较大，应对三针测量公式进行修正，修正公式为

对于 60°普通螺纹

$$M=d_2+3d_D-0.866P+\Delta\phi$$
$$\Delta\phi=0.75d_D\tan^2\phi \tag{5-5}$$

对于 30°梯形螺纹

$$M=d_z+4.86d_D-1.866P+\Delta\phi$$
$$\Delta\phi=1.8024d_D\tan^2\phi \tag{5-6}$$

式中 $\Delta\phi$——三针测量时螺纹升角的修正值（mm）；
ϕ——螺纹升角（°）；
d_2——螺纹中径（mm）；
d_D——三针直径（mm）。

5.2 多头蜗杆加工

5.2.1 多头蜗杆的几何参数及其计算

蜗杆、蜗轮分米制和寸制两种。为了便于查阅和计算，这里再介绍一下米制蜗杆各部尺寸计算，见表 5-1。英制蜗杆各部尺寸的计算可查阅车工（中级）培训教材。

表 5-1 米制蜗杆各部尺寸计算 （单位：mm）

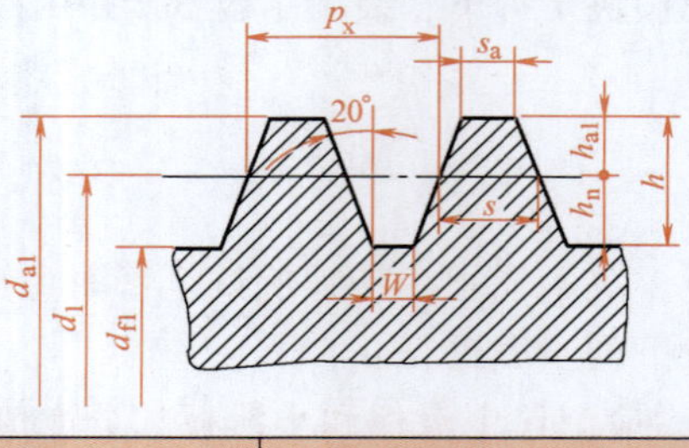

名称	代号	计算公式
轴向模数	m_x	（基本参数）
齿形角（压力角）	α	$\alpha=20°$
轴向齿距	p_x	$p_x=\pi m_x$
导程	p_z	$p_z=z_1p_x=z_1\pi m_x$
全齿高	h	$h=2.2m_x$
齿顶高	h_{a1}	$h_{a1}=m_x$
齿根高	h_{f1}	$h_{f1}=1.2m_x$

（续）

名 称	代 号	计算公式
分度圆直径	d_1	$d_1=d_{a1}-2m_x=m_xq$
齿顶圆直径	d_{a1}	$d_{a1}=d_1+2m_x$
齿根圆直径	d_{f1}	$d_{f1}=d_1-2.4m_x$ 或 $d_{f1}=d_{a1}-4.4m_x$
齿顶宽	s_a	$s_a=0.843\ m_x$
齿根槽宽	w	$w=0.697m_x$
导程角	γ	$\tan\gamma=p_z/\pi d_1=z_1\pi/d_1$
轴向齿厚	s_x	$s_x=p_x/2$
法向齿厚	s_n	$s_n=(p_x/2)\cos\gamma$
直径系数	q	$q=d_1/m_x$

5.2.2 交换齿轮计算

在具有进给箱的车床上车削蜗杆时，一般不需要进行交换齿轮的计算，只要根据进给箱上的铭牌指示调整交换齿轮和手柄位置，就可进行车削。在无进给箱的车床上或采用直接连接丝杠系统车削蜗杆时，则必须计算交换齿轮。多头蜗杆交换齿轮的计算如下

$$i=\frac{p_z}{p_{丝}}=\frac{z\pi m_x}{p_{丝}}=\frac{z_1}{z_2}\ \frac{z_3}{z_4} \tag{5-7}$$

式中 p_z——多头蜗杆导程（mm）；

$p_{丝}$——车床丝杠螺距（mm）；

z——蜗杆头数；

m_x——蜗杆轴向模数（mm）；

z_1、z_3——主动齿轮齿数；

z_2、z_4——从动齿轮齿数。

为了便于计算，式（5-7）中的 π 值一般取近似值22/7。

例 5-3 在丝杠螺距为12mm的无进给箱车床上车削模数为3mm的四头蜗杆，求交换齿轮。

解： 已知 $p_{丝}=12\text{mm}$，$m_x=3\text{mm}$，$z=4$，取 $\pi=22/7$。根据式（5-7）可得

$$i=\frac{p_z}{p_{丝}}=\frac{z\pi m_x}{p_{丝}}=\frac{4\times\frac{22}{7}\times 3\text{mm}}{12\text{mm}}=\frac{22}{7}\times\frac{12}{12}=\frac{110}{70}\times\frac{120}{60}$$

$$z_1+z_2=110+70>z_3+15=120+15$$

$$z_3+z_4=120+60>z_4+15=70+15$$

5.2.3 多头蜗杆加工及检测

1. 车刀装夹方法的选择

装夹蜗杆车刀时，必须注意图样上标明的蜗杆齿形，若是阿基米德（轴向直廓）蜗杆ZA，车刀左右切削刃组成平面与工件轴线重合，则采用水平装刀法，如图5-5a所示；如果是法向直廓蜗杆ZN，车刀左右切削刃组成的平面垂直于齿面，则采用垂直装刀法，如

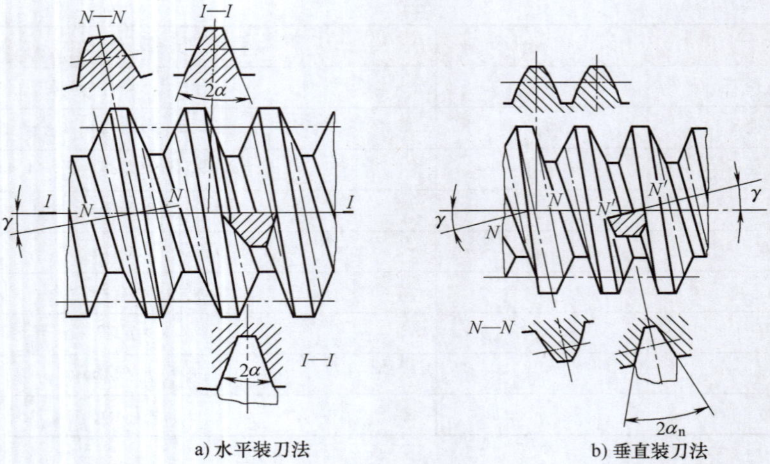

图 5-5　车削蜗杆时的装刀方法

图 5-5b 所示。

为了减少蜗杆导程角对车刀前角和后角的影响，保证切削顺利，可采用根据导程角调节的刀杆装刀，这样在车削时不易出现“扎刀”现象。车削法向直廓蜗杆时，可根据导程角将刀头调节至与齿面垂直。粗车轴向直廓蜗杆时，也可同样使用，但在精车时，刀头仍需水平装刀。此时，刃磨车刀两侧前、后角时，应考虑导程角的影响，如车削右旋蜗杆时，左刃后角 $\alpha_{fL}=(3°\sim5°)+\gamma$；右刃后角 $\alpha_{fR}=(3°\sim5°)-\gamma$。

2. 多头蜗杆的车削

（1）合理选择车削方法　多头蜗杆因导程较大，一般采用低速切削，车削应分为粗车和精车两个阶段进行。粗车齿形时，应选择合适的切削方法和进刀方法。

粗车时为防止三个切削刃同时参加切削而造成“扎刀”现象，一般可采用左右切削法；粗车模数 m_x>3mm 的多头蜗杆时，可先用小于蜗杆齿根槽宽的车槽刀将蜗杆车到齿根圆直径；粗车模数 m_x>5mm 的多头蜗杆时，可采用分层切削法，以减小车刀的切削面积，使切削顺利进行。

精车蜗杆齿形时，应使用带卷屑槽的精车刀以直进法将齿面车削成形。

（2）车削步骤　车削多头蜗杆时，不能把一条螺旋槽全部车好后，再车另一条螺旋槽。为保证蜗杆加工质量，车削步骤按多线螺纹的车削步骤进行。但应注意，当采用轴向分头法配合左右切削法精车时，为保证轴向齿距精度，除了要求车削各螺旋槽时的车刀左右移动量（即借刀量）相等外，还必须注意多头蜗杆各齿面的车削顺序：先将同一方向上的各头齿面逐一车好，然后再依次车另一方向上的各头齿面，如图 5-6 所示。否则，会因小滑板丝杠、螺母配合间隙所造成的误差，而影响轴向齿距的精度。

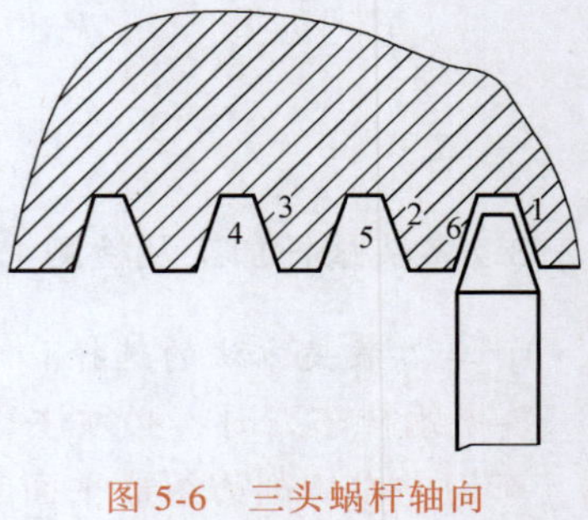

图 5-6　三头蜗杆轴向分头车削顺序

（3）分头不均匀性的修正　由双头蜗杆的分头（图 5-7）可知，蜗杆的导程 $p_z=a+a'+s+s'$，蜗杆齿距 $p_x=p_z/2=a+s=a'+s'$。用单针或齿厚卡尺测量时，有以下几种情况：

1）$a=a'$，$s=s'$。均匀修正齿侧 A''、B''两面，使 $a=a'$，$s=s'$。

2）$s=s'$，$a>a'$。均匀修正齿侧 B'、B''两面，使 $a=a'$，$s=s'$。

3）$a>a'$，$s<s'$。修正齿侧 B''面，使 $a=a'$，$s=s'$。

4）$a=a'$（或 $s=s'$），且尺寸处于下极限偏差时。由于 A'、A''、B'、B''四个齿侧表面都已无修正余量，因此，进行任何分头不均匀性的修正，都将使尺寸 s 或 s'超差。也就是说，修正分头不均匀性只有在被修正面的齿厚 s 或 s'有余量时才能进行。

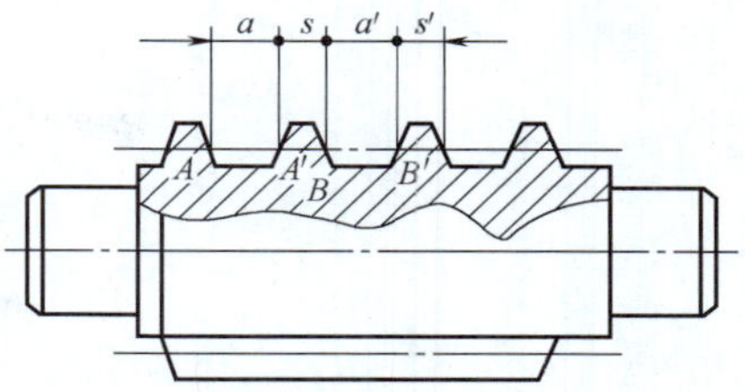

图 5-7　蜗杆分头不均匀性的修正

3. 多头蜗杆的测量

（1）三针测量法　三针测量法用于测量蜗杆的分度圆直径，量针测量距及量针直径的计算公式见表 5-2。

表 5-2　量针测量距及量针直径的计算公式

齿形角 α	量针测量距 M	量针直径 d_D
14. 5°	$M=d_1+4.994D_d-1.933p_x$	$d_D=0.526p_x$
20°	$M=d_1+3.9244D_d-1.374p_x$	$d_D=0.533p_x$

当导程角大于 3°30′时，量针测量距的修正公式见表 5-3。

表 5-3　量针测量距的修正公式

修正公式 $M=d_1+d_D(1+1/\sin\alpha)-(P_x/2)\cot\alpha+\Delta\psi$		
蜗杆齿形	修正值 $\Delta\psi$	量针测量修正实用公式
轴向直廓蜗杆 ZA	$\Delta\psi=1.2909d_D\tan^2\gamma$	$M=d_1+3.92d_D-4.316m_x+1.2909d_D\tan^2\gamma$
法向直廓蜗杆 ZN		$M=d_1+3.924d_D-4.316m_x\cos\gamma$

注：表中修正实用公式为齿形角 $\alpha=20°$的计算公式。

（2）测量齿厚　测量精度要求不高的蜗杆时，可采用游标齿厚卡尺测量齿厚。但应注意，此时测量的是法向齿厚，若图样上标注的是轴向齿厚，则测量时必须换算成法向齿厚 s_n。

如果蜗杆精度要求较高，在图样上标注的是齿厚偏差，为了提高测量精度，可将齿厚偏差换算成量针测量距偏差，用三针测量法来测量，换算方法如下

当 $\alpha=20°$时　　$\Delta M=2.7475\Delta s$　　(5-8)

式中　ΔM——三针测量时的量针测量距偏差（mm）；

Δs——齿厚偏差。

5.2.4　多头蜗杆加工实例

加工图 5-8 所示的蜗杆轴，加工数量为 1～2 件，毛坯为锻件，材料为 40Cr 钢。

1. 分析图样

1）蜗杆形式为 ZN 蜗杆，即法向直廓蜗杆，轴向模数为 6mm，头数为三头，轴向齿距为（18.85±0.02）mm，法向齿厚为（$9.18^{-0.133}_{-0.204}$）mm，齿面粗糙度值为 $Ra1.6\mu m$。

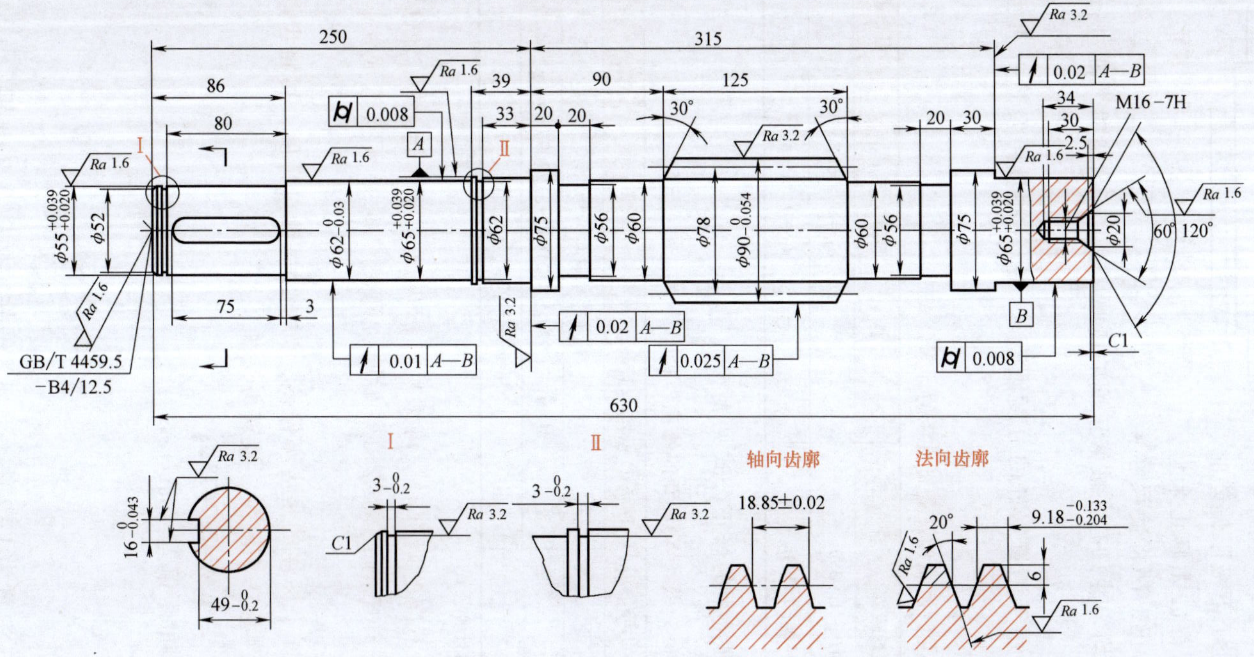

技术要求

1.材料40Cr，调质硬度250HBW。

2.未注尺寸公差按IT14加工。

3.锐角倒钝。

Ra 12.5 (√)

蜗杆形式		ZN
轴向模数	m_x	6 mm
头数	z_1	3
导程角	γ	12° 59′41″
旋向		右
压力角	α	20°
精度等级		8f(GB/T 10089—2018)

图 5-8　蜗杆轴

2）$2\times\phi65^{+0.039}_{+0.020}$mm 为基准外圆，其圆柱度公差为 0.008mm。

3）蜗杆齿顶圆直径为 $\phi90^{\ 0}_{-0.054}$mm，其对基准圆 A、B 公共轴线的径向圆跳动公差为 0.025mm。

4）外圆 $\phi62^{\ 0}_{-0.03}$mm 对基准圆 A、B 公共轴线的径向圆跳动公差为 0.01mm。

5）外圆 $\phi75$mm 一侧端面对基准外圆 A、B 公共轴线的径向圆跳动公差为 0.02mm。

6）主要各级外圆的表面粗糙度值为 $Ra1.6\mu m$。

2. 制订加工工艺

（1）毛坯采用锻件　由于加工数量少，一般为自由锻造，毛坯余量大，因此热处理调质工序放在粗车工序之后进行。

（2）蜗杆齿形为法向直廓蜗杆　车削时，应使由车刀左右切削刃组成的平面垂直于齿面装夹，即采用垂直装刀法。可使用按导程角调节的刀杆将车刀倾斜。

（3）粗车蜗杆齿面　采用分层车削法，步骤如下：

1）先水平装刀，使车刀刀尖高于工件轴线约 0.5mm，这样粗车时不易“扎刀”。

2）按导程角调节刀杆使车刀倾斜。

3）切削速度 $v_c=10\sim20$m/min。

4）计算出全齿高，$h=2.2m_x=2.2\times6$mm$=13.2$mm，换算成分度值，并在中滑板刻度盘上做好记号。

5）分层车削，如图 5-9 所示。

① 车削第一层第一刀时，小滑板不动，移动中滑板，背吃刀量 $a_p\approx1.5$mm。

② 车削第一层第二刀时，移动中滑板，背吃刀量 $a_p=0.5$mm，小滑板向左进给 0.5mm。第三刀与第二刀相同。

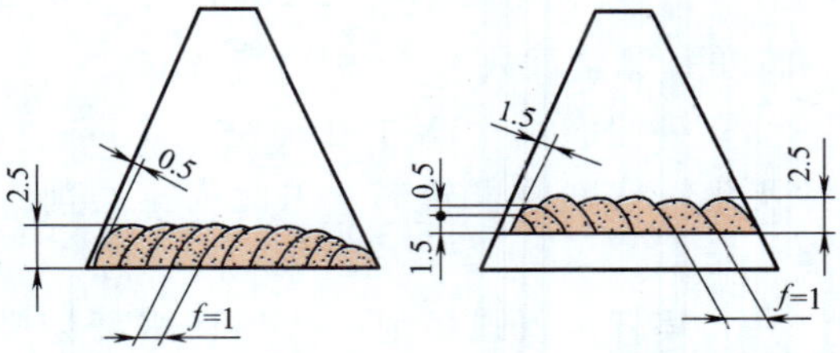

图 5-9　分层车削齿面

③ 三刀后，第一层深度已车到 2.5mm，此时记下中滑板分度值。从第四刀开始，将中滑板摇到前一刀的刻度，使小滑板向左移动，进给量为 1mm，车至齿顶宽 $s_a=0.843m_x=0.843\times6mm=5.08$mm，留精车余量 0.5mm，尺寸约为 5.6mm。

④ 第二层的车削方法与第一层基本相同，区别是小滑板向右移动。

⑤ 随着齿深的增加，小滑板进给量减小至 0.5mm，按上述方法一直车至全齿深。

（4）精车蜗杆齿面　由于蜗杆精车刀是双刃卷屑槽，车刀前端切削刃不能进行切削，因此精车齿面前，采用尺寸等于齿根槽宽（$W=0.697m_x=0.697\times6$mm$=4.2$mm）的直槽刀把齿根槽部车到齿根圆直径。

精车齿面时，由于齿槽较宽，齿槽深度较大，不宜使用直进方法车削，可以用左右车削方法进给。车削时，取切削速度 $v_c<5$m/min，背吃刀量 $a_p=0.02\sim0.04$mm。

（5）分头方法　蜗杆轴向齿距 $p_x=(18.85\pm0.02)$mm，精度较高，分头时，粗车齿面时可采用自定心卡盘的卡爪来分头；精车齿面时，由于轴向齿距已超出指示表测杆量程，因此不能使用由指示表控制小滑板刻度值的分头方法。这时，可使用交换齿轮分头或用指示表配合量块分头。

（6）车削齿形　粗车齿形时，应使用以冷却为主要功能的切削液。精车时，可将不加水的硫化乳化液涂在蜗杆齿形表面，或用铅油、质量分数为10%的红丹粉加 L-AN46 全损耗系统用油配成切削液，这样可保证齿面光洁，并可延长刀具的使用寿命。

（7）控制齿厚尺寸　由于第一条齿槽车好后，还不能用游标齿厚卡尺测量法向齿厚，因此，可将齿厚偏差换算成量针测量距偏差后，用单针测量法来控制齿厚尺寸，具体方法如下：

1）计算量针测量距 M 及量针直径 d_D。查表 5-2，根据公式 $d_D=0.533p_x$，求得量针直径 $d_D=10.05\text{mm}$。由于蜗杆导程角 $\gamma=12°59'46''$，大于 3°30′，因此量针测量距用修正公式计算。查表 5-3，法向直廓蜗杆的计算公式为

$$M=d_1+3.924d_D-4.316m_x\cos\gamma=78\text{mm}+3.924\times10.05\text{mm}-4.136\times6\text{mm}\times\cos12°59'46''=92.20\text{mm}$$

2）把齿厚偏差换算成量针测量距偏差，根据式（5-8）

上偏差 $\Delta M_{上}=2.7475\times(-0.133\text{mm})=-0.365\text{mm}$

下偏差 $\Delta M_{下}=2.7475\times(-0.204\text{mm})=-0.560\text{mm}$

则量针测量距及其偏差为 $M=92.20_{-0.560}^{-0.365}\text{mm}$。

3）计算单针测量值。根据公式 $A=(M+d_{a1})/2$，若测得齿顶圆直径为 89.98mm，则

$$A_1=(92.20\text{mm}-0.365\text{mm}+89.98\text{mm})/2=90.9075\text{mm}$$

$$A_2=(92.20\text{mm}-0.560\text{mm}+89.98\text{mm})/2=90.81\text{mm}$$

即单针测量读数为 $A=91_{-0.1900}^{-0.0925}\text{mm}$。

（8）外圆磨削　由于 $2\times\phi65_{+0.020}^{+0.039}\text{mm}$、$\phi62_{-0.03}^{\ 0}\text{mm}$、$\phi55_{+0.020}^{+0.039}\text{mm}$ 外圆表面粗糙度值、尺寸及几何精度要求较高，因此安排磨削工序，为保证装夹精度，上述外圆分粗、精磨工序。

（9）蜗杆齿顶圆磨削　为保证蜗杆齿厚的测量精度，对蜗杆齿顶圆直径也采取磨削加工。

（10）蜗杆轴的加工顺序　锻造→热处理退火→粗车→调头，粗车→热处理调质→半精车各级外圆及蜗杆齿顶圆直径→调头，车端面，钻、攻螺纹及车 60°、120°圆锥面→调头，车端面，取对总长尺寸，钻中心孔→粗磨各级主要外圆及齿顶圆直径→粗车蜗杆齿面→铣槽→研磨两端中心孔→精车蜗杆齿面→修去蜗杆两端不完整牙→研磨中心孔→精磨各级主要外圆及齿顶圆直径→清洗、涂油。

3. 工件的定位与夹紧

1）粗车、半精车各级外圆及齿顶圆直径时，采用一端夹住、一端顶住，并用中心架做辅助支承的装夹方式。

2）粗、精车蜗杆齿形时，将工件装夹于两顶尖间加工。

3）为保证蜗杆齿顶圆直径对基准外圆 A、B 公共轴线径向圆跳动误差的测量精度，磨削加工各级主要外圆时，应将工件装夹于两顶尖间。

4. 选择刀具

1）蜗杆粗、精车刀的几何形状如图 5-10、图 5-11 所示。刀具材料为 W18Cr4V。

2）攻 M16-7H 螺纹时，采用公差代号（GB/T 968—2007）为 H3 的丝锥。

5. 选择设备

选择 C6140 型卧式车床或 C6150 型卧式车床。

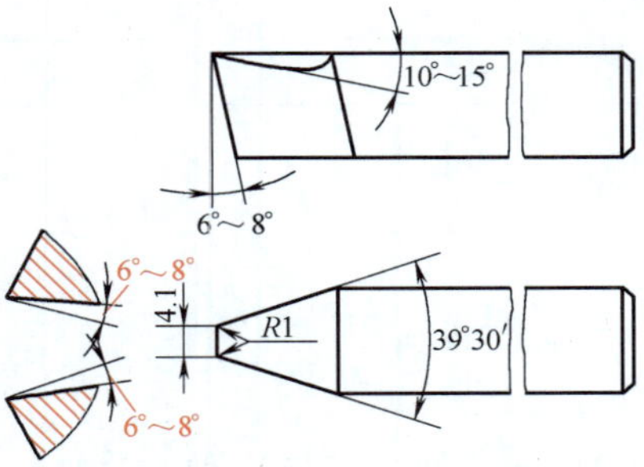

图 5-10 蜗杆粗车刀

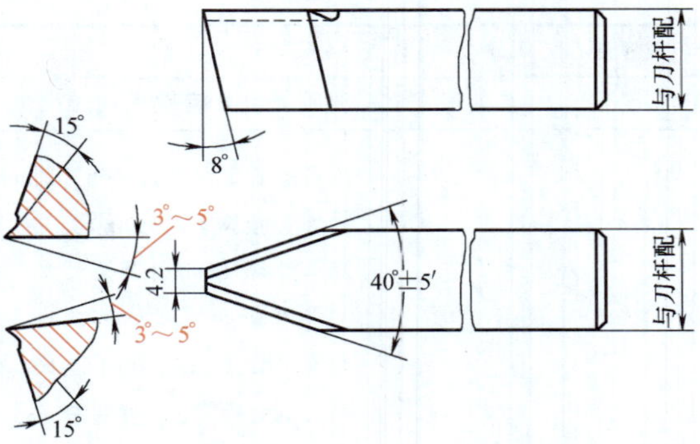

图 5-11 蜗杆精车刀

6. 工件加工

蜗杆轴的机械加工工艺过程见表 5-4。

表 5-4 蜗杆轴的机械加工工艺过程

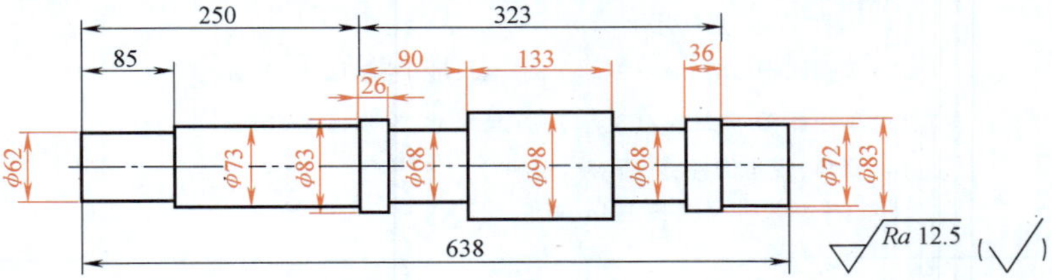

工艺图

工序号	工序名称	工 序 内 容
1	锻	锻造毛坯
2	热处理	退火
3	车	用自定心卡盘夹住 $\phi65^{+0.039}_{+0.020}$mm 外圆，一端用中心架托住，按工艺图加工 1）钻中心孔 ϕ4mm A 型，拆去中心架，顶牢 2）车外圆 ϕ98mm 3）车外圆 ϕ83mm，注意尺寸 133mm 右端加工余量 4）车外圆 ϕ73mm，控制尺寸 90mm 5）车外圆 ϕ62mm，控制尺寸 165mm（即 165mm = 250mm − 85mm） 6）车外圆 ϕ68mm，控制尺寸 26mm 7）倒角
4	车	调头，用自定心卡盘夹住 ϕ62mm 粗车外圆，ϕ98mm 外圆处用中心架支承，按工艺图加工（二次装夹） 1）钻中心孔 ϕ4mm A 型，顶住 2）车外圆 ϕ83mm，控制尺寸 133mm 3）车外圆 ϕ72mm，控制尺寸 323mm 4）车外圆 ϕ68mm，控制尺寸 133mm、36mm 移去顶尖，移动中心架至 ϕ83mm 外圆处支承 5）车端面，控制尺寸 65mm（即 65mm = 638mm − 250mm − 323mm） 6）倒角 调头，按上述方法装夹 7）车端面，控制长度尺寸 638mm 8）倒角 9）钻中心孔 ϕ4mm A 型

（续）

工序号	工序名称	工 序 内 容
5	热处理	调质 250HBW
6	车	用自定心卡盘夹住 $\phi65^{+0.039}_{+0.020}$mm 粗车外圆，一端顶住 1）车齿顶圆直径 $\phi90^{\ 0}_{-0.054}$mm 至 $\phi90.6^{+0.1}_{\ 0}$mm 2）车 2×ϕ75mm 外圆至尺寸 3）车外圆 $\phi65^{+0.039}_{+0.020}$mm 至 $\phi65.6^{+0.1}_{\ 0}$mm，控制尺寸 315mm 至 319mm 4）车 $\phi62^{\ 0}_{-0.03}$mm 外圆至 $\phi62.6^{+0.1}_{\ 0}$mm，控制尺寸 39mm 5）车 $\phi55^{+0.039}_{+0.020}$mm 外圆至 $\phi55.6^{+0.1}_{\ 0}$mm，控制尺寸 125mm（即 125mm＝250mm－86mm－39mm） 6）车蜗杆右端外圆 ϕ60mm，控制尺寸 215mm（即 215mm＝5mm＋90mm） 7）车外沟槽 ϕ56mm×20mm 至尺寸，控制 ϕ60mm 外圆长度尺寸 50mm（即 50mm＝315mm－90mm－125mm－20mm－30mm） 8）车斜面 30°至尺寸 原装夹不变，在蜗杆齿顶圆处增加中心架支承 9）车蜗杆左端外圆 ϕ60mm 至尺寸，控制尺寸 90mm、125mm 10）车外沟槽 ϕ56mm×20mm 至尺寸，控制 ϕ75mm 外圆长度尺寸 20mm 11）车斜面 30°至尺寸 12）车挡圈槽 ϕ62mm×（$3^{\ 0}_{-0.2}$）mm 至尺寸，控制尺寸 33mm 13）车挡圈槽 ϕ52mm×（$3^{\ 0}_{-0.2}$）mm 至尺寸，控制尺寸 80mm 14）倒角，锐角倒钝，除留磨余量 注意：未注尺寸公差按 IT14 加工
7	车	用软卡爪夹住 $\phi55^{+0.039}_{+0.020}$mm 放磨外圆，ϕ75mm 外圆处用中心架支承，找正（二次装夹） 1）车 $\phi65^{+0.039}_{+0.020}$mm 外圆至 $\phi65.6^{+0.1}_{\ 0}$mm，控制尺寸 315mm 至 $315^{\ 0}_{-0.2}$mm 2）车端面，控制尺寸 65mm（即 65mm＝630mm－315mm－250mm） 3）倒角，锐角倒钝，除留磨余量 4）钻 M16 螺纹底孔至 ϕ14mm，深 34mm 5）攻 M16-7H 螺纹，深 30mm 6）车圆锥面 ϕ20mm×60°、120°×2.5mm，60°圆锥面的表面粗糙度值为 Ra1.6μm 调头，一端夹住，另一端用中心架支承 7）车端面，控制尺寸 630mm、250mm、86mm 8）钻中心孔 ϕ4mm B 型 9）倒角 C1，除留磨余量
8	磨	装夹于两顶尖间（二次装夹） 1）粗磨外圆 2×$\phi65^{+0.039}_{+0.020}$mm、$\phi62^{\ 0}_{-0.03}$mm、$\phi55^{+0.039}_{+0.020}$mm，留精磨余量 0.2～0.25mm 2）粗磨齿顶圆直径 $\phi90^{\ 0}_{-0.054}$mm，留精磨余量 0.2～0.25mm
9	车	装夹于两顶尖间，用自定心卡盘卡爪分头 用分层切削法粗车 $m_x=6$、$z_1=3$ 蜗杆齿面，量针直径为 ϕ10.05mm，量针测量距 $M=(92^{+1.0}_{+0.9})$mm
10	铣	工件装夹于 V 形虎钳中，一端调节千斤顶支承，轴向定位铣键槽（$16^{\ 0}_{-0.043}$）mm×（$49^{\ 0}_{-0.2}$）mm×75mm 至尺寸，注意尺寸 3mm
11	研磨	研磨两端中心孔

（续）

工序号	工序名称	工序内容
12	车	装夹于两顶尖间，用指示表配合量块分头，量块组成尺寸分别为56.548mm、37.70mm及18.85mm，各一组 1）用 $b=4.2$mm 的宽车槽刀修正蜗杆齿根部至齿根圆直径 $\phi63.6$mm（即 $d_{f1}=d_{a1}-4.4m_x=90\text{mm}-4.4\times6\text{mm}=63.6\text{mm}$） 2）精车齿面至尺寸 量针直径 $d_D=\phi10.05$mm，量针测量距 $M=92.20_{-0.560}^{-0.365}$mm
13	钳	1）修去蜗杆两端不完整牙 2）修去键槽毛刺
14	研磨	研磨两端中心孔
15	外磨	装夹于两顶尖间（二次装夹） 1）精磨齿顶圆直径 $\phi90_{-0.054}^{0}$mm 至尺寸 2）精磨外圆 $2\times\phi65_{0}^{+0.039}$mm、$\phi62_{-0.03}^{0}$mm、$d_{f1}=63.6$mm 至尺寸 3）磨光 $\phi65_{+0.020}^{+0.039}$mm 肩平面
16	普	清洗，涂防锈油，入库

5.2.5 精度检验及误差分析

1. 精度检验

（1）外圆 $2\times\phi65_{+0.020}^{+0.039}$mm、$\phi62_{-0.03}^{0}$mm、$\phi55_{+0.020}^{+0.039}$mm 的检验　用一级外径千分尺沿被测轴的轴线方向测量三个截面，对每个截面要在相互垂直的两个部位各测一次，外径千分尺的读数值应在上、下极限偏差范围内。

（2）齿顶圆直径 $\phi90_{-0.054}^{0}$mm 的检验　用公法线千分尺按上述方法进行测量。

（3）法向齿厚（$9.18_{-0.204}^{-0.133}$）mm 的检验　用游标齿厚卡尺测量齿厚。先将齿高卡尺读数调整到等于齿顶高尺寸（$h_{a1}=m_x=6$mm），然后以齿顶圆为测量基准，将游标齿厚卡尺的两量爪沿法向卡入齿廓，使游标齿厚卡尺和蜗杆轴线相交成一个导程角的角度。调节微调螺钉，使两卡爪测量面轻轻接触齿面，测得的读数在8.976~9.047mm范围内即为合格。

（4）轴向齿距（18.85±0.02）mm 的检验　可使用图5-12所示的轴向齿距偏差表座进行测量。测量时，将V形量具4骑跨于蜗杆1上，使量具上的固定测头2接触齿侧的一面，指示表3的测头接触相邻齿距相对应的另一齿侧面（近分度圆直径处），并调整指示表指针到零位。如此逐牙测量，指示表指针摆动量不大于±0.03mm即为符合图样要求。

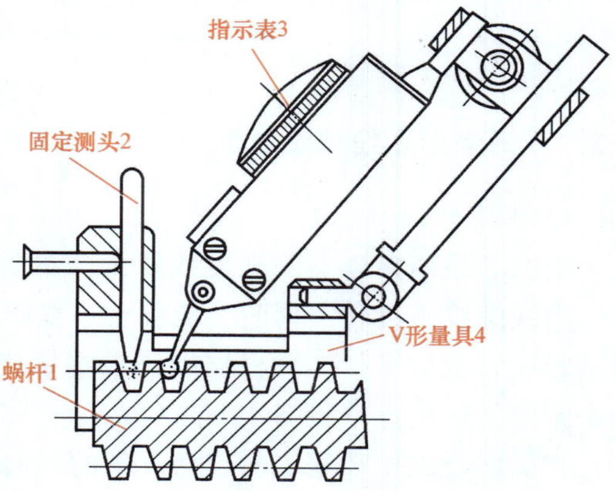

图5-12　轴向齿距偏差表座

（5）圆柱度误差0.008mm的检验　由于蜗杆轴较长，按标准要求测量较困难。实际生产中的测量方法是，使用杠杆千分尺沿被测轴线方向测量若干个截面，对每个截面沿圆周测量若干点。杠杆千分尺指示值应在图样标注的公差范围内。

（6）蜗杆齿顶圆直径对基准外圆 A、B 公共轴线径向圆跳动公差 0.025mm 的检验　由于 $2\times\phi65^{+0.039}_{+0.020}$mm 基准外圆是在两顶尖间精磨的，因此测量时用两顶尖模拟基准外圆 A、B，即把工件装夹在车床两顶尖间，把指示表装夹在方刀架上，使指示表触头接触齿顶圆直径，同时按导程将开合螺母闭合，使指示表按螺旋线进给。在工件回转一周过程中，指示表指针读数的最大差值即为单个测量截面上的径向圆跳动误差。按此方法测量若干截面，所测得的径向圆跳动值不得大于 0.025mm。

2. 误差分析

（1）轴向齿距不准确

1）交换齿轮或手柄位置调整错误。

2）开合螺母磨损严重，与丝杠的同轴度超差，造成啮合不良或间隙过大。

3）丝杠的轴向窜动过大。

4）床鞍移动时，手柄运转不均匀。

5）分头不准确；小滑板移动方向与主轴轴线平行，使小滑板实际移动距离与齿距产生误差。

（2）齿形角不准确

1）车刀左、右切削刃之间的夹角刃磨得不正确。

2）车刀装得歪斜，使左、右切削刃之间的角平分线与工件轴线不垂直。

（3）法向齿厚超差

1）粗、精车齿面时，没有及时测量或测量不正确。

2）背吃刀量太大，或用左右切削法时借刀量太大。

3）用三针测量时计算错误。

（4）齿面粗糙度值达不到要求

1）车刀切削刃刃磨粗糙。

2）车刀磨损。

3）切削用量选择不当。

4）精车余量太少。

5.3　数控车床加工多线螺纹

5.3.1　三角形多线螺纹加工

1. 多线螺纹

沿两条或两条以上的螺旋线所形成的螺纹叫多线螺纹，这些螺旋线以一定间距等距分布。多线螺纹每旋转一周时，能移动单线螺纹几倍的螺距，因此常用于快速移动机构中。要区别螺纹线数的多少，可根据螺纹末端螺旋槽的数目（图 5-13a），或从螺纹的端面上看有几个螺纹的起始点（图 5-13b）。

相邻两牙在中径线上对应两点间的轴向距离叫螺距。同一条螺旋线上相邻两牙在中径线上对应两点间的轴向距离叫导程（图 5-13a）。

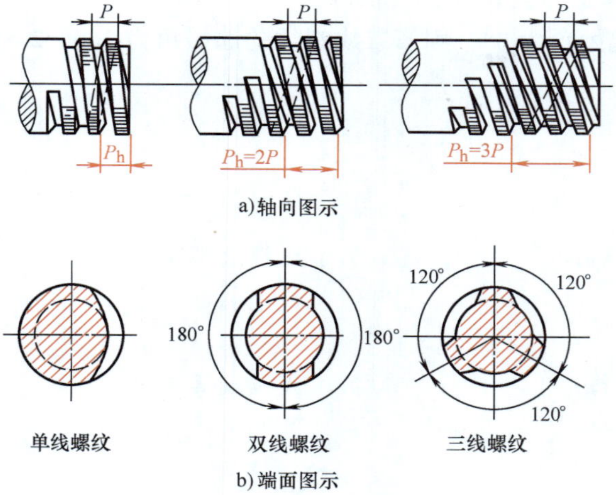

图 5-13　单线螺纹与多线螺纹

导程与螺距和线数的关系可用下式表示

$$导程(P_h)=线数(n)\times螺距(P)$$

2. 多线螺纹加工的编程方法

(1) 改变螺纹切削初始角加工多线螺纹

1) 原理。改变螺纹切削初始角加工多线螺纹是根据螺纹的线数沿圆周方向进行分度，每加工完一线螺纹后，主轴旋转一定角度，而起刀点轴向位置不变，接着进行下一线螺纹的加工。

2) 应用 G32 指令加工多线螺纹。

指令格式：

G32　X (U)__　Z (W)__　F__　Q__；

其中　X、Z——绝对尺寸编程时螺纹的终点坐标；

U、W——增量尺寸编程时螺纹的终点坐标；

F——螺纹导程（若为单线螺纹，则为螺纹的螺距）；

Q——螺纹起始角，该值为不带小数点的非模态值，即增量为 0.001°，如起始角为 180°表示为 Q180000（单线螺纹可以不用指定，此时该值为零）；Q 的取值范围为 0~360000，如果指定了大于 360000 的值，则按 360000（360°）计算。

3) 应用举例。

例 5-4　用 G32 指令编制图 5-14 所示工件上螺纹的加工程序。

工艺分析：该工件上有双线螺纹 M24×3(P1.5)-6g，螺距为 1.5mm，导程为 3mm。编程原点设在工件右端面中心。

切削参数确定：查车削手册，确定背吃刀量（半径值）为 0.974mm，进刀次数为 4 次，每刀背吃刀量（直径值）分别为 0.8mm、0.6mm、0.4mm、0.16mm；S_1（升速进刀段

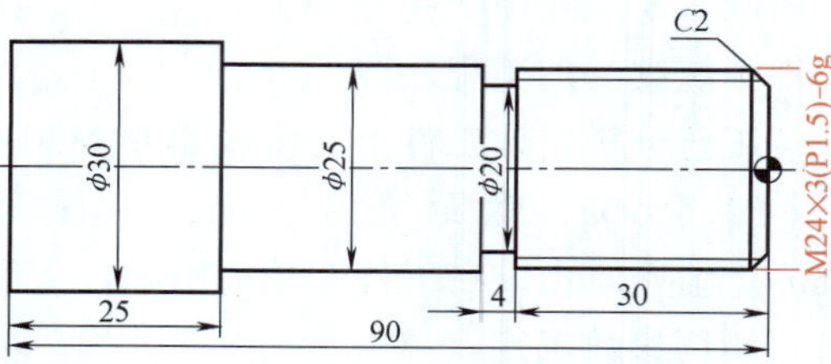

图 5-14　螺纹加工（一）

长度）= 4mm，S_2（减速退刀段长度）= 2mm。

设第一线螺纹的起始角为 0°，则第二线螺纹的起始角为 360°/2 = 180°。

参考程序：

```
……;
G00 X30.0 Z4.0;
X23.2;
G32 Z-32.0 F3.0 Q0;             /第 1 线螺纹第 1 刀
G00 X30.0 Z4.0;
X22.6;
G32 Z-32.0 F3.0 Q0;             /第 1 线螺纹第 2 刀
……;
G00 X30.0 Z4.0;
X22.04;
G32 Z-32.0 F3.0 Q0;             /第 1 线螺纹第 4 刀
G00 X30.0 Z4.0;
X23.2;
G32 Z-32.0 F3.0 Q180000;        /第 2 线螺纹第 1 刀
G00 X30.0 Z4.0;
X22.6;
G32 Z-32.0 F3.0 Q180000;        /第 2 线螺纹第 2 刀
……;
G00 X30.0 Z4.0;
X22.04;
G32 Z-32.0 F3.0 Q180000;        /第 2 线螺纹第 4 刀
G00 X30.0;
X100.0 Z100.0;
M05;
M30;
```

（2）应用 G92 指令加工多线螺纹

1）指令格式：

G92 X（U）__ Z（W）__ F __ Q __;

2）应用举例。

例 5-5 用 G92 指令编制图 5-15 所示工件上螺纹的加工程序。

工艺分析：该工件上有多线螺纹 M30×3（P1.5）-6g，螺距为 1.5mm，导程为 3mm。编程原点设在工件左端面中心。

切削参数确定（略）。

参考程序：

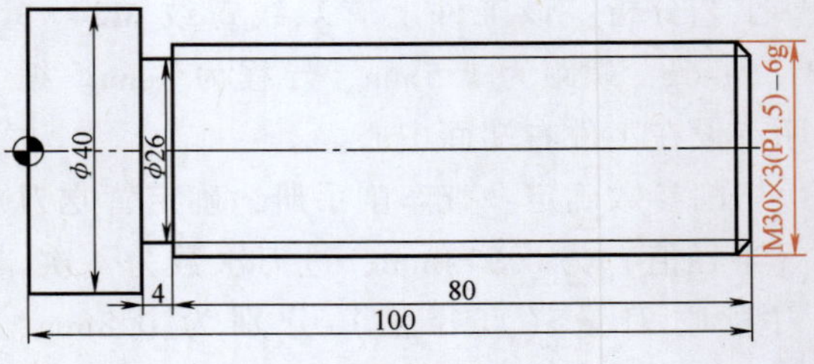

图 5-15 螺纹加工（二）

```
……;
G92 X29.2 Z18.5 F3.0;        /双线螺纹切削循环1,背吃刀量为0.8mm
X29.2 Q180000;
X28.6 F3.0;                  /双线螺纹切削循环2,背吃刀量为0.6mm
X28.6 Q180000;
X28.2 F3.0;                  /双线螺纹切削循环3,背吃刀量为0.4mm
X28.2 Q180000;
X28.04 F3.0;                 /双线螺纹切削循环4,背吃刀量为0.16mm
X28.04 Q180000;
M05;
M30;
```

(3) 改变螺纹切削起点加工多线螺纹

1) 原理。用改变螺纹切削起点的方法加工多线螺纹，在编程时先确定第1线螺纹的切削起点，利用螺纹加工指令完成第1线螺纹加工。在加工第2线螺纹前，要重新确定切削起点，与第1线螺纹的切削起点在轴向上相差一个螺距 P，依此类推，即可车削多线螺纹。

设螺纹导程为 F，线数为 n，则螺距 $P=F/n$。如图5-16所示，每线螺纹在轴向上相差一个螺距 P，若 A 点为第1线螺纹的切削起点，B 点为第2线螺纹的切削起点，则第2线螺纹切削起点的 Z 向值是在第1线螺纹切削起点的 Z 向值上增加一个螺距 P。

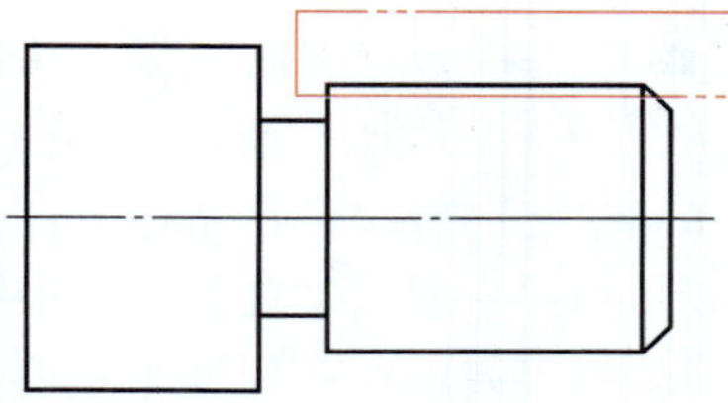

图5-16 走刀图

由于螺纹切削起点位置发生变化，而切削终点不变，因此在编程时，每线螺纹走刀长度应相应增加或减少一个螺距，以保证各线螺纹终点的一致。

2) 应用G92指令加工多线螺纹。

指令格式：

G92 X (U)__ Z (W)__ F__;

3) 应用举例。

例5-6 用G92指令编制图5-1所示工件上螺纹的加工程序。

该工件上有双线螺纹M24×3 (P1.5)，螺距为1.5mm，导程为3mm。编程原点设在工件右端面中心。

参考程序：

```
……;
G00 X30.0 Z4.0;              /第1线螺纹循环起点
G92 X23.2 Z-22.0 F3.0;       /第1线螺纹切削循环1,背吃刀量为0.8mm
X22.6;                       /第1线螺纹切削循环2,背吃刀量为0.6mm
X22.2;                       /第1线螺纹切削循环3,背吃刀量为0.4mm
X22.04;                      /第1线螺纹切削循环4,背吃刀量为0.16mm
G00 X30.0 Z5.5;              /确定第2线螺纹循环起点(第2线螺纹的切削起点相对
```

于第 1 线螺纹起点错开一个螺距）

```
G92 X23.2 Z-22.0 F3.0;    /第 2 线螺纹切削循环 1，背吃刀量为 0.8mm
X22.6;                    /第 2 线螺纹切削循环 2，背吃刀量为 0.6mm
X22.2;                    /第 2 线螺纹切削循环 3，背吃刀量为 0.4mm
X22.04;                   /第 2 线螺纹切削循环 4，背吃刀量为 0.16mm
X100.0 Z100.0;
M05;
M30;
```

(4) 应用 G76 指令加工多线螺纹

1）指令格式：

G76 P（m）（r）（α） Q（Δd_{min}）R（d）；

G76 X（U）__ Z（W）__ R（i）P（k）Q（Δd）F（L）；

其中 m——精加工重复次数，模态值，m 取 1~99；

r——倒角量，模态值；

α——刀尖角度（螺纹牙型角），模态值，一般为 600；

Δd_{min}——最小背吃刀量（半径值），模态值；

d——精加工余量（半径值），模态值；

X(U)、Z(W)——螺纹终点坐标值；

i——螺纹锥度值（半径差值），若 $i=0$，则为普通圆柱螺纹，可省略；

k——螺纹高度（半径值）；

Δd——第 1 刀背吃刀量（半径值）；

L——螺纹导程。

m、r、α 由地址 P 同时指定，例如，当 $m=2$，$r=1.2L$，$\alpha=60°$时，表示为 P021260。

2）应用举例。

例 5-7 用 G76 指令编制图 5-17 所示螺纹的加工程序。

该工件上有双线螺纹 M30×4（P2.0），螺距为 2.0mm，导程为 4mm，编程原点设在工件右端面中心。

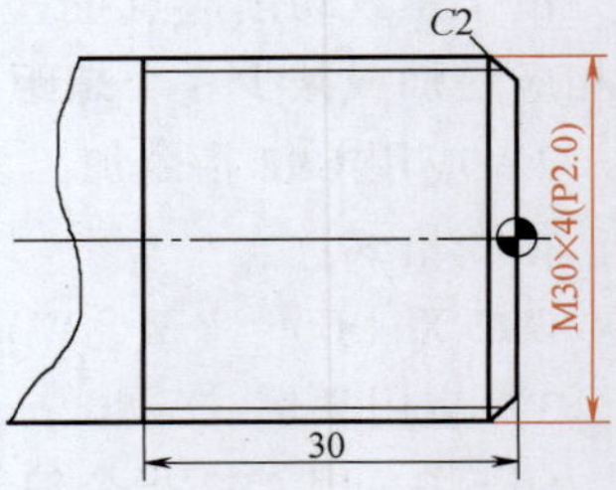

图 5-17 螺纹加工（三）

参考程序（设螺纹实际大径已加工）：

```
……;
G00 X35.0 Z3.0 S350 M03;            /第 1 线螺纹定位
G76 P021260 Q100 R100;
G76 X26.97 Z-30.0 R0 P1510 Q200 F4.0;
G00 Z5.0;                           /第 2 线螺纹定位（第 2 线螺纹的切削起点相对于第
                                     1 线螺纹起点错开一个螺距）
G76 P021260 Q100 R100;
G76 X26.97 Z-30.0 R0 P1510 Q200 F4.0;
G28 U0 W0;
M05;
```

M30;

5.3.2 变螺距螺纹加工

1. 变螺距螺纹

变螺距螺纹的螺距值不是固定的，而是沿轴线方向逐渐变化。它有两种形式：牙变槽不变和槽变牙不变。

2. 加工变螺距螺纹的G代码

指令格式：

G34 X__ Z__ F__ K__;

其中 F——所加工变螺距螺纹的初始螺距；

K——主轴每转过一圈时，螺距的增加量或减少量，K为正值时螺距递增加，K为负值时螺距递减。

例如，螺距由最初的20mm逐渐递减为19mm、18mm、17mm…，那么，G34指令中的K值为-1。

(1) 牙变槽不变 编程加工图5-18所示螺纹时，可以采用核算点位坐标的方法，沿着轮廓线依次车削；还可以采用常用的分层车削法，逐层车削。但分层车削因为背吃刀量不断加大，刀具与牙侧的接触面积越来越大，切削力也越来越大，很容易引起刀具或工件的损坏。应采用每一层深度不断减小的方法，使切削力减小，从而顺利完成螺纹加工。

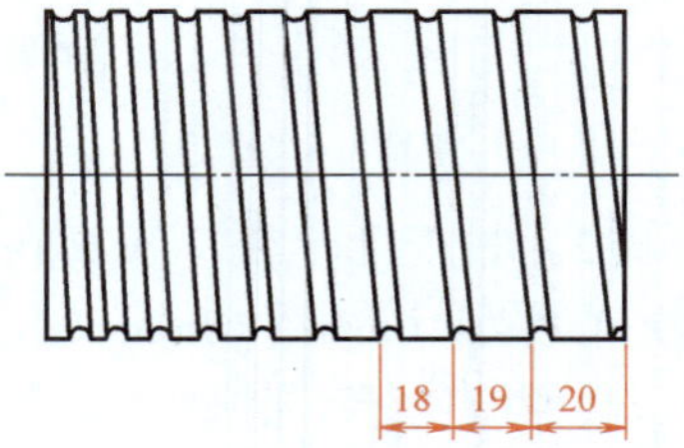

图5-18 牙变槽不变

参考程序：

```
O1111;
G21 G40 G97 G99 T0100;
T0101;                    /螺纹车刀
S300 M03;
G00 X38. Z21.;            /螺纹循环起点
#1=0.5;                   /第一刀背吃刀量
#2=3.0;                   /牙型高度(半径值)
N1 #2=#2-#1;              /每次车削后的剩余牙高
IF [#2 LE 0.05 ] GOTO2;   /假如剩余牙高不大于0.05mm,则转移到N2程序段
G00 X[30+2*#2];
G34 Z-100. F20 K-1;
G00 X38.;
Z21.;
#1=0.8*#1;                /每次背吃刀量为前次的80%
IF [#1 GE 0.05 ] GOTO1;   /假如背吃刀量不小于0.05mm,则转移到N1程序段
#1=0.05;                  /否则背吃刀量固定为0.05mm
GOTO1;                    /转移到N1程序段
```

```
N2 G00 X30. Z21;
G34 Z-100. F20 K-1;
G00 X38.;
Z200.;
M30;
```

a) 实物图

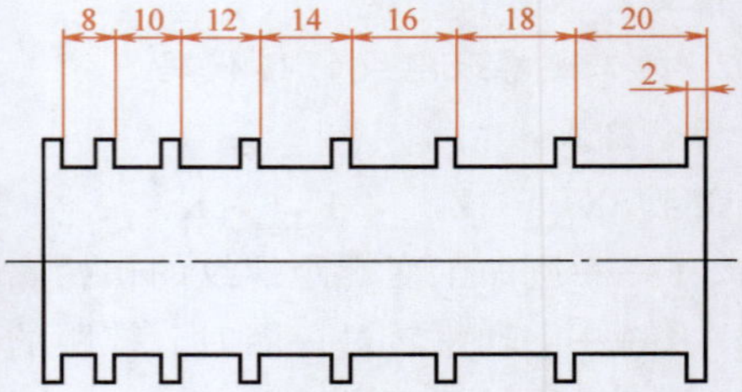

b) 零件图

图 5-19 槽变牙不变

（2）槽变牙不变　图 5-19 所示螺纹槽的螺距由初始时的 18mm（20mm-2mm = 18mm）依次递减为 16mm（18mm-2mm = 16mm）、14mm、12mm…，牙宽尺寸为 2mm。

这种槽变牙不变螺纹加工程序的编写思路如下：

1）深度方向采用分层切削，每切一层深度不断减小。

2）在宽度方向上，通过改变螺纹切削起点的位置来赶刀。

参考程序：

```
O1111;
G21 G40 G97 G99 T0100;
T0101;                      /螺纹刀
S300 M03;
G00 X38. Z21.;              /螺纹循环起点
#1=0.5;                     /第一刀背吃刀量
#2=2.0;                     /牙型高度（半径值）
N1 #2=#2-#1;                /每次切削后的剩余牙高
IF [#2 LE 0.05] GOTO2;      /如果剩余牙高不大于 0.05mm，则转移到 N2 程序段
G00 X [30+2*#2];
G34 Z-100. F20 K-2;
G00 X38.;
Z21.;
#1=0.8*#1;                  /每次背吃刀量为上次的 80%
IF [#1 GE 0.05] GOTO1;      /如果背吃刀量不小于 0.05mm，则转移到 N1 程序段
#1=0.05;                    /否则背吃刀量固定在 0.05mm
GOTO1;                      /转移到 N1 程序段
N2 G00 X30. Z21.;
```

```
G34 Z-100. F20 K-2;
G00 X38.;
Z21.;
#3=0.02;                     /每次进给量
N3 G00 Z [21-#3];            /螺纹起刀点向左移动#3
X30.;
G34 Z-100. F [20-#3] K-2; /螺纹自起刀点开始，每转过一圈，则刀具向右移动#3
G00 X38.;
Z21.;
#3=#3+0.02;
IF [#3 LE 2] GOTO3;
X38.;
Z21.;
M30;
```

5.4　技能训练——车床长丝杠的加工

加工图 5-20 所示的车床长丝杠。

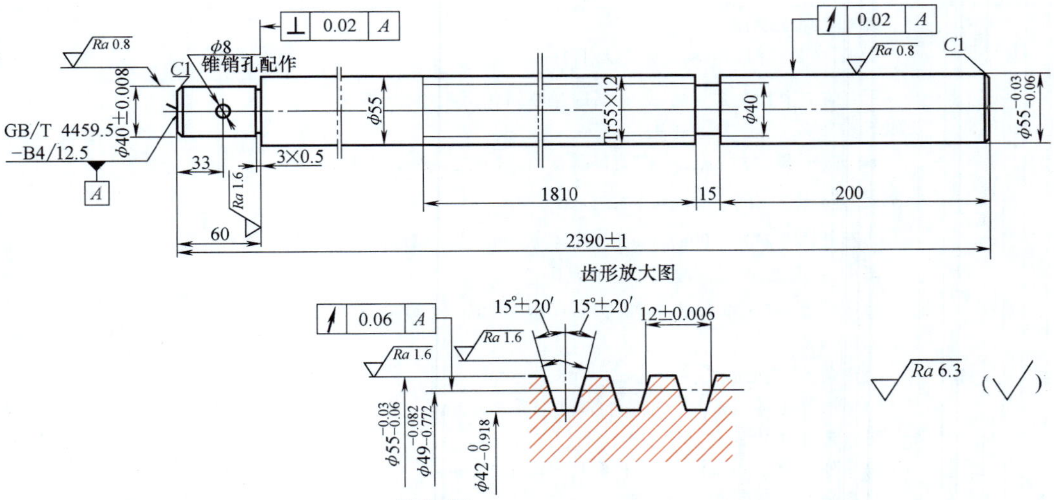

技术要求

1. 螺距累积误差在25内为±0.009，在100内为±0.012，在300内为±0.018，以后每增加300增加±0.005，在全长上不大于±0.04。全长中径尺寸变动允许误差为0.036。
2. 调质235HBW。
3. 材料为40Cr。

图 5-20　车床长丝杠

1. 分析图样

1）丝杠螺距为（12±0.006）mm。螺距累积误差在 25mm 内为±0.009mm，在 100mm 内为±0.012mm，在 300mm 内为±0.018mm，以后每增加 300mm 增加±0.005mm，在全长上不大于±0.04mm。牙型半角允许误差为±20′，全长中径尺寸变动允许误差为 0.036mm。螺纹中径对两端中心孔公共中心线的径向圆跳动公差为 0.06mm。

2）外圆 ϕ（40±0.008）mm、$\phi55^{-0.03}_{-0.06}$mm 对中心孔中心线的径向圆跳动公差为 0.02mm。

3）外圆 ϕ55mm 端面对中心孔中心线的垂直度公差为 0.02mm。

4）主要外圆、螺纹大径及齿面的表面粗糙度值为 $Ra1.6\mu m$。

2. 工件加工

车床长丝杠的机械加工工艺过程见表 5-5。

表 5-5　车床长丝杠的机械加工工艺过程

工序号	工种	工序内容	备注
1	车	（毛坯料若弯曲严重，则不允许冷态校直） 用自定心卡盘夹住一端，另一端用中心架托住 1）车端面，车出即可 2）钻中心孔 ϕ4mm A 型 3）取下中心架，用弹性顶尖顶住一端，并用跟刀架支承 4）粗车外圆 ϕ55mm、$\phi55^{-0.03}_{-0.06}$mm 及 Tr55×12 螺纹大径至 ϕ60mm 5）粗车外圆 ϕ（40±0.008）mm 至 ϕ44mm，长度 60mm 6）调头夹住，用中心架托住，车外圆 ϕ60mm（允许有接刀痕迹）	
2	钳	在无中心孔一端距离端面 15mm 处的 ϕ60mm 外圆上划线，钻工艺孔 ϕ10mm，钻通，备调质处理时垂直吊装用	
3	热处理	调质处理 235HBW 要求：全长径向圆跳动误差不大于 1mm	
4	车	用自定心卡盘夹住一端，另一端用弹性回转顶尖顶住，并用跟刀架支承 1）车外圆 ϕ55mm、$\phi55^{-0.03}_{-0.06}$mm 及 Tr55×12 螺纹大径 $\phi55^{-0.03}_{-0.06}$mm 至 $\phi55.8^{\ 0}_{-0.1}$mm ×2395mm 2）车外圆 ϕ（40±0.008）mm 至 $\phi40.6^{\ 0}_{-0.1}$mm，长度 61mm 调头，一端夹住，另一端用中心架托住 3）车端面，取长度尺寸 $2330^{+0.8}_{\ 0}$mm（即 2330mm＝2390mm－60mm） 4）倒角 $C1$ 至 $C1.5$ 5）钻中心孔 ϕ4mm B 型，表面粗糙度值为 $Ra1.6\mu m$ 用回转顶尖顶住，移动中心架位置 6）车外沟槽 ϕ40mm×15mm，控制长度尺寸 200mm 7）两侧槽口倒角 $C1$ 至 $C1.5$ 8）调头，车至总长尺寸（2390±1）mm 9）钻中心孔 ϕ4mm B 型，表面粗糙度值为 $Ra1.6\mu m$ 10）用回转顶尖顶住，并用中心架支承，车沟槽 3mm×0.5mm（已去除留磨余量） 11）倒角 $C1$	
5	铣	将工件装夹在台面上，轴向定位 在离沟槽 ϕ40mm×15mm 的端面 1810mm 处铣退刀槽 6mm×7mm（备车螺纹时退刀用）	
6	热处理	低温时效处理 要求：全长径向圆跳动误差不大于 0.3mm	

（续）

工序号	工种	工序内容	备注
7	车	一端夹住，一端用中心架支承（两次装夹），修研两端中心孔	
8	磨	工件装夹于两顶尖间，用中心架支承（开式） 粗磨外圆 $\phi55$mm、$\phi55_{-0.06}^{-0.03}$mm 及 Tr55×12 螺纹大径 $\phi55_{-0.06}^{-0.03}$mm 至 $\phi55.4_{-0.05}^{0}$mm 要求：圆柱度误差不大于 0.02mm；全长径向圆跳动误差不大于 0.03mm	
9	车	一端夹住，另一端顶住，找正外圆径向圆跳动不大于 0.05mm，并用跟刀架支承 1）先用刀头宽 5.5mm 的直槽刀车至螺纹中径处，尺寸为 $49_{0}^{+0.1}$mm 2）再用刀头宽 4mm 的直槽刀车至螺纹小径尺寸 $\phi42_{0}^{+0.1}$mm 3）粗车 Tr55×12 螺纹，切削速度 $v_c=5\sim8$m/min，背吃刀量 $a_p=0.05\sim0.2$mm 用 $\phi6.22$mm 量针，三针测量读数值 $M=56.86_{+0.4}^{+0.5}$mm	使用三爪跟刀架支承，支承爪与工件接触松紧适宜是防止工件弯曲变形的关键技术
10	热处理	低温时效处理 要求：全长径向圆跳动误差不大于 0.2mm	
11	车	一端夹住，另一端用中心架支承（两次装夹），修研两端中心孔	
12	磨	工件装夹于两顶尖间，使用中心架（开式）支承（两次装夹） 1）磨外圆 $\phi55$mm 至 $\phi55_{-0.06}^{-0.03}$mm（备导套式跟刀架定位用） 2）磨 Tr55×12 螺纹大径 $\phi55_{-0.06}^{-0.03}$mm、外圆 $\phi55_{-0.06}^{-0.03}$mm 至尺寸 3）调头，磨外圆 $\phi(40\pm0.008)$mm 至尺寸，并光出肩平面 要求：全长径向圆跳动误差不大于 0.03mm	
13	车	工件装夹于两顶尖间，使用导套式跟刀架支承，在丝杠车床上车削 1）用刀头宽 4.2mm 的直槽刀精车螺纹小径尺寸至 $\phi42_{-0.5}^{-0.3}$mm 2）半精车梯形螺纹齿形 3）选用切削速度 $v_c=1\sim3$m/min，背吃刀量 $a_p=0.02\sim0.04$mm，精车梯形螺纹牙型；用 $\phi6.22$mm 量针，三针测量读数及偏差为 $M=56.86_{-0.722}^{-0.082}$mm，全长读数误差不大于 0.036mm	找正两个导套轴线与车床主轴轴线同轴，是精车螺纹达到图样要求的关键技术
14	钳	1）修锉螺纹两端不完整牙 2）必要时，允许对工件进行校直	
15	普	清洗、涂油后用防锈纸包装，并将工件垂直吊挂	

项目 6

畸形工件加工

思维导图：

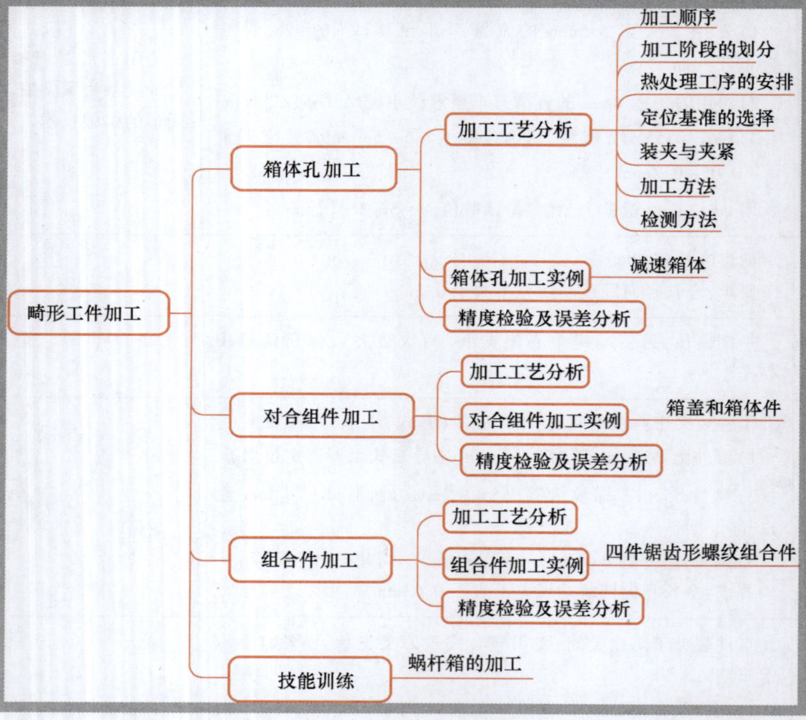

6.1 箱体孔加工

6.1.1 箱体孔加工工艺分析

箱体件在车床上加工的部分主要是平面和孔。通常平面的加工精度较易保证，而精度要求较高的支承孔以及孔与孔间、孔与平面间的相互位置精度则较难保证，往往成为车削过程中的关键。箱体孔工件车削的工艺要点如下。

1. 加工顺序

箱体件一般采用先面后孔的加工顺序。对毛坯首先应进行平面加工，定出基准平面，这样有利于在车床上定位加工。

基准平面的加工可以在车床上进行，但大多数是在铣床或牛头刨床上加工后进行平磨或刮研，以提高定位精度。

2. 加工阶段的划分

根据批量的不同，划分箱体件的加工阶段。

成批量加工箱体孔工件时，一般应将粗、精加工分开进行，这样可以消除由粗加工引起的内应力、切削力、夹紧力以及由切削热引起的弹性变形和热变形对工件加工精度的影响，有利于保证加工质量及机床的合理使用，以提高劳动生产率。

单件小批量生产时，往往将粗、精加工合并进行，这样可以减少设备和夹具的数量，也可减少工件的装夹次数。但在车削加工时，应采取以下措施来保证加工精度。

1）粗加工后应松开工件，使工件的弹性变形得以恢复，内应力相应减小，然后再以较小的夹紧力将工件夹紧，进行精加工。

2）减小切削用量，增加进给次数，以减少切削力和切削热的影响。

3）使工件充分冷却后再进行精加工。

3. 热处理工序的安排

由于箱体件的结构形状奇特，铸造内应力较大，为消除内应力，减少变形，保证精度的稳定性，一般情况下，在铸造之后、机械加工之前应进行一次人工时效处理。对于重要箱体件，在粗加工后还需进行第二次人工时效，以进一步提高箱体件加工精度的稳定性。

4. 定位基准的选择

在车床上加工箱体孔工件时，根据基准的选择原则，应合理地对工件进行定位。对于立体交错孔的车削，一般情况下，多以一个平面（在前道工序中已加工好）为基准，先加工出一个孔，再以这个孔和其端面为基准，或者以孔和原基准平面为定位基准，加工其他交错孔。

为了保证箱体件的加工质量，有时还需要以已加工的孔为基准，对平面进行刮研，以提高定位精度。

5. 箱体件的装夹与夹紧

在车床上加工箱体件时，装夹方法及夹紧力部位的选择相当重要，它是保证箱体件车削精度的重要因素。

车削箱体件上的交错孔时，一般情况下，必须使用车床附件及角铁来装夹，否则很难保证加工精度。必要时，应设计制造专用车床夹具来保证加工质量，特别是批量生产时更为重要。

无论用花盘、角铁装夹，还是使用专用车床夹具，都必须合理选择夹紧力的着力点。选择夹紧力部位时，应考虑以下原则：

1）夹紧力方向尽量与基准平面垂直。

2）夹紧力作用点尽量靠近工件加工部位，这样可以尽量减小夹紧力与切削力之间产生的转矩。如果无法靠近，可采用辅助支承。

3）夹紧力作用点应在实处，切忌径向压在箱体薄壁处，以防止工件变形和不稳固。

另外，装夹工件时，还要考虑加工时的偏重和平衡、花盘平面的找正、角铁平面垂直度的找正等，以避免加工中发生事故和产生质量缺陷。

6. 箱体孔的加工方法

（1）立体交错孔的车削方法　图 6-1 所示箱体为两孔立体交错，并且两中心线在同一平面内的箱体孔工件。工件的加工数量每次为 1~2 件。

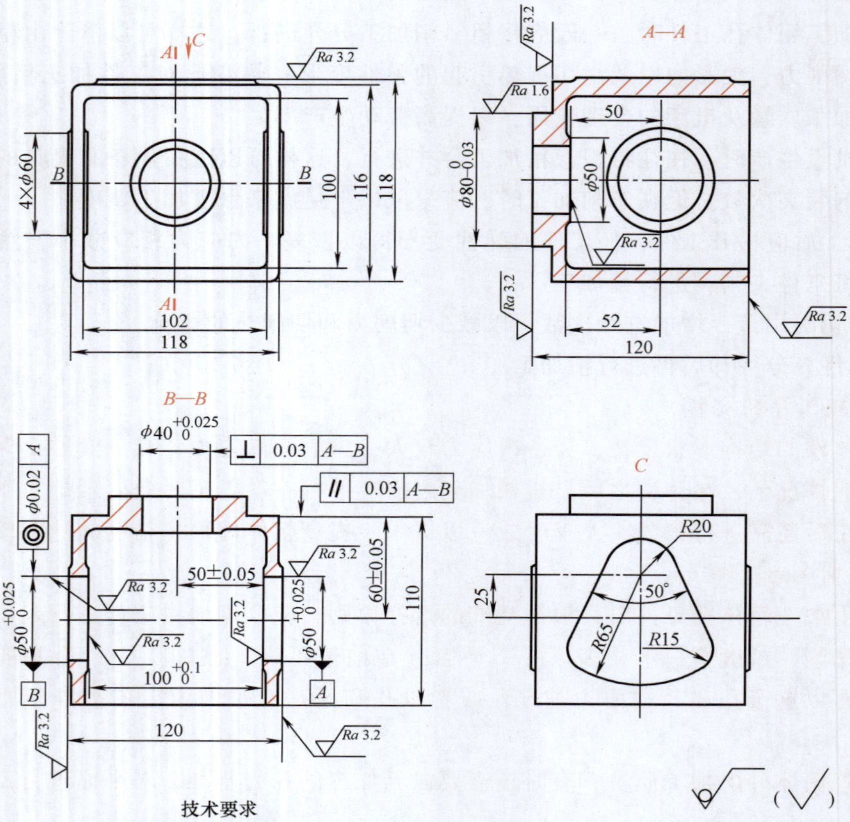

技术要求

1.铸造圆角R3~R5。

2.热处理退火。

3.2×ϕ50H7孔中心线与ϕ40H7孔中心线应在同一平面上，公差为0.03。

4.锐角倒钝。

5.材料为HT200。

图 6-1　箱体

1）工件的加工内容及要求如下：

① C 向视图平面及框面。

② 基准孔 $2\times\phi50^{+0.025}_{0}$mm 及其两端内、外端面，尺寸 120mm、$100^{+0.1}_{0}$mm。

③ 外肩圆 $\phi80^{0}_{-0.03}$mm，其肩平面对基准孔公共中心线的平行度公差为 0.03mm。

④ 孔 $\phi40^{+0.025}_{0}$mm 中心线与右端基准孔内端面的轴向距离为（50±0.5）mm，对两基准孔公共中心线的垂直度公差为 0.03mm。

⑤ 两基准孔公共中心线与孔 $\phi40^{+0.025}_{0}$mm 中心线应在同一平面上，公差为 0.03mm。

2）两立体交错孔的车削方法。根据箱体件的外形及技术要求，车削方法如下：

① 为了在车削时便于找正工件外形，一般先进行划线，即划出框面尺寸线、两基准孔公共中心线、$\phi40^{+0.025}_{0}$mm 孔中心线及 C 向视图平面尺寸线 118mm。

② 根据图样要求，应先以框面为基准面，将工件装夹在花盘角铁上车削基准孔 $2\times\phi50^{+0.025}_{0}$mm，然后以基准孔及框面为精基准，将工件装夹于花盘角铁上车削外肩圆 $\phi80^{0}_{-0.03}$mm 及孔 $\phi40^{+0.025}_{0}$mm。用这种方法定位，虽符合定位基准与设计基准统一原则，但测量尺寸 $100^{+0.1}_{0}$mm 及控制装夹尺寸（50±0.05）mm 比较困难，难以保证加工质量。因此采用基准互换原则，先车削外肩圆及 $\phi40^{+0.025}_{0}$mm 孔，再以外肩圆及肩平面为定位基准，将工件装夹在花盘角铁上车削基准孔，这样便于测量及控制尺寸。

③ 车削外肩圆及 $\phi40^{+0.025}_{0}$mm 孔时，选择 C 向视图扇形平面及框面作为定位基准，将工件装夹在花盘角铁上。因此，应先对扇形平面及框面按划线进行铣（或牛刨）加工，并对扇形平面进行平磨加工，加工后扇形平面的平面度误差应不大于 0.01mm，表面粗糙度值为 $Ra1.6\mu m$，并且其与框面的垂直度误差不大于 0.02mm。

④ 车削外肩圆及 $\phi40^{+0.025}_{0}$mm 孔的定位与夹紧方法如图 6-2 所示，找正方法如下：

a. 根据公式 $h=H-D/2$，用专用心轴及量块调整角铁平面至与主轴轴线的距离 60mm [即 60mm = 116mm/2 + (118mm−116mm)]。未注公差尺寸按 IT12 加工，则尺寸 60mm 的极限偏差为±0.015mm，按公差的 1/3～1/2 选取，则应找正至（60±0.05）mm。

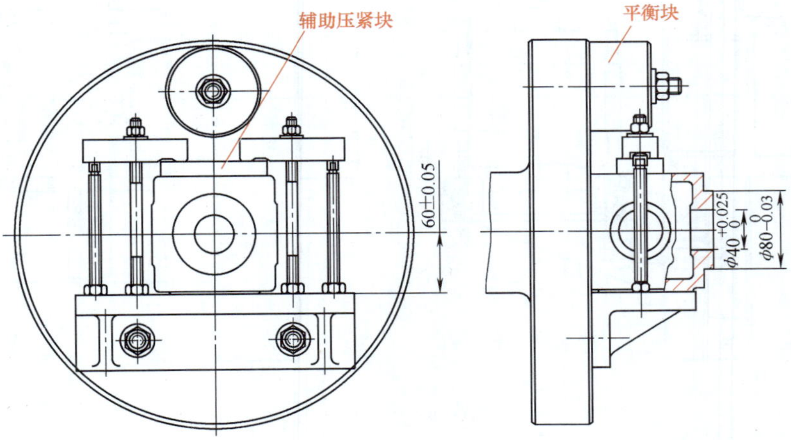

图 6-2　箱体装夹在花盘角铁上车削外肩圆及孔

b. 找正工件垂直轴线。找正时，用后顶尖调整划针中心高。将工件转 90°，水平移动划线盘，使工件垂直轴线处于水平位置，移动工件，使垂直轴线与划针等高，轻压工件；然后把花盘回转 180°，再水平移动划线盘，检查划线与划针是否等高，如果不等高，可把划针调整至划线与原划针距离的一半，再按上面的方法把工件垂直轴线逐步调整至与主轴轴线等高，用压板压紧工件。

为防止工件装夹变形，应使压板压紧力垂直作用在工件壁上，所以在压板与工件之间增加一辅助压紧块，使压板压紧在辅助压紧块上。

当工件加工数量较多时，工件找正后，可在花盘或角铁上装一定位销（块）紧靠工件侧面，以后车削第二个工件时便不需再找正。

⑤ 在一次装夹中车削下列各面：

a. 车端面，尺寸为 120mm。

b. 车外肩圆 $\phi80_{-0.03}^{0}$mm 至尺寸，控制尺寸 110mm。

c. 粗、精车孔 $\phi40_{0}^{+0.025}$mm 至尺寸。

d. 用内沟槽车刀车内端面至尺寸 20mm［即 20mm =（120mm - 110mm）+（60mm - 50mm）］。

e. 锐角倒钝。

⑥ 车削基准孔 $2\times\phi50_{0}^{+0.025}$mm 时，工件以外肩圆 $\phi80_{-0.03}^{0}$mm 及肩平面为定位基准，装夹于花盘角铁上，如图 6-3 所示。角铁在花盘面上中心位置的找正方法如下：

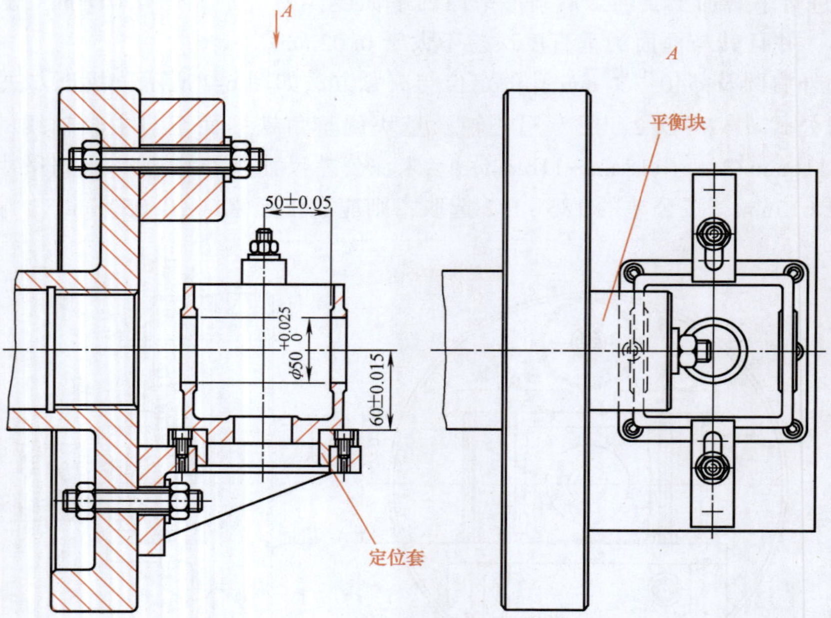

图 6-3　箱体装夹在花盘角铁上车孔

a. 先在角铁面上装一定位套（定位套内孔精度为 IT6 公差等级，与工件外肩圆为间隙配合），并用螺钉固定，检查定位套端面与角铁平面的平行度误差，应不大于 0.005mm，若达不到要求，应给予修正。

b. 根据公式 $h=H-D/2$，用专用心轴及量块调整角铁上定位套端面至主轴轴线的距离（60±0.015）mm。并在角铁底平面装一平尺，以调整定位套轴线与主轴轴线在同一平面上。

c. 找正定位套轴线与主轴轴线在同一平面上的方法：将角铁转 90°，使定位套轴线处于水平位置，用指示表检查并记录读数。使花盘转动 180°，用同样的方法使定位套轴线处于水平位置，观察指示表读数与上次读数是否相同，如果读数不相同，应反复找正至与指示表读数相同，并固定角铁位置。

d. 装上工件，用直角尺找正工件侧面外形与花盘垂直，用压板固定工件，使用平衡块平衡后即可车削下列各部尺寸：车端面、尺寸 60mm；粗、精车孔 $2\times\phi50_{0}^{+0.025}$mm 至尺寸；用内沟槽直槽车刀车右端孔内端面至尺寸（50±0.05）mm；把内沟槽直槽车刀刀头装于刀杆内，分别车左端孔内、外端面至尺寸 $100^{+0.1}_{0}$mm、120mm；锐角倒钝。

（2）与回转轴线垂直且偏心的箱体孔的车削方法

图 6-4 所示的蜗轮箱体是两孔中心线垂直且偏心的箱体件，工件材料为灰铸铁 HT250，加工数量为单件或小批量。

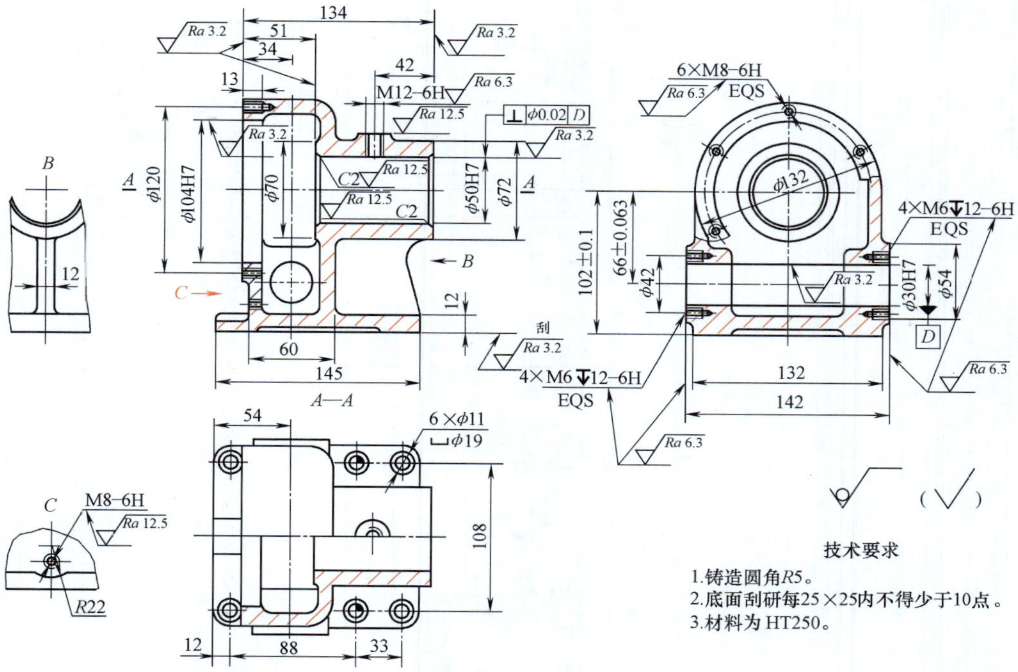

图 6-4　蜗轮箱体

1）蜗轮箱体件的加工内容及要求。

① 145mm×132mm 底平面，并应刮研至每 25mm×25mm 内不少于 10 点。

② 基准孔 2×ϕ30H7。

③ 孔 ϕ104H7、ϕ50H7 公共中心线与底平面相距（102±0.1)mm、与基准孔中心线相距（66±0.03)mm；两中心线的垂直度公差为 ϕ0.02mm。

2）蜗轮箱体孔的装夹与车削方法。

① 车削前应完成下列工序：

a. 对铸件进行清理，并对不加工表面涂防锈漆。

b. 划线，划出底平面尺寸线。

c. 根据划线铣（或牛刨）底平面。

d. 刮研底平面，每 25mm×25mm 内不少于 10 点。

e. 划钻底平面孔 6×ϕ11mm，锪平 ϕ19mm 至尺寸，工艺要求中间两孔钻 $\phi11^{+0.1}_{0}$mm（图 6-4 中标有记号的孔），中心距尺寸至（108±0.05)mm，备定位用。

② 对图样进行分析，应先车削孔 ϕ104H7、ϕ50H7，定位基准选用底平面及中间两孔，即一面两销定位（一个圆柱销、一个削边圆柱销）。将工件装夹在花盘角铁上，装夹方法如图 6-5 所示。角铁在花盘面上装夹位置的找正方法如下：

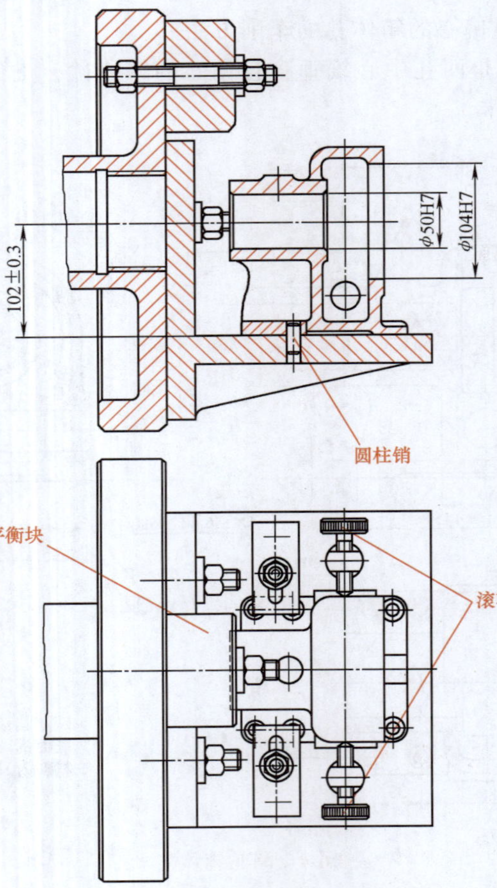

图 6-5　在花盘角铁上用一面两销定位方法装夹蜗轮箱体

a. 根据公式 $h=H-D/2$，用专用心轴及量块调整角铁平面与主轴轴线间的距离至（102±0.02）mm，并在角铁底平面装一平尺，用以找正角铁水平，作为定位基准使用。

b. 找正角铁上两定位销孔对车床主轴轴线的对称性，方法是先在角铁上两定位销孔内装上两根测心轴（心轴的一端做成小锥度，以保证与孔无间隙配合；另一端做成等直径尺寸，供测量用）。

c. 转动花盘，使角铁面与主轴轴线垂直，用指示表找正心轴处于水平位置，并记录指示表读数。

d. 指示表不动，用床鞍退出，使花盘转动 180°，按上面的方法使另一心轴处于水平位置，记录指示表读数，比较两者读数是否一致，如果不一致，则应逐步找正至读数一致，并固定角铁。

e. 把心轴从角铁销孔中取出，装上两定位销（注意削边圆柱销的削边方向）。装上工件后，用压板固定工件，为保证车削时稳定，不易产生振动，用两只滚花螺钉支承蜗轮箱体，装平衡块平衡后进行车削。

③ 工件的车削步骤：

a. 根据划线，粗、精车 $\phi132$mm 端面。

b. 车孔 $\phi50$H7 内端面至尺寸 51mm。

c. 粗、精车孔 $\phi104$H7 ($^{+0.035}_{0}$) 至尺寸。

d. 车孔 $\phi50$H7 至 $\phi49.8^{+0.05}_{0}$mm。

e. 孔口倒角 $C2$。

f. 用可浮动铰刀铰孔 $\phi50$H7 ($^{+0.025}_{0}$) 至尺寸。

g. 卸下工件，改用软卡爪支承孔 $\phi104$H7，车毛坯外圆 $\phi72$mm 端面至尺寸 134mm。

④ 车孔 $\phi30$H7 时的定位与夹紧。工件以 $\phi132$mm 端面及孔 $\phi50$H7 为定位基准，装于角铁心轴上，装夹方法如图 6-6 所示。

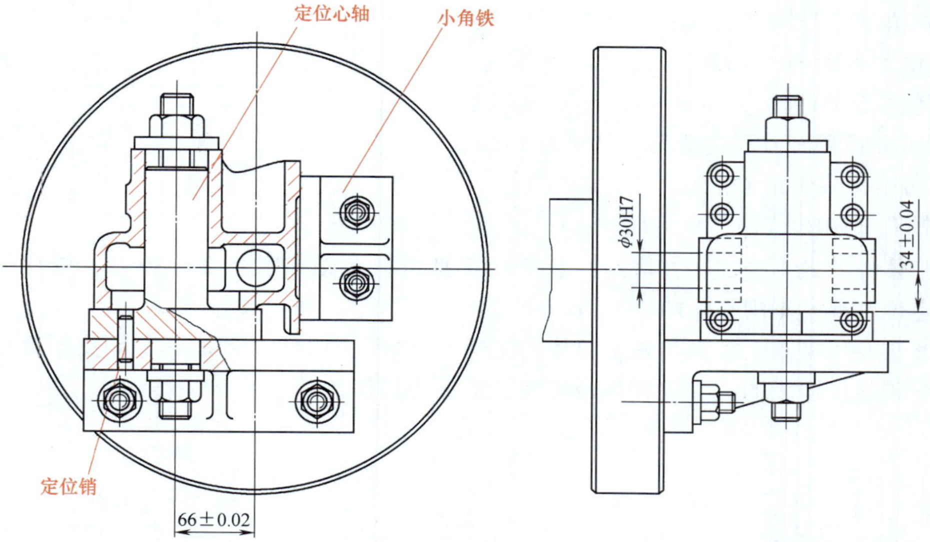

图 6-6 在花盘角铁上车削蜗轮箱体孔

找正角铁在花盘面上位置的方法如下：

a. 根据公式 $h=H-D/2$，采用专用心轴及量块找正角铁平面至主轴轴线的距离 34mm。未注公差尺寸极限偏差按 IT12 加工，则 34mm 的极限偏差为±0.0125mm，按尺寸公差的 1/3 ~1/2 选取，则找正至（34±0.04）mm。在角铁底平面装一平尺，用以找正定位心轴轴线与主轴轴线之间的距离。

b. 找正定位孔与主轴轴线间的距离。方法是在角铁上装一根与孔 $\phi50$H7 配合的定位心轴，并在车床主轴锥孔内装一根专用心轴，心轴对主轴回转轴线的径向圆跳动误差不大于 0.01mm，用外径千分尺测量两心轴的中心距（图 6-7），测量尺寸 M 的计算公式为

$$M=L+\frac{D+d}{2} \tag{6-1}$$

式中 L——两孔中心距（mm）；

D——主轴专用心轴直径的实际尺寸（mm）；

d——定位心轴被测部分直径的实际尺寸（mm）。

已知 L = 66mm，D = 30.005mm，d = 49.995mm

则 $$M=66\text{mm}+\left(\frac{30.005+49.995}{2}\right)\text{mm}=106\text{mm}$$

按尺寸极限偏差 ±0.063mm 的 1/5～1/3 选取测量公差，即测量尺寸 $M=(106\pm0.015)$ mm。

c. 装上工件，根据六点定位原则，一个端面与较长心轴的定位，已属重复定位，但由于端面与孔在一次装夹中车出，对提高定位精度有利。工件的旋转自由度可通过在花盘面上装一小角铁来限制。用平衡块平衡后，即可进行车削。

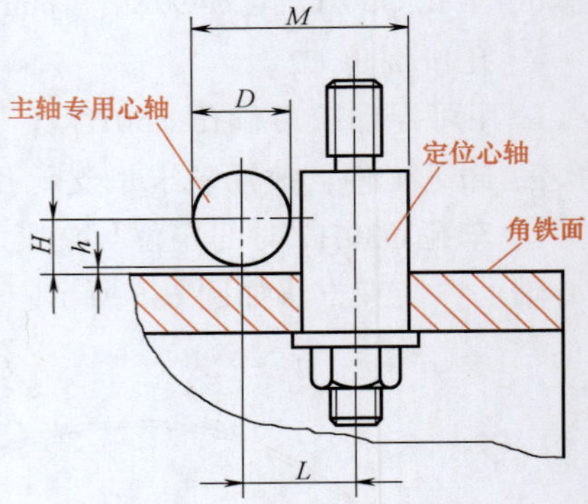

图 6-7 定位心轴的测量方法

⑤ 工件的车削步骤如下：

a. 车端面，尺寸为 54mm。

b. 钻孔 ϕ28mm，钻通。

c. 车孔至 $\phi29.8^{+0.05}_{0}$ mm。

d. 用自磨刮面刀刮左端面，尺寸为 142mm。

e. 两端孔口倒角 C0.5。

f. 铰孔 ϕ30H7 ($^{+0.21}_{0}$) 至尺寸。

此箱体件的另一种加工方法是，装夹在花盘角铁上先车削孔 2×ϕ30H7，然后以孔及底平面为定位基准，车削孔 ϕ104H7、ϕ50H7。

(3) 在专用夹具上装夹与调整箱体孔工件的方法　图 6-8 所示的蜗杆副支架是由两部分旋转体交错连接而成的。工件材料是铸铁，毛坯为铸件。

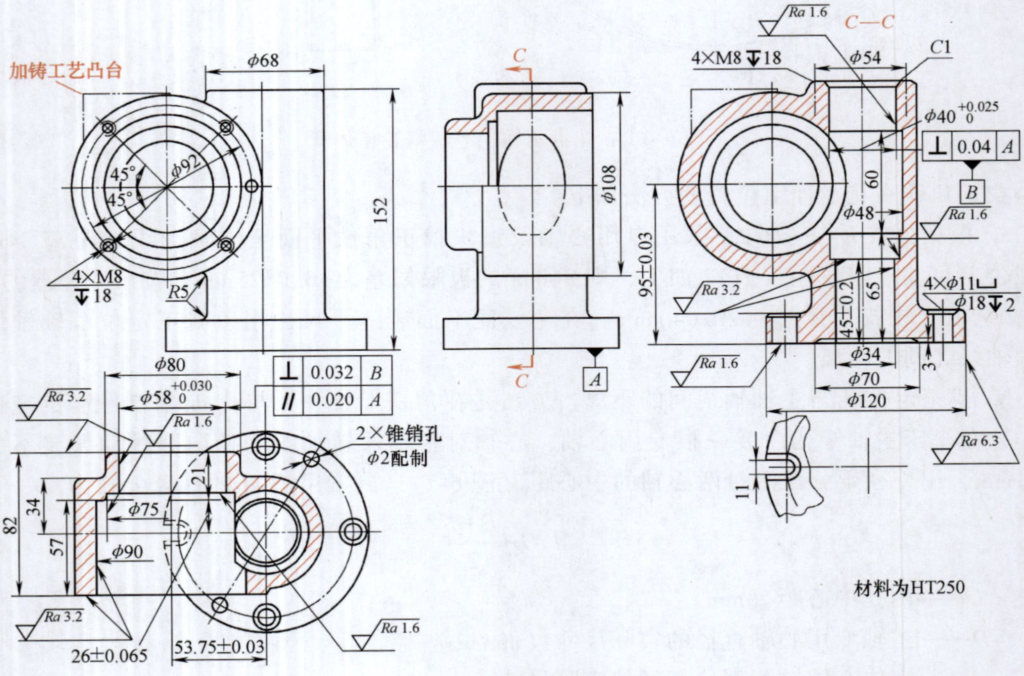

图 6-8 蜗杆副支架

1）图样分析。

① 工件由两部分旋转体交错连接而成，蜗轮室外壳部分与主体部分（安装蜗杆部分）在空间三个坐标方向的位置尺寸都有很高的精度要求，即（26±0.065）mm、（95±0.03）mm、（53.75±0.03）mm。

② 两交错孔中心线的位置精度要求也相当高。如基准孔 $\phi40^{+0.025}_{0}$mm 中心线对基准端面 *A* 的垂直度公差为 0.04mm。蜗轮室孔 $\phi58^{+0.030}_{0}$mm 中心线对基准孔 *B* 中心线的垂直度公差为 0.032mm，对基准端面 *A* 的平行度公差为 0.020mm。

2）定位精基准的选择。从工件图样可以看出，$\phi40^{+0.025}_{0}$mm 孔及主体部分的底平面是设计基准，两交错连接体的位置公差及三个坐标方向的位置尺寸都与设计基准相关。根据基准重合原则，应优先考虑以这两个表面为精加工的精基准。为此，应先把它们加工出来。由于孔 $\phi40^{+0.025}_{0}$mm 不能与底平面在同一次装夹中加工，因此应给孔 $\phi34$mm 确定工艺公差（$^{+0.16}_{0}$）mm，以便取代孔 $\phi40^{+0.025}_{0}$mm 做精基准。

3）车孔 $\phi34$mm 及主体部分底平面时的装夹与调整。为了便于用单动卡盘夹住工件，所以加铸工艺凸台（图 6-8 中轮廓线）。找正时，根据粗基准的选择原则，应找正 $\phi68$mm 外圆毛坯面（不加工面），使加工后的孔 $\phi34$mm、$\phi40^{+0.025}_{0}$mm、$\phi48$mm 与毛坯外圆 $\phi68$mm 保持同轴，以防止主体部分孔壁厚薄不均匀。有凸出的蜗轮室外壳的妨碍，会使找正工作无法进行，因此在加工前应先划线，为找正提供依据。

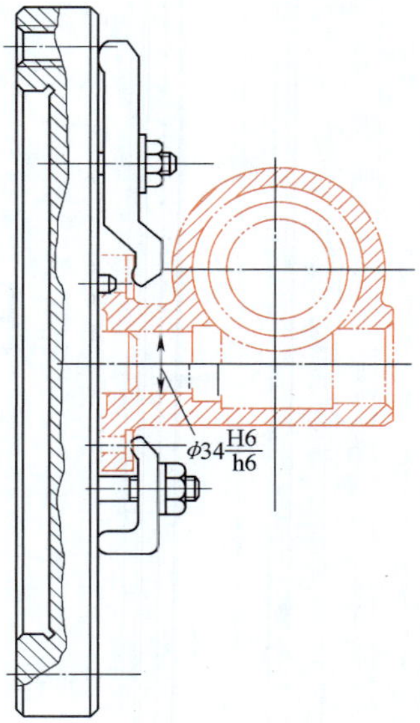

图 6-9　在专用夹具中车削 $\phi40^{+0.025}_{0}$mm

4）车孔 $\phi40^{+0.025}_{0}$mm 时的装夹。精车孔 $\phi40^{+0.025}_{0}$mm 的专用夹具如图 6-9 所示。工件以主体部分的底平面和孔 $\phi34^{+0.016}_{0}$mm 为精基准。将夹具装到花盘面上后，只要找正夹具外圆或定位轴外圆即可进行车削。

5）车削蜗轮室孔 $\phi58^{+0.030}_{0}$mm 及 $\phi90$mm 时的装夹。车削蜗轮室孔的专用夹具如图 6-10 所示。该夹具的装夹与调整方法如下：

① 为使蜗轮室中心线与主体部分底平面上的孔 4×$\phi11$mm 保持正确位置，夹具上装有定位销 5 加以控制。

② 由夹具图可知，蜗轮室孔 $\phi58^{+0.030}_{0}$mm 的中心线与 $\phi40^{+0.025}_{0}$mm 孔中心线间的距离（53.75±0.03）mm，以及底平面的中心高（95±0.03）mm 均由夹具保证，但内孔 $\phi75$mm 底平面至 $\phi40^{+0.025}_{0}$mm 孔中心线的距离（26±0.065）mm 不能由夹具直接保证。为此，应通过尺寸链计算，谋求间接保证该距离尺寸的具体办法。同时，车削内孔 $\phi75$mm 底平面时，尺寸（26±0.065）mm 的测量基准应是 $\phi40^{+0.025}_{0}$mm 的中心线，但这样不易测量。因此，在夹具体 1 上设置了一个辅助测量基准元件 6，该元件端面到定位心轴 3 中心线的距离是 35mm（公称尺寸），该元件端面至内孔 $\phi75$mm 底平面距离的公称尺寸是 61mm，这些尺寸是在车削过程中控制的。

③ 内孔 $\phi75$mm 底平面、定位心轴中心线及辅助元件端面之间形成的尺寸链如图 6-11

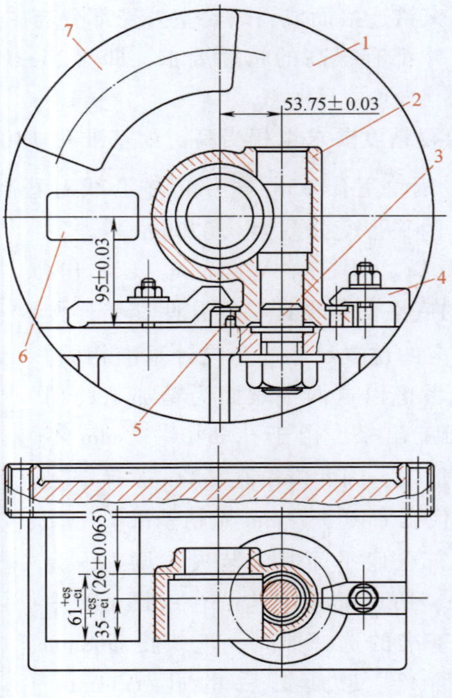

图 6-10　在专用夹具上车削蜗轮室孔

1—夹具体　2—工件　3—定位心轴　4—夹紧装置

5—定位销　6—辅助测量基准元件　7—平衡块

所示。

尺寸（26±0.065）mm 的原设计基准是 $\phi40^{+0.025}_{0}$mm 孔的中心线，由于前道工序加工 $\phi40^{+0.025}_{0}$mm 时，与孔 $\phi34^{+0.016}_{0}$mm 不是在同一次装夹中进行的，因此两孔间会产生回转基准位移误差（两中心线偏差）。定位心轴直径为 $\phi34^{0}_{-0.016}$mm，则基准位移误差为

$$\Delta W=\frac{T_h+T_s+X_{min}}{2}=\frac{0.016mm+0.016mm}{2}=0.016mm$$

即孔 $\phi34^{+0.016}_{0}$mm 对孔 $\phi40^{+0.025}_{0}$mm 中心线的最大位移量为 ±0.016mm。这样 $\phi40^{-0.025}_{0}$mm 孔的中心线相对于孔 $\phi75$mm 底平面的最大位移量为±0.016mm+(±0.013)mm=±0.029mm，这一位移也给加工尺寸（26±0.065)mm 带来了误差，必须考虑进去。

④ 尺寸链的计算。考虑到尺寸 35mm 是夹具元件间的尺寸，其公差应尽可能少分配，现给定为 0.02mm（上、下极限偏差取±0.01mm）。从图 6-11 中可知，尺寸（26±0.065）mm 为封闭环，夹具调整尺寸及基准位移误差为减环，加工时测量尺寸为增环。测量尺寸及其极限偏差根据式（1-7）、式（1-8）计算，即

$$\begin{aligned}A_{1max}&=A_{0max}+A_{2min}\\&=26.065mm+34.961mm\\&=61.026mm\end{aligned}$$

$$
\begin{aligned}
A_{1\min} &= A_{0\min} + A_{2\max} \\
&= 25.935\text{mm} + 35.039\text{mm} \\
&= 60.974\text{mm}
\end{aligned}
$$

因此，车削时，测量辅助基准元件端面到内孔 $\phi75$mm 底平面的测量尺寸为（61±0.026）mm。

控制尺寸（26±0.065）mm 的方案并非仅此一种，读者可自行设计其他方案。

⑤ 蜗轮室各部分的车削方法：

a. 以测量辅助基准元件平面为对刀基准面，车孔 $\phi90$mm 端面。

b. 粗、精车孔 $\phi58^{+0.030}_{0}$mm 至尺寸。

c. 用内沟槽车刀车外圆 $\phi80$mm 端面，尺寸为 82mm。

d. 车台阶孔 $\phi75$mm 及底平面至尺寸，以测量辅助基准元件平面为测量基准，用深度千分尺测量，测量尺寸为（61±0.026）mm。

e. 车孔 $\phi90$mm 至尺寸，深度为 57mm。

f. 倒角。

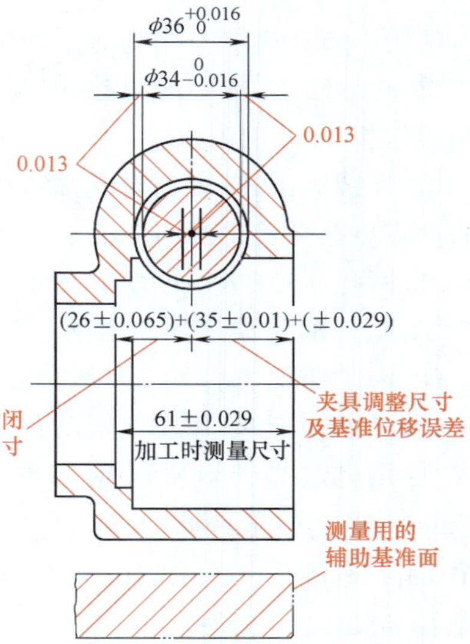

图 6-11　蜗轮室尺寸链图

（4）锥齿轮座工件的车削　图 6-12 所示锥齿轮座是两孔中心线在同一平面内垂直交错，且外形不规则的畸形工件。工件毛坯类型为铸件。

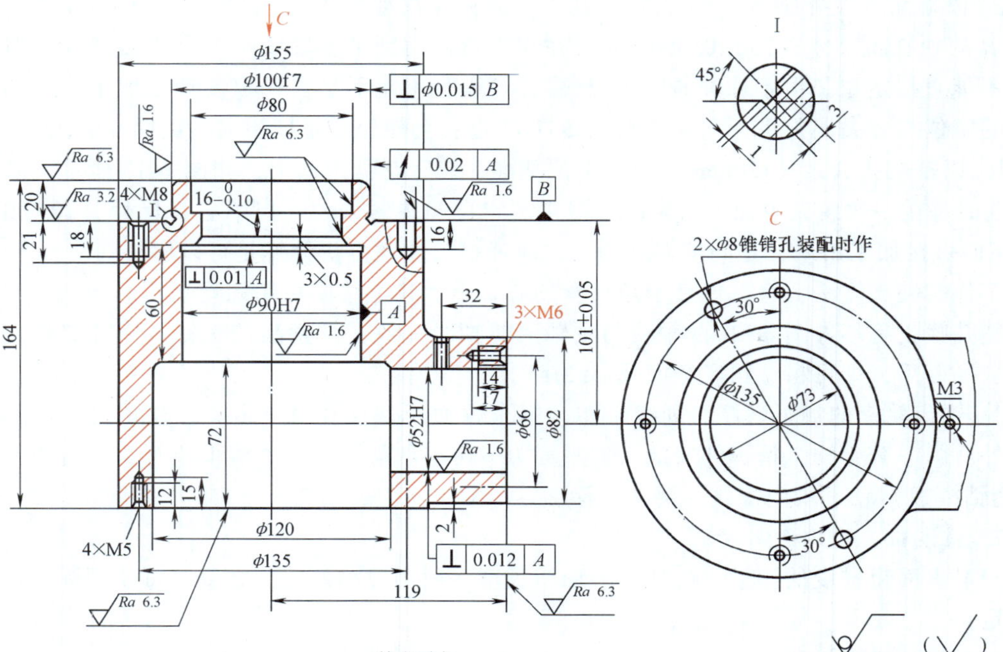

技术要求

1.孔φ52H7中心线与孔φ90H7中心线在同一平面内，公差为0.05。

2.锐角倒钝。

图 6-12　锥齿轮座

1）工件的加工精度。

① 孔 ϕ52H7 中心线到肩平面 *B* 的孔距尺寸为（101±0.05）mm。

② 孔 ϕ52H7 中心线与孔 ϕ90H7 中心线在同一平面度公差为 0.05mm，且两孔中心线的垂直度公差为 0.012mm。

③ 外圆 ϕ100f7 表面对孔 ϕ90H7 中心线的径向圆跳动公差为 0.02mm，其轴线对肩平面 *B* 的垂直度公差为 ϕ0.015mm。

④ 两孔 ϕ52H7、ϕ90H7 及外圆 ϕ100f7 的表面粗糙度值为 *Ra*1.6μm。

2）工件的装夹及加工方法。

① 为了使加工后的工件外形正确，一般需先进行划线，以 ϕ82mm 及 ϕ155mm 外圆轴线（不加工表面）为粗基准，划出孔 ϕ52H7 的中心线及端面线；划出孔 ϕ120mm 的端面线。

② 用自定心卡盘夹住毛坯外圆，根据划线找正后，粗、精车孔 ϕ120mm 端面；车孔 ϕ73mm；粗、精车孔 ϕ90H7（$^{+0.035}_{0}$），车内端面时，其与孔中心线的垂直度误差不大于 0.01mm。车削后，孔 ϕ120mm 端面与基准孔 *A* 中心线的垂直度误差应不大于 0.012mm，备车削孔 ϕ52H7 定位用。

为车削孔 $\phi80\times16^{0}_{-0.10}$mm 及粗车外圆 ϕ100f7×20mm 时软卡爪反撑用，应对 ϕ120mm×72mm 做刀具检查。

③ 工件以孔 ϕ90H7 及 ϕ120mm 端面为定位基准，装于胀力心轴上，精车端面及外圆 ϕ100f7×20mm。

④ 车削 ϕ52H7 孔时，为了达到位置公差要求，一般可安装在花盘角铁上车削（大批量生产时可用专用夹具）。此时的装夹方法一般有以下两种：

a. 以端面 *B* 及外圆 ϕ100f7 为定位基准，装夹在花盘角铁上。这时，孔 ϕ52H7 中心线到端面 *B* 的中心高尺寸（100±0.05）mm 可在找正角铁面到主轴轴线距离时直接得到，但基准孔 *A* 不能直接定位。由于外圆 ϕ100f7 及端面与基准孔 *A* 不是在一次装夹中加工出来的，其造成的定位与装夹误差将一并反映到孔 ϕ57H7 上，会使位置精度不易达到图样要求。

b. 以基准孔 *A* 及 ϕ120mm 端面为定位基准，装于花盘角铁上，如图 6-13 所示，基准孔 *A* 与端面是在一次装夹中加工出来的，减少了定位与夹紧误差。但中心高尺寸（101±0.05）mm 不能直接加工出来，是间接得到的，这时通过尺寸链分析计算是可以解决的。

工件的装夹方法：将工件套于角铁座的心轴上，装上垫圈后用螺母轻压。用两只滚花螺钉调整并找正毛坯外圆 ϕ82mm 轴线与主轴回转轴线一致，拧紧滚花螺钉、压紧螺母，装上平衡块平衡后，即可粗、精车端面及 ϕ52H7 孔。

3）锥齿轮座的加工顺序。划线→粗、精车端面及基准孔 *A*→调头，车端面、台阶孔及粗车外肩圆→套心轴，精车外肩圆及肩平面 *B*→在花盘角铁上粗、精车端面及交错孔→划线（或套钻模板）钻、攻内螺纹→清洗、涂油。

7. 箱体孔工件的检测方法

（1）表面粗糙度的测量　各加工表面粗糙度一般用目测评定，必要时可使用标准样块对比确定。

（2）尺寸精度检测

1）孔径尺寸精度检测。一般精度的孔径尺寸可用游标卡尺检测；对孔径精度要求高时，可用孔用光面塞规（塞规的结构形式有套式塞规、单头全形塞规、双头不全形塞规

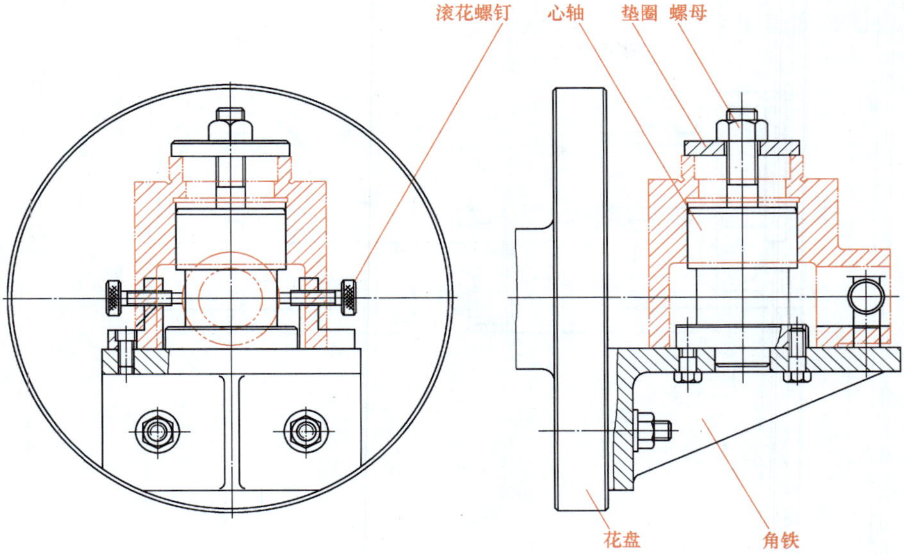

图 6-13　在花盘角铁上车削锥齿轮座

及带柄不全形塞规等）检测。对于需要记录具体误差数值的孔径，可用内测千分尺、内径千分尺或用内径指示表（分度值为 0.001mm）等量具测量。

2）孔深度尺寸精度检测。对于一般精度的孔深尺寸，可用 I 型游标卡尺的深度尺或游标深度卡尺测量；有精度要求的孔深可用深度千分尺测量。

3）两平行孔中心线距的测量。当两平行孔中心线距的精度要求不高时，可直接用游标卡尺测量（图 6-14a）；当两平行孔中心线距精度要求较高时，可用测量心轴和外径千分尺配合测量（图 6-14b）。中心线距 A 的计算式为

$$A=L_1+\frac{d_1+d_2}{2} \text{或} A=L_2+\frac{d_1+d_2}{2} \qquad (6\text{-}2)$$

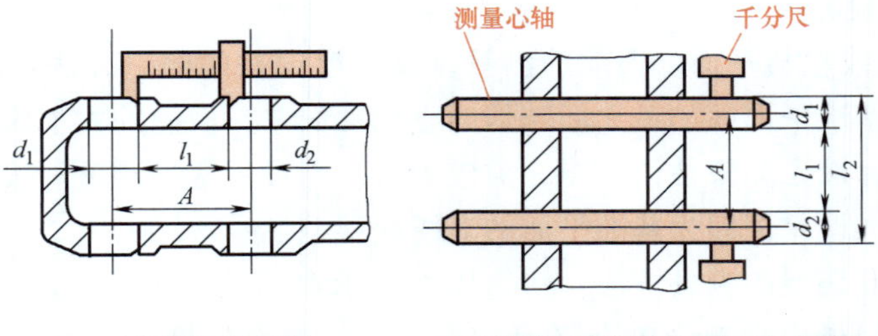

a) 用游标卡尺测量　　b) 用测量心轴及外径千分尺配合测量

图 6-14　两平行孔中心线距的测量

当两孔中心线垂直交错时，其距离可用测量心轴、指示表（分度值为 0.001mm）及量块组合测量，测量方法如图 6-15 所示。将箱体装于测量平板的可调支承座上，把测量心轴套入箱体孔内，用指示表找正测量心轴素线与测量平板平行，使可调整量规面与测量心轴素线等高。然后用杠杆指示表找出上孔下素线（注意孔中心线应与平板平行），记录指示表读

数，将计算后的量块组置于可调整量规面上，移动指示表于量块面上，观察指示表读数与之前的指示表读数之差是否在中心线距公差范围内。

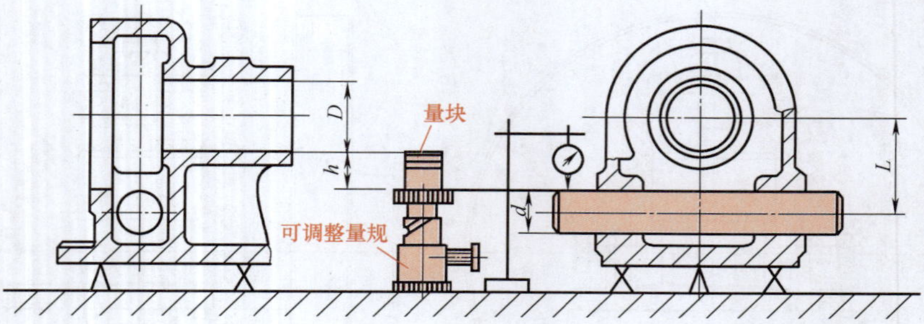

图 6-15　用测量心轴、指示表、量块组合测量立体交错孔中心线距

量块组尺寸的计算公式为

$$h=L-\frac{D+d}{2} \tag{6-3}$$

式中　D、d——实测尺寸。

4）孔中心线与基准面距离的测量。测量方法如图 6-16 所示。用杠杆指示表找出孔的下素线，并记录读数，将计算后的量块组置于测量平板上，移动指示表于量块面上，这时指示表读数与之前指示表读数之差即为中心线与基准面距离的加工误差。

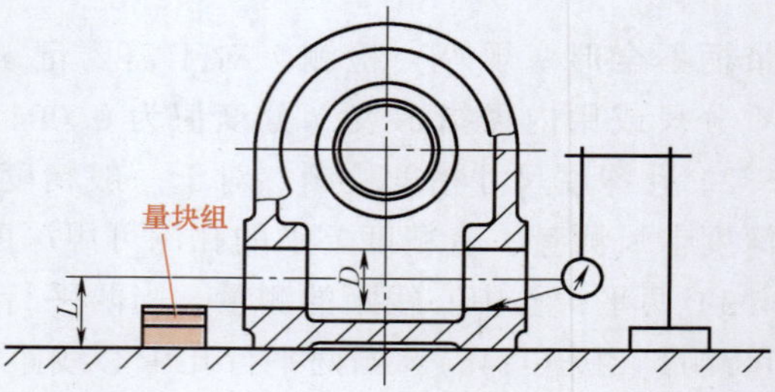

图 6-16　孔中心线与基准面距离的测量

量块组尺寸的计算公式为

$$h=L+\frac{D}{2} \tag{6-4}$$

式中　D——实测尺寸。

（3）几何精度检测

1）基准平面直线度与平面度误差的测量。直线度误差的测量方法：将平尺与基准平面接触，此时平尺与基准平面间的最大间隙即为直线度误差，误差的大小应根据光隙测定。当光隙较小时，可按标准光隙来估读；当光隙较大时，则可用塞尺测量。按上述方法测量若干条素线，其中的最大误差值即为基准平面的直线度误差。

基准平面平面度误差的测量方法：将箱体件支承在测量平板上，调整平面上最远三点，使其与平板等高。用指示表测量整个平面，指示表的最大与最小读数之差近似为平面度误差。也可用涂色法测量，根据接触面积估读。

2）同轴度误差的测量。常用的测量方法是用专用同轴度量规进行综合测量，量规的直径为孔的实效尺寸，如果能自由通过同中心线的各孔，则表明孔的同轴度误差符合图样要求。

当精度要求较低时，可在通用测量心轴上配置测量套进行测量，如图 6-17 所示。

需要记录具体同轴度误差值时，可采用图 6-18a 所示的方法。把工件置在测量平板上，固定于可调支承座上，将测量心轴与孔做成无间隙配合插入孔内，用指示表找正基准轴线与平板平行。在靠近被测孔端的 A、B 两点处进行测量，并分别求出这两点与高度（$L+d/2$）的差值 f_{AX} 和 f_{BX}。然后把工件翻转 90°，按上述方法测取 f_{AY} 和 f_{BY}，则 A 点处的同轴度误差为 $f_A=2\sqrt{(f_{AX})^2+(f_{AY})^2}$，$B$ 点处的同轴度误差为 $f_B=2\sqrt{(f_{BX})^2+(f_{BY})^2}$，取其中的较大值作为被测孔的同轴度误差。也可使用图 6-18b 所示的方法进行测量。

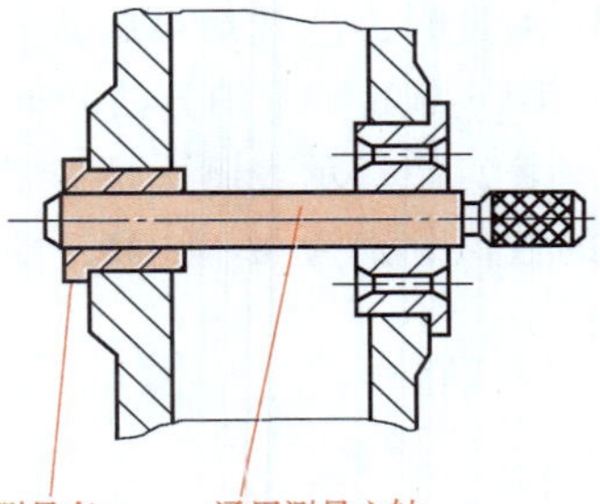

图 6-17　配置测量套测量同轴度误差

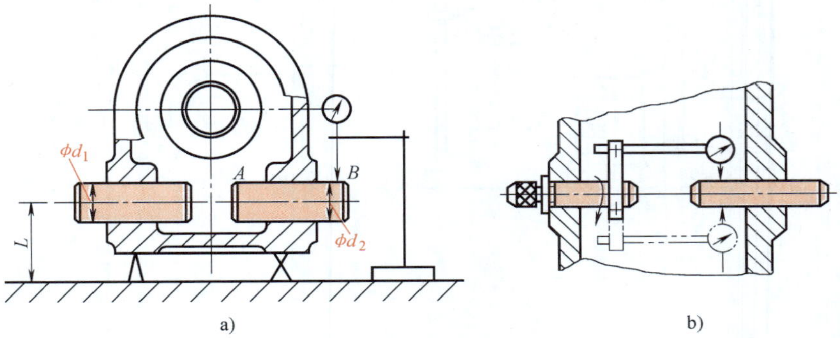

图 6-18　同轴度误差的测量

3）孔中心线与基准面平行度误差的测量。测量方法如图 6-19 所示。将箱体置于测量平板上，并在孔内插入测量心轴，被测中心线由测量心轴模拟。指示表在测量心轴两端距离为 L_2 的位置上测得读数分别为 M_1 和 M_2，则平行度误差为

$$f=\frac{L_1}{L_2}|M_1-M_2| \tag{6-5}$$

其中，测量心轴与孔的配合为无间隙配合或微量间隙配合。

4）两孔中心线垂直度误差的测量。图 6-20 所示是通常采用的两种测量方法。图 6-20a 所示的测量方法：将箱体装于测量平板的固定与可调支承座上，在基准孔中装入基准心轴 2，在被测孔中装入被测心轴 1，基准孔中心线和被测孔中心线由心轴模拟。先用直角尺找正基准心轴 2，使其轴线与平板面垂直，用指示表在被测心轴上测量距离为 L_2 的两个位置处的数值分别为 M_1 和 M_2。则垂直度误差为

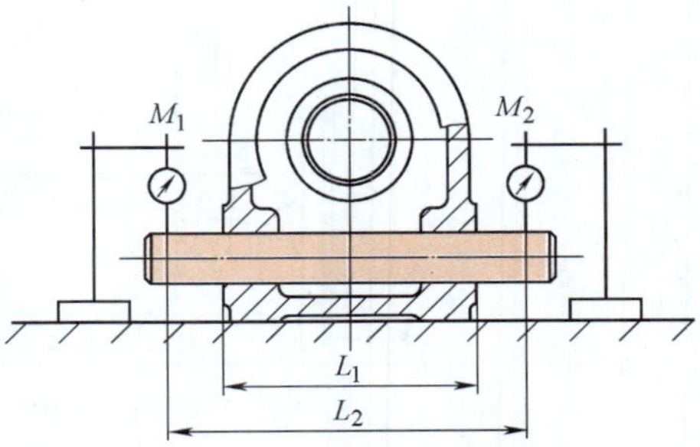

图 6-19　孔中心线与基准面平行度误差的测量

$$f=\frac{L_1}{L_2}|M_1-M_2|$$

测量时，应选用可胀式（或与孔成无间隙配合的）心轴。

图 6-20b 所示的方法：同样，由心轴模拟基准中心线和被测中心线。在基准心轴上装一指示表，使指示表测头接触被测心轴的表面，然后转动 180°，在距离为 L_2 的两个位置处测得的数值分别为 M_1 和 M_2。则垂直度误差为

$$f=\frac{L_1}{L_2}|M_1-M_2|$$

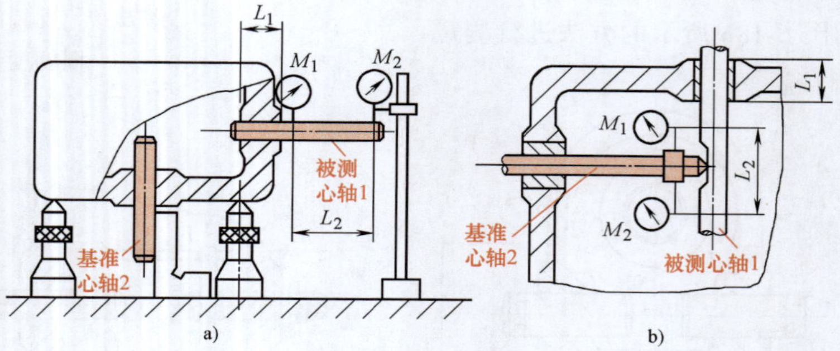

图 6-20　两孔中心线垂直度误差的测量

测量时，被测心轴应选用可胀式（或与孔成无间隙配合的）心轴，而基准心轴应选用可转动但配合间隙小的心轴。

5）孔中心线与端面垂直度误差的测量。测量方法如图 6-21 所示。图 6-21a 所示是在基准孔内装入心轴，并在心轴上装一指示表，使指示表测头接触被测端面，将心轴旋转一周，即可测出直径 D 范围内孔中心线与端面的垂直度误差；图 6-21b 所示是将带有测量圆盘的心轴插入基准孔内，用着色法检测圆盘与端面间的接触情况，或者用塞尺测量圆盘与端面的间隙 Δ，即可确定孔中心线与端面的垂直度误差。

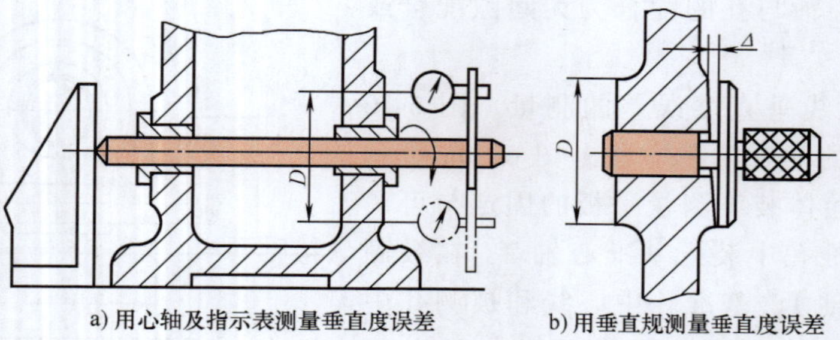

a) 用心轴及指示表测量垂直度误差　　b) 用垂直规测量垂直度误差

图 6-21　孔中心线与端面垂直度误差的测量

6.1.2　箱体孔加工实例

加工图 6-22 所示的减速箱体。箱体材料为 HT200 灰铸铁，毛坯清砂后并经热处理人工时效（烘）。

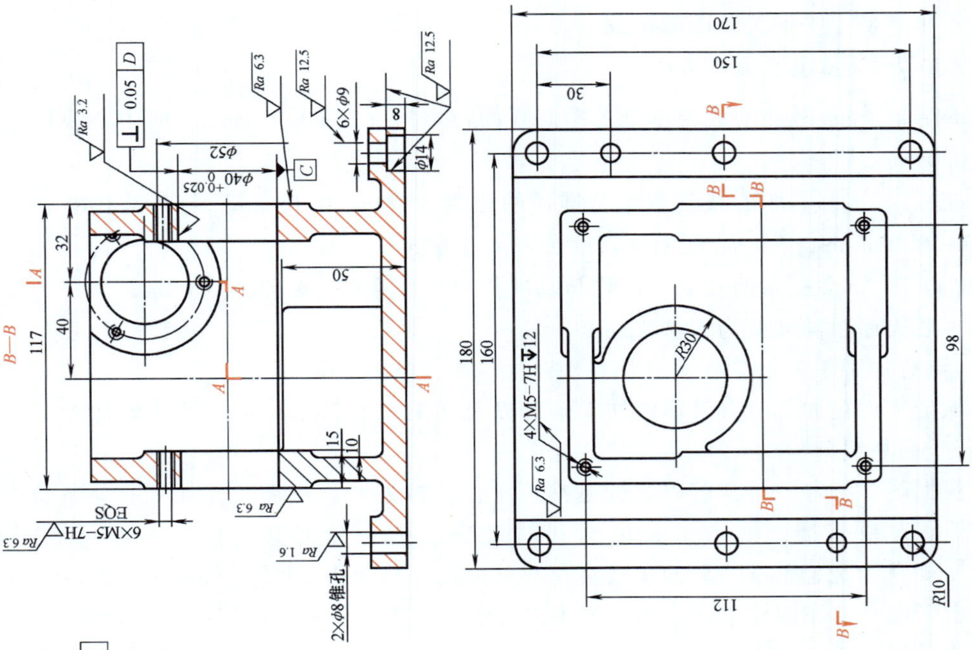

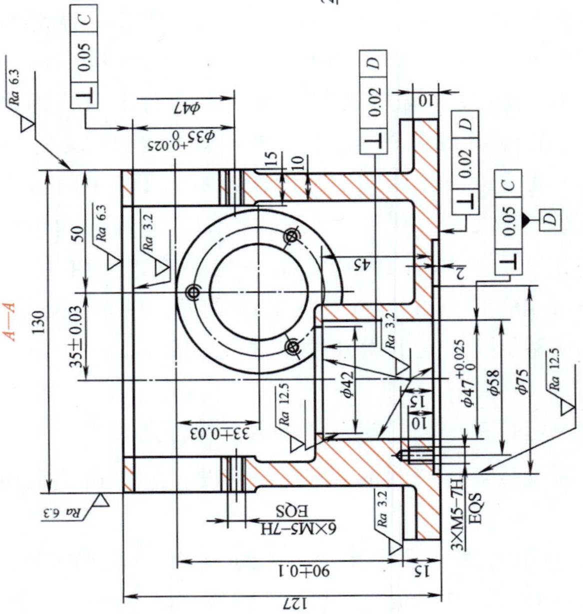

技术要求
1.铸件不允许有砂孔、气孔等缺陷。
2.铸件须经人工时效处理。
3.未注铸造圆角R3～R5。
4.不加工表面涂黄色漆。
5.材料为HT200。

图 6-22　减速箱体

1. 工艺准备

（1）分析图样

1）工件外形并不复杂，但三孔中心线立体交错，且不在同一平面内，定位与装夹比较复杂。

2）箱体两侧上平面为装配基准面。

3）$\phi40^{+0.025}_{0}$mm 孔为基准孔。

4）$\phi47^{+0.025}_{0}$mm 孔中心线与基准孔中心线的距离为（35±0.03）mm，两中心线的垂直度公差为 0.05mm。

5）$\phi35^{+0.025}_{0}$mm 孔中心线到装配基准面的距离为（90±0.1）mm，与基准孔中心线的距离为（33±0.03）mm，两中心线的垂直度公差为 0.05mm。

6）$\phi47^{+0.025}_{0}$mm 孔端面及底平面均与基准孔中心线垂直，公差为 0.02mm。

7）主要表面粗糙度值为 $Ra3.2\mu m$。

（2）制订加工工艺

1）保证工件在加工时有足够的加工余量以及加工表面与不加工表面的匀称性，在加工前应进行全面划线。

2）根据图样综合分析，若以装配基准面定位，按划线找正后，先加工孔 $\phi35^{+0.025}_{0}$mm，然后以该孔为精基准，则加工其他两孔时装夹上有一定难度。因此，选用底平面及 $\phi47^{+0.025}_{0}$mm 孔为定位基准，分两次装夹在花盘角铁上车削孔 $\phi40^{+0.025}_{0}$mm 及 $\phi35^{+0.025}_{0}$mm。

3）由于底平面在图样上标注为不加工面，因工艺需要，铸造时应留加工余量。

4）为了保证 $\phi47^{+0.025}_{0}$mm 孔及底平面的定位精度，以及 $\phi35^{+0.025}_{0}$mm 孔中心线到两侧上平面的尺寸精度要求，应提高顶面（即框面）、底平面及两侧上平面的尺寸精度和几何精度。即这些平面在铣（刨）加工后，应经平面磨（若两侧上平面平面磨有困难，则可以装夹在工具磨床上加工），并要求两侧上平面组成的平面对底平面的平行度误差不大于 0.02mm；尺寸 15mm 至（15±0.02）mm；底平面与顶面的平行度误差不大于 0.01mm。

箱体的加工顺序：铸造→清砂→人工时效处理（烘）→清理，不加工表面涂黄色漆→划线→铣（刨）底、顶平面及装配基准面→平面磨各面→划线→装夹在花盘上粗、精车 $\phi47^{+0.025}_{0}$mm 孔→在花盘角铁上粗、精车 $\phi40^{+0.025}_{0}$mm 孔→重装工件后粗、精车 $\phi35^{+0.025}_{0}$mm 孔→划钻、锪底平面上的孔，划钻、攻端面及框面上的内螺纹→清洗、涂油。

（3）工件的定位与夹紧

1）车 $\phi47^{+0.025}_{0}$mm 孔。工件以框面为定位基准面，装夹在花盘上找正划线。

2）车 $\phi40^{+0.025}_{0}$mm 孔。工件以底平面及孔 $\phi47^{+0.025}_{0}$mm 为定位基准，装夹在花盘角铁上车削，装夹方法如图 6-23 所示。

根据公式 $h=H-D/2$、式（6-1），用专用心轴、量块及外径千分尺调整角铁面至主轴轴线距离为（72±0.02）mm（72mm = 90mm + 15mm − 33mm），定位轴轴线与主轴轴线的距离为（35±0.01）mm。

装上工件后，用直角尺找正工件侧面与花盘面垂直，用压板压紧工件后即可进行车削。

3）车 $\phi35^{+0.025}_{0}$mm 孔。工件以 $\phi47^{+0.025}_{0}$mm 孔及底平面为定位基准面，装夹在花盘角铁上加工，装夹方法如图 6-24 所示。找正方法如下：

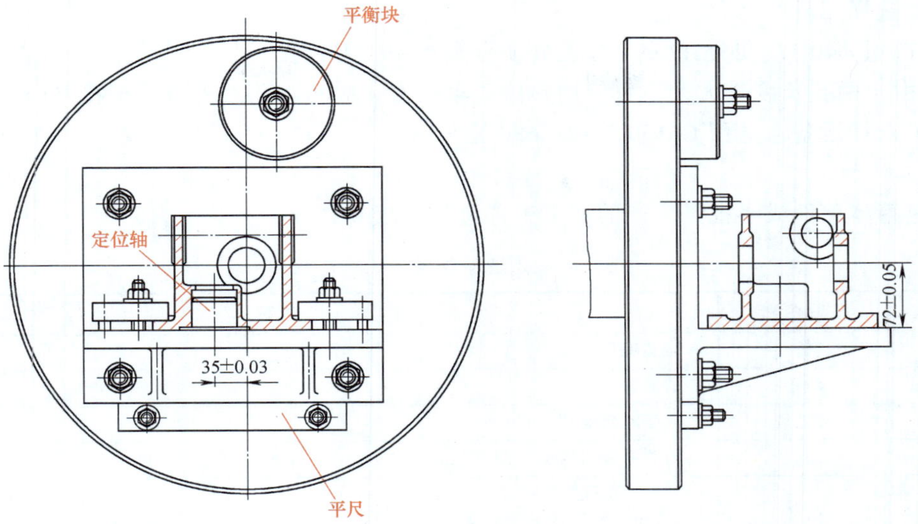

图 6-23　在花盘角铁上装夹减速箱体车 $\phi40^{+0.025}_{0}$mm 孔

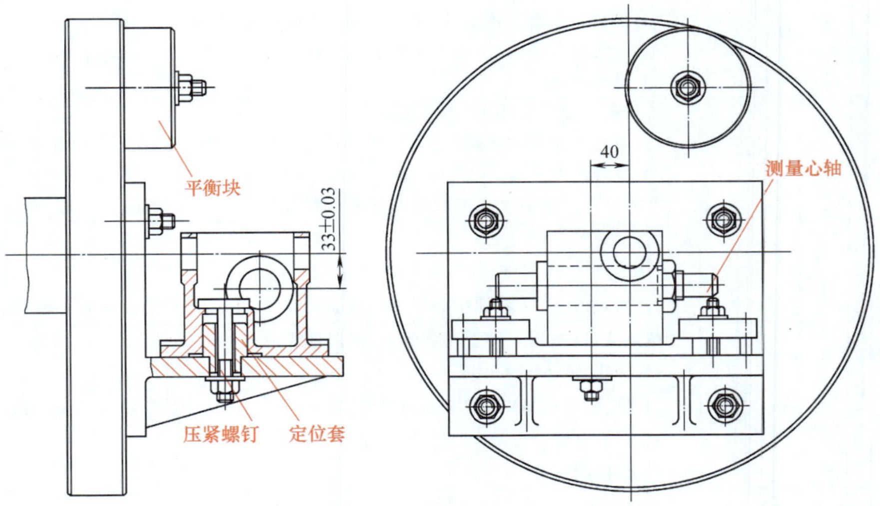

图 6-24　在花盘角铁上装夹减速箱体车 $\phi35^{+0.025}_{0}$mm 孔

① 找正主轴轴线与 $\phi40^{+0.025}_{0}$mm 孔中心线距离（33±0.03）mm 的方法：将工件装于角铁面上，分别在主轴锥孔内装入专用心轴，在工件 $\phi40^{+0.025}_{0}$mm 孔内装入测量心轴，目测心轴外侧素线与花盘面平行。用指示表找正角铁面处于水平位置，并在角铁面上放置一可调整量规，用指示表调整量规面与测量心轴上素线等高。（指示表读数差不大于±0.01mm），找正后，在角铁底面装一平尺（参见图 6-23）。

② 找正 $\phi47^{+0.025}_{0}$mm 孔中心线与主轴轴线距离 40mm 的方法：取下工件，在定位轴孔内装一心轴，根据式（6-1），用外径千分尺调整两轴线距离至（40±0.05）mm，固定角铁。

③ 装上工件，用压板轻压工件，用指示表（分度值为 0.001mm）找正测量心轴上的 *A*、*B* 两点，使指示表读数差不大于 0.01mm，即孔中心线与主轴轴线垂直。用压板固定工件，并用螺钉装入定位轴孔内固定工件，取出测量心轴即可进行车削。

（4）选择刀具

1）选用 ϕ40H7、ϕ35H7 的 YG 类硬质合金机用铰刀铰孔。

2）由于两孔长度较大，不宜使用整体式车孔刀，应将车孔刀头装于车孔刀杆内车孔。

（5）选择设备　选用 C6150 型或 C630 型车床。

2. 工件加工

减速箱体单件或小批量生产的加工工艺过程见表 6-1。

表 6-1　减速箱体加工工艺过程

工序号	工序名称	加工内容
1	铸	铸造毛坯
2	清砂	清砂
3	热处理	人工时效处理（烘）
4	涂装	清理不加工表面并涂黄色漆
5	钳工	划线，照顾外形尺寸 1）划底平面及上顶面尺寸线 127mm 2）划两侧上平面尺寸线 15mm
6	铣	工件装夹于台面上，根据划线找正，多次装夹 1）铣底平面及上顶面，尺寸 127mm 至（127±0.54）mm 2）铣两侧上平面，尺寸 15mm 至（15±0.54）mm 3）锐角修钝
7	平面磨	工件装于磁性台面上，多次装夹 1）磨底平面及上顶面至尺寸 127mm，两平面的平行度误差不大于 0.01mm 2）磨两侧上平面，尺寸 15mm 至（15±0.02）mm 两侧上平面组合平面对底平面的平行度误差不大于 0.02mm
8	钳工	划线，照顾外形尺寸 1）划 $\phi 47^{+0.025}_{0}$mm 孔中心线 2）划 $\phi 40^{+0.025}_{0}$mm 孔中心线及两端面尺寸线 72mm（即 72mm＝40mm+32mm）、117mm
9	车	精车花盘面，装工件于花盘面上，根据划线找正 1）车孔 ϕ42mm 至尺寸 2）粗、精车孔 $\phi 47^{+0.025}_{0}$mm 至尺寸，控制尺寸 47mm（即 47mm＝45mm+2mm） 3）车内肩圆 ϕ75mm×2mm 至尺寸 4）孔口倒钝
10	车	工件以底平面及 $\phi 47^{+0.025}_{0}$mm 为定位基准，装夹于花盘角铁上（图 6-23）。用直角尺找正工件侧面与花盘面垂直，固定工件 1）粗、精车端面至尺寸 72mm（即 72mm＝32mm+40mm） 2）车孔 $\phi 40^{+0.025}_{0}$mm 至 $\phi 39.8^{+0.025}_{0}$mm 3）平刮另一端面至尺寸 117mm 4）孔口倒角 $C0.5$ 5）铰孔 $\phi 40^{+0.025}_{0}$mm 至尺寸
11	车	工件以底平面及 $\phi 47^{+0.025}_{0}$mm 为定位基准，装夹于花盘角铁上（图 6-24），用指示表找正测量心轴侧素线，使孔中心线与主轴轴线垂直 1）粗、精车端面至尺寸 50mm 2）车孔 $\phi 35^{+0.025}_{0}$mm 至 $\phi 34.8^{+0.005}_{0}$mm 3）平刮另一端面至尺寸 130mm 4）孔口倒角 $C0.5$ 5）铰孔 $\phi 35^{+0.025}_{0}$mm 至尺寸

（续）

工序号	工序名称	加工内容
12	钳工	1）划钻底平面上孔 6×ϕ9mm 至尺寸 2）锪孔 6×ϕ4mm×8mm 至尺寸 3）划钻、攻上顶面 4×M5-7H、深 12mm 内螺纹至尺寸 4）划钻、攻 $\phi35^{+0.025}_{0}$mm 孔两端面上的各 3×M5-7H 内螺纹至尺寸 5）划钻、攻 $\phi47^{+0.025}_{0}$mm 孔两端面上的各 3×M5-7H 内螺纹至尺寸 6）划钻、攻 $\phi47^{+0.025}_{0}$mm 孔端面上的 3×M5-7H、深 10mm 内螺纹至尺寸 7）划钻 2×ϕ8mm 锥销孔至 ϕ7.8mm，备装配后引导配作 8）锐角修钝
13	普	清洗、涂防锈油、入库

6.1.3 精度检验及误差分析

1. 精度检验

（1）$\phi40^{+0.025}_{0}$mm 及 $\phi35^{+0.025}_{0}$mm 孔同一轴线同轴度误差的检验　用同轴度量规检验，量规的直径为孔的实效尺寸，同轴度误差应不大于 0.01mm。

（2）$\phi40^{+0.025}_{0}$mm、$\phi47^{+0.025}_{0}$mm 两孔中心线距离（35±0.03）mm 的检验　检验方法如图 6-25 所示，将测量心轴装入 $\phi40^{+0.025}_{0}$mm 孔内，箱体置于测量平板的等高块上，一端用可调支承支承，用杠杆指示表找正孔 $\phi47^{+0.025}_{0}$mm 下素线与平板平行，并调整指示表指针至零位。将计算后的量块组装于等高块面上，在量块面上移动指示表，如果指示表指针在 ±0.03mm 内摆动，则说明两孔中心线距离在公差范围内。

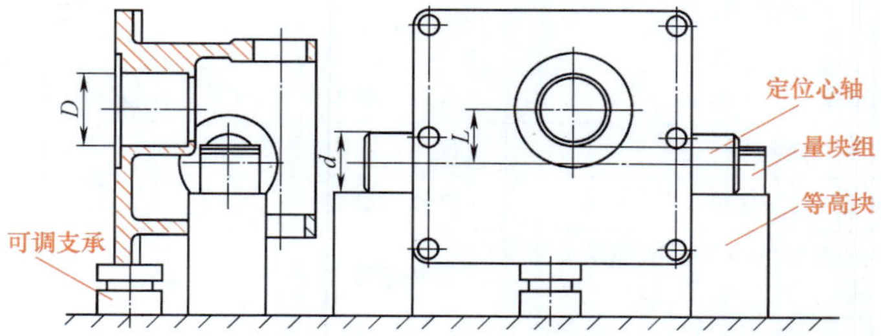

图 6-25　两孔中心线距离的检验

量块组高度 h 的计算公式为

$$h=L+\frac{d}{2}-\frac{D}{2}$$

若实测孔径尺寸 $D=47.02$mm，测量心轴直径尺寸 $d=40.005$mm，则 $h=35\text{mm}+40.005\text{mm}/2-47.02\text{mm}/2=31.4925$mm。

（3）$\phi47^{+0.025}_{0}$mm 孔中心线对 $\phi40^{+0.025}_{0}$mm 孔中心线垂直度误差的检验　测量方法如图 6-26 所示，基准中心线和被测中心线由心轴模拟，把测量心轴装入 $\phi40^{+0.025}_{0}$mm 孔内，置于测量平板等高块上，在 $\phi47^{+0.025}_{0}$mm 孔内装入被测心轴（与孔的配合间隙是微量的），使装有指示表

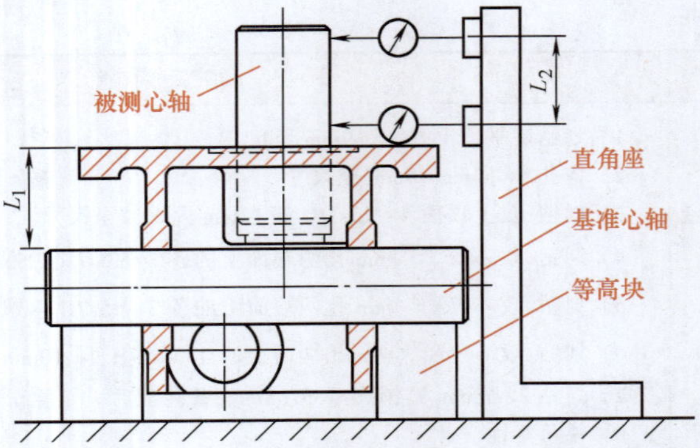

图 6-26　两孔中心线垂直度误差的测量

的表座沿直角座移动，在距离为 L_2 的两个位置上测得的读数分别为 M_1 和 M_2，则垂直度误差为

$$f=(L_1/L_2)\,|M_1-M_2|$$

若指示表测得 $M_1=0.05\text{mm}$、$M_2=0.07\text{mm}$，测量距离为 50mm，孔上素线至底平面的距离 $L_1=52\text{mm}$，则垂直度误差为

$$f=(52\text{mm}/50\text{mm})\,|\,0.05\text{mm}-0.07\text{mm}\,|=0.021\text{mm}$$

2. 误差分析

(1) 车箱体件孔时的常见质量问题及其解决措施（表 6-2）

表 6-2　车箱体件孔时的常见质量问题及其解决措施

质量问题	产生原因	解决措施
圆柱度超差	1)用刀柄进给时，刀柄挠曲变形	采用工作台进给，增强刀柄刚性，改善刀具角度，减少切削用量
	2)用工作台进给时，床身导轨的直线度误差大	维修机床
	3)刀具磨损	提高刀具的寿命;合理选择切削用量
	4)刀具的热变形	使用切削液，降低切削用量，合理选择刀具角度
圆度超差	1)主轴的回转精度低	维修、调整机床
	2)工作台进给方向与主轴轴线的平行度误差大	维修、调整机床
	3)刀柄与导向套的几何形状精度低，配合间隙大	使刀柄和导向套的几何形状符合技术要求，并控制合理的配合间隙
	4)加工余量不均匀，材质不均匀	适当增加进给次数;合理安排热处理工序;精加工采用浮动车
	5)极薄切屑条件下，多次重复进给导致“让刀”	控制精加工进给次数及背吃刀量;采用浮动车
	6)夹紧变形	正确选择夹紧力、夹紧方向和着力点
	7)铸造内应力	进行人工时效处理，粗加工后停放一段时间
	8)热变形	粗、精加工分开，注意充分冷却
同轴度超差	1)刀柄的挠曲变形	减小刀柄的悬伸长度，采用工作台进给，调头增加刀柄刚性，采用导向套或后立柱支承
	2)床身导轨的平面度误差大	维修机床

（续）

质量问题	产生原因	解决措施
同轴度超差	3)床身导轨与工作台的配合间隙大	调整导轨与工作台间的配合间隙;车同轴线孔时采用同一进给方向
	4)加工余量不均匀、不一致，切削用量不均衡	尽量使各孔的余量均匀一致、切削用量相近;增强刀柄刚性;适当降低切削用量,增加进给次数
平行度超差	1)刀柄挠曲变形	增强刀柄刚性;采用工作台进给
	2)工作台与床身导轨的平行度误差大	维修机床

（2）$\phi47^{+0.025}_{0}$mm、$\phi40^{+0.025}_{0}$mm 两孔中心线距离的定位误差　根据加工方法可知，车削 $\phi47^{+0.025}_{0}$mm 孔时，要保证的工序尺寸是（35±0.03）mm。底平面和 $\phi47^{+0.025}_{0}$mm 是定位基准，与测量基准统一，因此基准不重合误差为零。但定位心轴制造及安装时有垂直度误差；$\phi47^{+0.025}_{0}$mm 孔与底平面有装夹误差，产生了垂直度误差；孔与定位心轴有配合间隙，产生了基准位移误差；找正角铁中心距位置时，会产生测量误差。如果把定位心轴制造及安装产生的垂直度误差和工件加工时产生的垂直度误差归纳为轴线与底平面的转角误差 $\Delta\alpha$（图 6-27），则中心距的定位误差（ΔD）是基准位移误差（ΔW）、测量误差（$\Delta_{测}$）和转角误差引起的距离误差（$\Delta_{距}$）之和，即

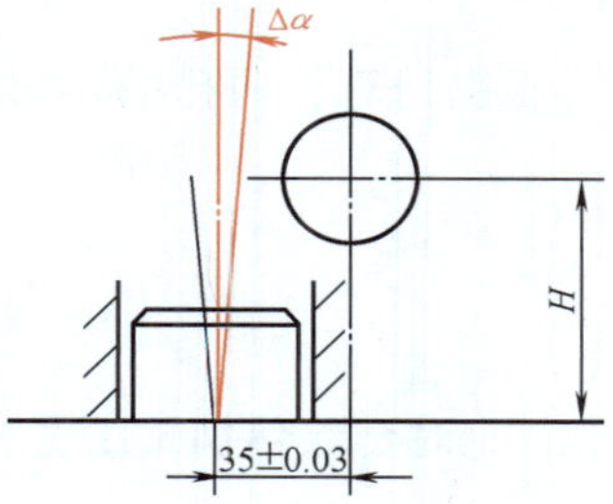

图 6-27　转角误差的计算

$$\Delta D=\Delta W+\Delta_{测}+\Delta_{距}$$

设定位心轴上极限偏差为-0.01mm，公差为 0.01mm，$\Delta_{测}=\pm0.01$mm，$\Delta\alpha=0.012°$。根据式（1-3）得

$$X_{min}=EI-es=0-(-0.01\text{mm})=0.01\text{mm}$$

$$\Delta W=T_h+T_s+X_{min}=0.025\text{mm}+0.01\text{mm}+0.01\text{mm}$$

$$=0.045\text{mm}=\pm0.0225\text{mm}$$

$$\Delta S=H\tan\Delta\alpha$$

$$=(90\text{mm}+15\text{mm}-33\text{mm})\times\tan0.012°=0.015\text{mm}$$

$$\Delta D=0.0225\text{mm}+0.01\text{mm}+0.015\text{mm}=0.0475\text{mm}>0.03\text{mm}$$

根据计算结果，此时不能满足图样要求，因此工艺上必须采取下列措施，使定位误差满足图样要求。

1）提高定位心轴的制造精度：定位心轴的外圆及肩平面在一次装夹中加工，以消除垂直度误差。

2）提高定位心轴的安装精度：减小轴线与角铁面间的垂直度误差。

3）提高装夹精度：减小定位孔中心线与底平面间的垂直度误差；找正角铁时，提高中心距的测量精度。

4）提高孔与定位心轴的配合精度：提高定位心轴的尺寸精度。

(3) $\phi35^{+0.025}_{0}$ 孔中心线与 $\phi40^{+0.025}_{0}$mm 孔中心线垂直度误差的分析　根据工件的加工工艺过程，车削 $\phi35^{+0.025}_{0}$mm 孔时，定位基准不是 $\phi40^{+0.025}_{0}$mm，而是 $\phi47^{+0.025}_{0}$mm 及底平面，测量基准和定位基准不统一。这样两孔中心线垂直度误差的最大值就是加工 $\phi35^{+0.025}_{0}$mm 孔时产生的垂直度误差及加工 $\phi47^{+0.025}_{0}$mm 孔时产生的垂直度误差之和。上面已讲述把定位心轴制造及安装中产生的垂直度误差和加工 $\phi47^{+0.025}_{0}$mm 孔时产生的垂直度误差归纳为轴线与底平面的转角误差（$\Delta\alpha=0.01°$）。即两孔中心线垂直度误差的最大值为

$$
\begin{aligned}
f_{max} &= H_1\tan\Delta\alpha+H_2\tan\Delta\alpha \\
&=(90mm+15mm-33mm)\tan0.012°+(90mm+15mm)\tan0.012° \\
&=0.015mm+0.0215mm \\
&=0.0365mm
\end{aligned}
$$

根据计算，两孔中心线的垂直度误差符合图样要求。

6.2 对合组件加工

6.2.1 对合组件加工工艺分析

根据装配需要，有些工件应对合成组件加工，如左、右两半箱体组成的齿轮减速箱，箱盖和箱体组成的齿轮减速器以及对合轴承座等。

图 6-28、图 6-29 所示为左、右箱体，两箱体装配后为一齿轮减速器箱。该工件的外形并不复杂，但精度要求较高。根据图样技术要求，$\phi115^{+0.035}_{0}$mm 孔及 $2\times\phi55^{+0.03}_{0}$mm 孔应在左、右箱体件合并后一起加工，目的是使左、右箱体上相对应的孔装配后能在同一轴线上，以保证装配后齿轮的啮合精度。箱体材料为 HT250 灰铸铁，每次加工数量为单件或小批量。

1. 左、右箱体的加工内容及技术要求

1）基准结合面 A 及另一端平面。

2）孔 $\phi130^{+0.04}_{0}$mm 的圆度公差为 0.012mm，其中心线对基准结合面 A 的垂直度公差为 $\phi0.05$mm。

3）$2\times\phi72^{+0.03}_{0}$mm 孔的圆度公差为 0.008mm，两中心线距为（87±0.43）mm，与 $\phi130^{+0.04}_{0}$mm、$\phi115^{+0.035}_{0}$mm 孔中心线距为（133±0.05）mm。

4）$2\times\phi72^{+0.03}_{0}$mm 孔中心线对 $\phi130^{+0.04}_{0}$mm 孔中心线的平行度公差为 0.05mm。

5）$\phi130^{+0.04}_{0}$mm 孔肩平面、$2\times\phi72^{+0.03}_{0}$mm 肩平面对基准结合面 A 的平行度公差为 0.05mm。

6）$\phi115^{+0.035}_{0}$mm 孔与 $\phi130^{+0.04}_{0}$mm 孔的同轴度公差为 $\phi0.01$mm。

7）$2\times\phi55^{+0.03}_{0}$mm 孔中心线对 $2\times\phi72^{+0.03}_{0}$mm 孔中心线的同轴度公差为 $\phi0.01$mm。

8）$2\times\phi16^{+0.018}_{0}$mm 孔为左、右箱体结合加工与装配时的定位孔。

9）$4\times\phi13$mm 孔及其内螺纹。

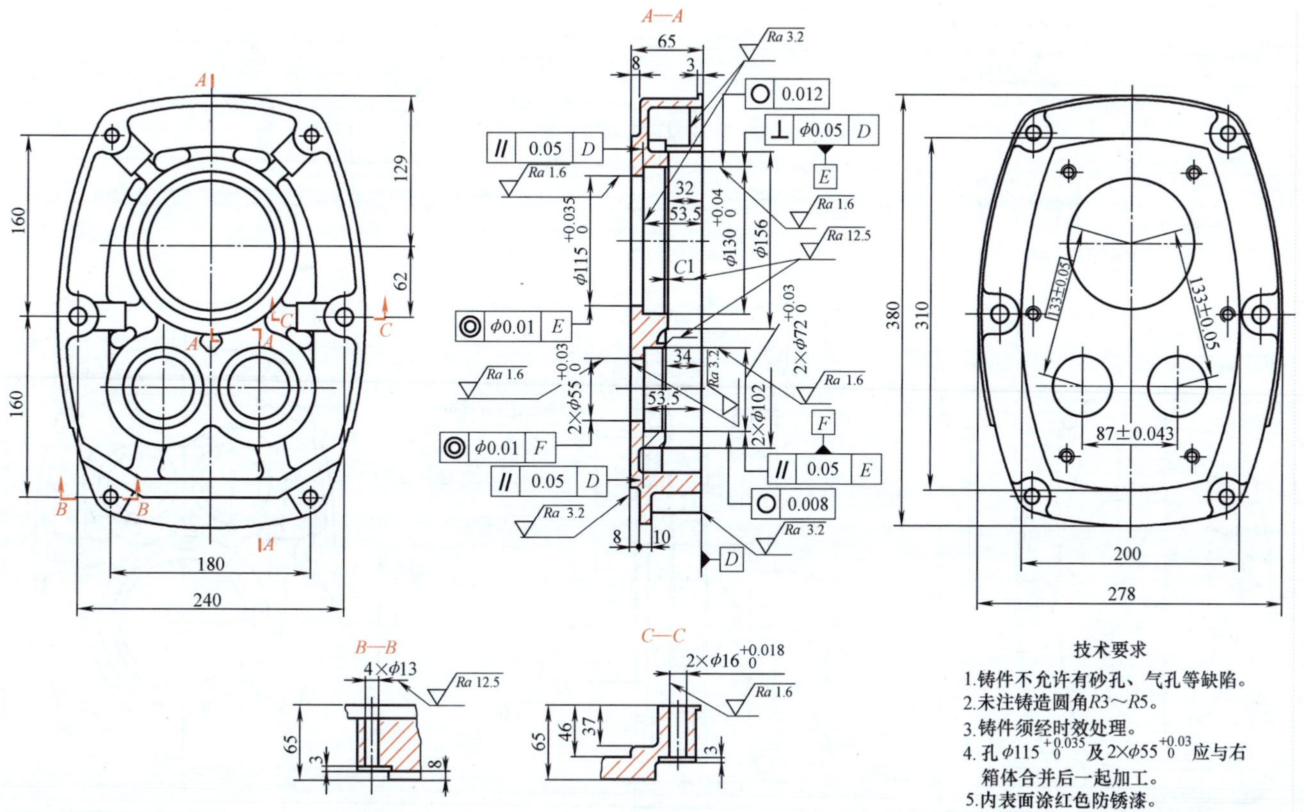

技术要求

1.铸件不允许有砂孔、气孔等缺陷。
2.未注铸造圆角$R3$～$R5$。
3.铸件须经时效处理。
4.孔 $\phi115^{+0.035}_{0}$ 及 $2\times\phi55^{+0.03}_{0}$ 应与右箱体合并后一起加工。
5.内表面涂红色防锈漆。
6.材料为HT250。

图 6-28　左箱体

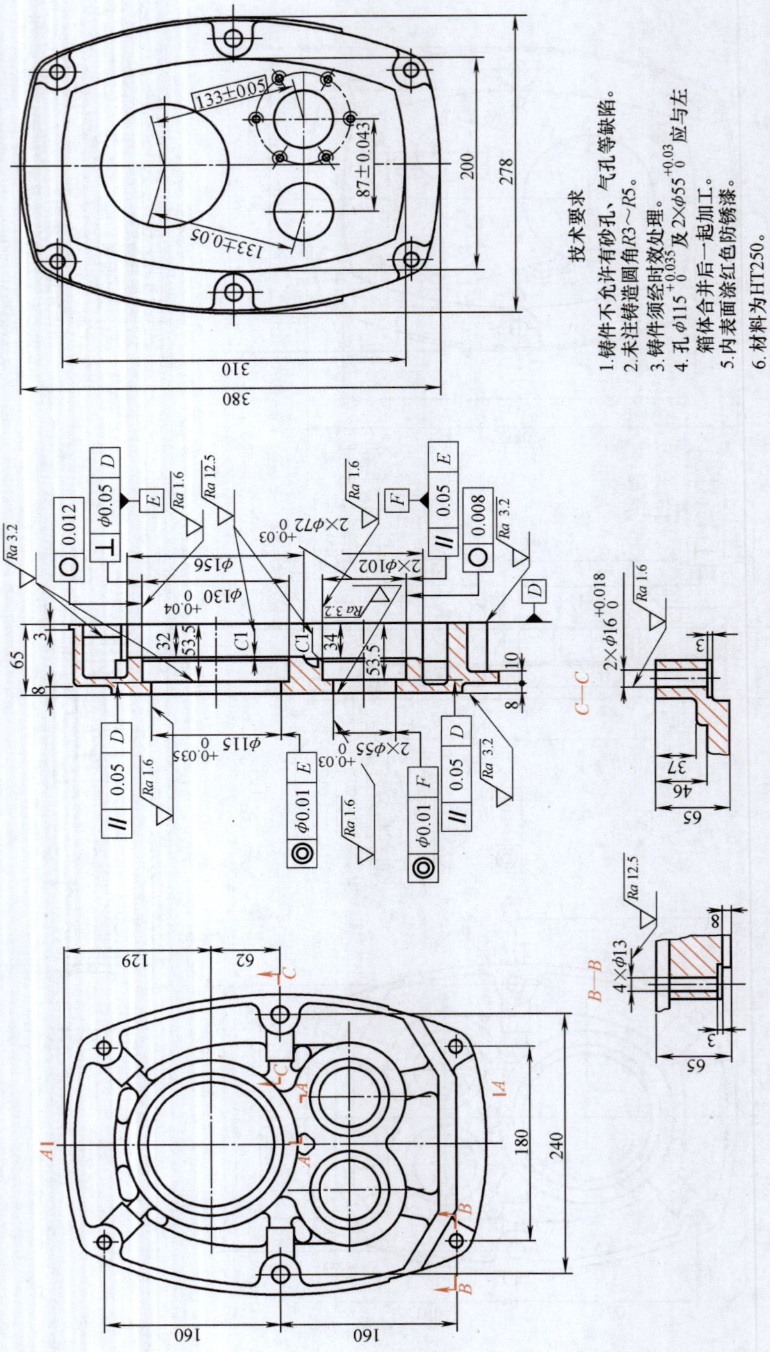
技术要求
1.铸件不允许有砂孔、气孔等缺陷。
2.未注铸造圆角R3～R5。
3.铸件须经时效处理。
4.孔φ115 $^{+0.035}_{0}$ 及2×φ55 $^{+0.03}_{0}$ 应与左箱体合并后一起加工。
5.内表面涂红色防锈漆。
6.材料为HT250。

图 6-29　右箱体

2. 左、右箱体在车削加工前应完成的工序

1）铸件喷丸清理。

2）人工时效处理（烘）。

3）内表面涂红色防锈漆。

4）铣（刨）左、右箱体基准结合面 *A* 及另一端平面尺寸 65mm 至 $65^{+0.5}_{+0.3}$mm。

5）平磨左、右箱体两平面，要求平行度误差不大于 0.01mm，表面粗糙度值为 *Ra*1.6μm。

6）划钻左、右箱体 4×ϕ13mm 孔至尺寸，用锪钻锪平孔端面。

7）用 M16 螺钉（包括垫圈、螺母）将左、右箱体连接起来，并用指示表检测两端平面的平行度误差不大于 0.01mm，必要时给予修正。

8）划钻、扩、铰 2×$\phi16^{+0.018}_{0}$mm 孔至尺寸，用锪钻锪平孔端面。

9）装入定位螺栓并拧紧。

10）划线，划出 $\phi115^{+0.035}_{0}$mm 孔及 2×$\phi55^{+0.03}_{0}$mm 孔中心线，备车削加工时找正用。由于孔中心线与平面垂直，可以装夹在花盘面上车削，装夹方法如图 6-30 所示。装夹后，用划线盘根据划线找正孔中心线与车床主轴回转轴线同轴，用压板固定工件后，用指示表检查工件端平面有无变形现象，如果有变形现象，应调整压板装夹位置。用平衡块平衡后，即可粗、精车左、右箱体孔 $\phi55^{+0.03}_{0}$mm 至尺寸，孔口锐角倒钝。

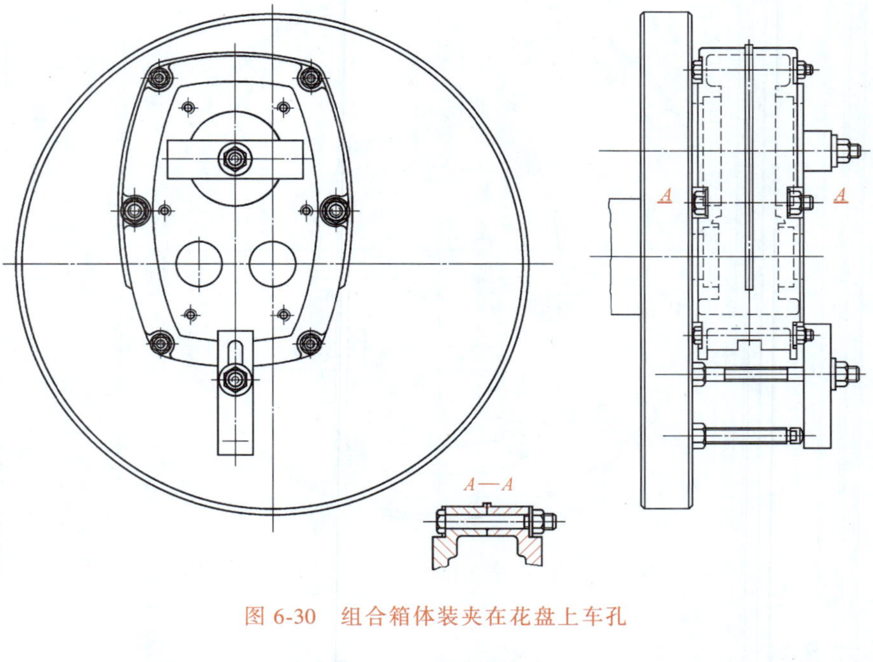

图 6-30 组合箱体装夹在花盘上车孔

3. 在花盘上车另一配对孔 $\phi55^{+0.03}_{0}$mm 方法

1）在车削过程中，为了定位与找正两孔中心距，需车制一件心轴套（材料可用 HT200 灰铸铁），如图 6-31 所示。心轴套外圆与箱体孔 $\phi55^{+0.03}_{0}$mm 为间隙配合，左端面（与花盘接触面）对外圆轴线的垂直度误差不大于 0.005mm。

2）在车床主轴锥孔中安装一根专用心轴，并找正心轴径向圆跳动量不大于 0.01mm。

3）在距离主轴轴线 87mm 处，用螺母初步把心轴套固定在花盘上。

4）用外径千分尺测量专用心轴到心轴套的距离。

5）取出专用心轴，将工件装在心轴套上，用划线盘找正孔轴线位置，用压板固定，平衡块平衡后，即可粗、精车另一 $\phi55^{+0.03}_{0}$mm 孔至尺寸，孔口锐角倒钝。

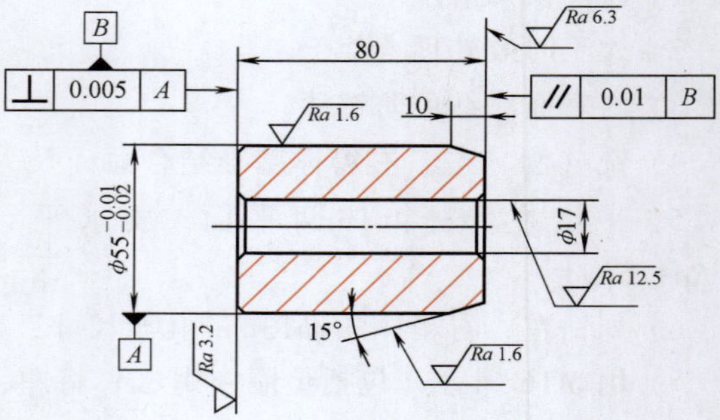

图 6-31　心轴套

4. 车左、右箱体孔 $\phi115^{+0.035}_{0}$mm 方法

由于左、右箱体孔 $\phi115^{+0.035}_{0}$mm 中心线与 $2\times\phi55^{+0.03}_{0}$mm 孔中心线距均有精度要求，装夹在花盘上车削时找正比较困难，因此，应设计制造一种简单的花盘式夹具，采用两销一面方法定位，箱体在夹具上的定位与夹紧方法如图 6-32 所示（注意：削边圆柱销应装在图样上标有“133±0.05”尺寸线的一边）。车孔时，将夹具装于花盘面上，用指示表找正夹具外圆或内孔径向圆跳动在 0.01mm 之内。装上工件后，用压板固定，平衡块平衡后，即可粗、精车孔 $\phi115^{+0.035}_{0}$mm 至尺寸，孔口锐角倒钝。

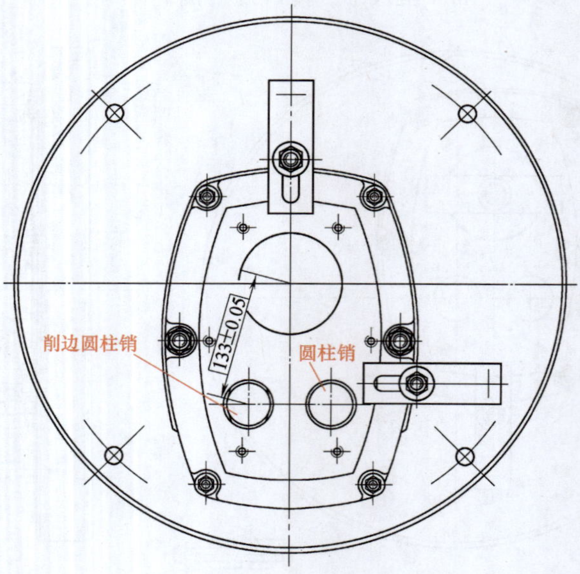

图 6-32　箱体装夹在车床夹具上车孔

5. 车左、右箱体孔 $2\times\phi72^{+0.03}_{0}$mm 方法

在车床主轴锥孔内装入专用定位心轴，心轴外圆 $\phi72^{-0.1}_{-0.2}$mm 最好装在车床上车出，这样可以减少装夹误差。

拆取箱体上的定位螺栓及紧固螺钉，使左、右箱体分开。将左箱体或右箱体装上定位心轴，并使端面紧靠花盘面，如图 6-33 所示。

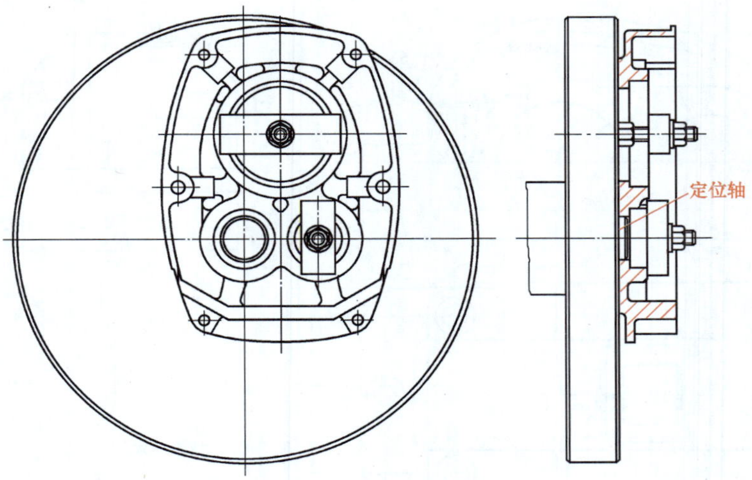

图 6-33　箱体以孔定位装夹在花盘上车同中心线孔的方法

由于图样规定两孔同一中心线的同轴度公差为 $\phi 0.01$mm，而定位孔与心轴的最小配合间隙为 $X_{min}=0-(-0.01\text{mm})=0.01$mm，孔的公差为 0.03mm，轴的公差为 0.01mm。根据式（1-1），其基准位移误差为

$$\Delta W=\frac{T_h+T_s+X_{min}}{2}$$
$$=\frac{0.03\text{mm}+0.01\text{mm}+0.01\text{mm}}{2}=0.025\text{mm}$$

在不考虑定位轴及工件的位置误差时，工件不一定能达到图样规定的同轴度要求。因此，在装夹工件后，应用杠杆式指示表（分度值为 0.001mm）找正定位孔的径向圆跳动量不大于 0.005mm。

由于孔 $\phi 72^{+0.03}_{0}$mm 形状精度要求较高，压紧工件后，必须调整好花盘的平衡，平衡后即可车削下列各面：

1）粗、精车 $\phi 102$mm 端面，尺寸为 34mm。

2）粗、精车孔 $\phi 72^{+0.03}_{0}$mm 至尺寸，控制尺寸 53.5mm。

3）孔口倒角 $C1$ 及锐角倒钝。

6. 车削左、右箱体孔 $\phi 130^{+0.04}_{0}$mm 方法

用上面同样的装夹与找正方法，粗、精车削左、右箱体孔 $\phi 130^{+0.04}_{0}$mm 至尺寸。

6.2.2　对合组件加工实例

1. 分析图样

图 6-34、图 6-35 所示分别为箱盖和箱体件。两件对合后为一齿轮减速器箱体，该减速器是通过一对齿数不同的齿轮在箱体内啮合传动的，它将高速旋转运动变为低速旋转运动，以达到减速的目的。

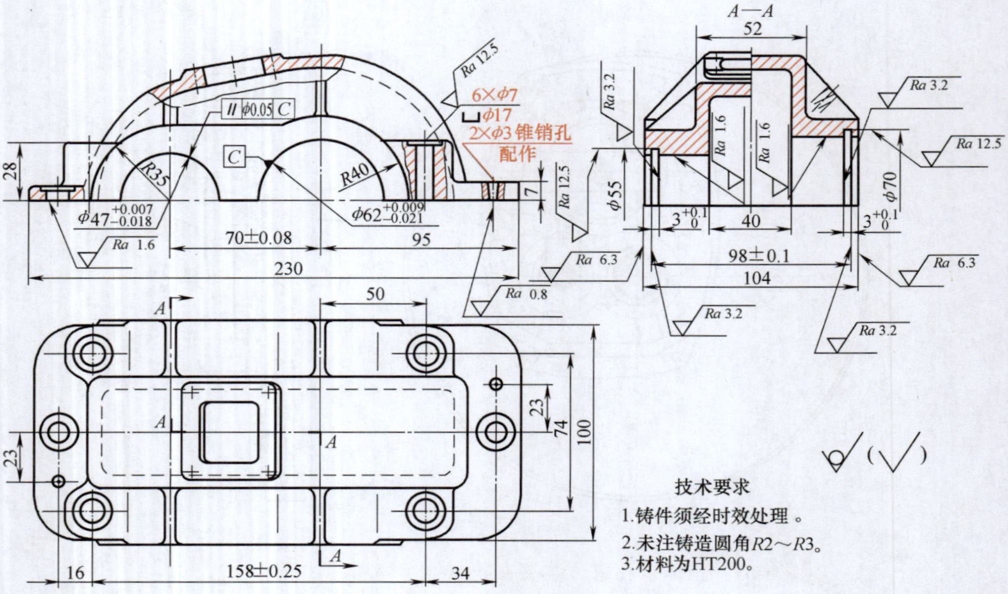

图 6-34 箱盖

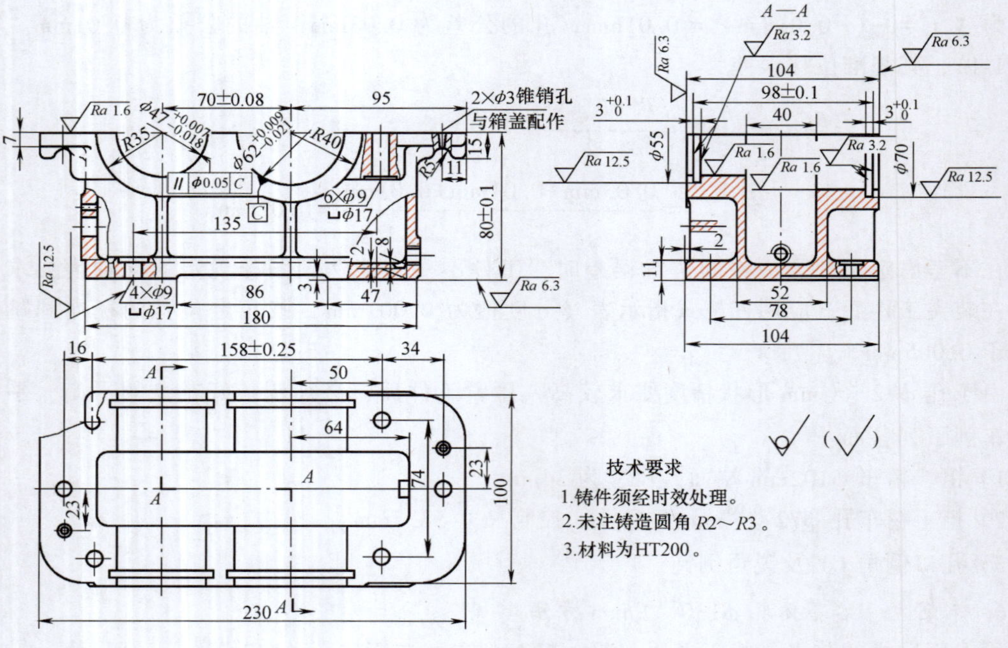

图 6-35 箱体

在实际使用时，把箱盖拆除后，在箱体内装上带有中间为齿轮、两端有轴承的轴，然后合上箱盖固定。如果加工后箱盖和箱体的对合接触平面与轴孔的中心线不在同一水平面上，当误差较大时，则其中总有一件因超过半圆而使轴承装不进去。因此在车削加工时，必须找正至箱盖和箱体的对合接触平面与孔的中心线处于同一水平面上，这就是车削加工上、下对合工件时的关键问题。

工件对合后的外形并不复杂，但有一定的精度要求。箱体上、下件材料均为 HT200 灰铸铁，每次加工数量为小批量。

箱盖和箱体的车削内容及技术要求如下：

1）$\phi62^{+0.009}_{-0.021}$mm 孔为基准孔。

2）$\phi47^{+0.007}_{-0.018}$mm 孔中心线与基准孔中心线的距离为（70±0.08）mm，平行度公差为 ϕ0.05mm。

3）内沟槽 $2\times3^{+0.1}_{0}$mm×ϕ70mm、$2\times3^{+0.1}_{0}$mm×ϕ55mm 的距离尺寸均为（98±0.1）mm。

4）箱体底平面与两孔中心线间的距离为（80±0.1）mm。

5）车削部位主要表面粗糙度值为 Ra3.2μm。

2. 工艺分析

（1）车 $\phi62^{+0.009}_{-0.021}$mm 孔时的装夹与调整方法（图 6-36）

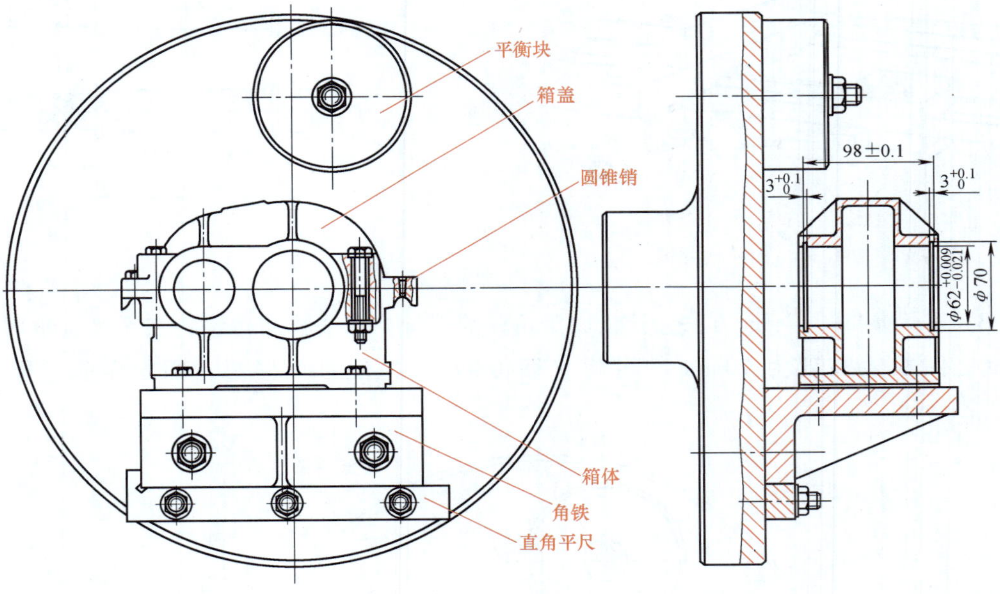

图 6-36　在角铁上装夹减速器对合件车孔

1）取出圆锥销，拧松螺母，把箱盖从箱体上取下。

2）在车床主轴锥孔中安装一根专用心轴，并找正心轴径向圆跳动量不大于 0.01mm。

3）箱体以底平面为基准装于角铁上，用四只 M8 螺钉初步固定（角铁上的螺孔应在未装到花盘上时已按要求加工好）。

4）用指示表找正角铁处于水平面，并同时找正箱体端面与主轴轴线垂直，拧紧螺钉，固定箱体。

5）用指示表、量块找正箱体结合面与主轴轴线等高。方法是若心轴实测尺寸为 d = ϕ29.98mm，则量块高度为 $h=d/2=14.99$mm。将量块置于箱体结合面上，用指示表找正专用心轴上素线与量块面等高，固定角铁，并在角铁底面装一直角平尺（平尺直角面暂不要紧靠角铁侧面）。

6）从主轴锥孔中取出专用心轴。

7）用砂条修去箱盖、箱体接合面上的毛刺，装箱盖于箱体上，用圆锥销和螺钉固定。

8）用划线盘按划线找正减速器箱体中心距，固定角铁，并使平尺的直角面与角铁侧面紧靠，即可车孔。

（2）尺寸（98±0.1）mm 的控制方法　如图 6-37 所示，车第一条沟槽时，在挡铁与指示表之间装一量块（量块高度 $h=98mm-3mm=95mm$），并调整指示表指针至零位。当第一条槽车好后，取出量块，移动溜板使指示表与挡铁接触至指针零位，即可车削第二条槽。

车削完两条沟槽后，使用常用量具在孔内测量两沟槽间的距离是很困难的。这时可以自制一长度量规（图 6-38），使用方法类似于光面塞规，如果通端长度量规（图 6-38a）能卡入两槽内，而止端长度量规（图 6-38b）不能卡入两槽内，则说明两沟槽间的距离在图样规定公差范围内。

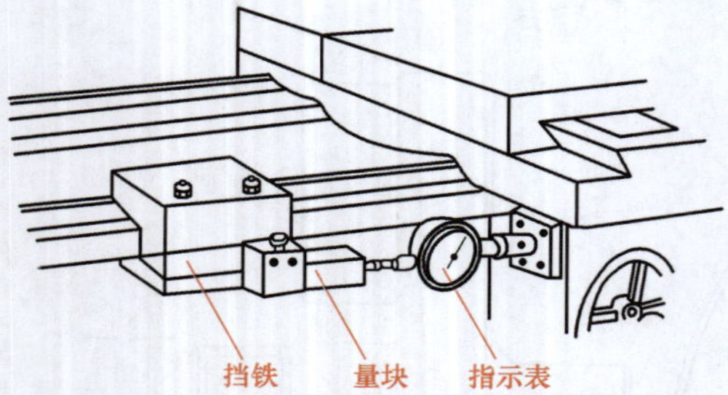

图 6-37　用量块控制沟槽间的距离

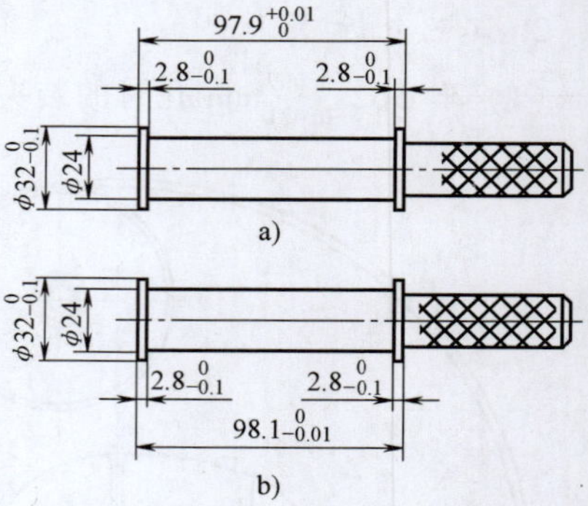

图 6-38　长度量规

（3）车孔 $\phi47^{+0.007}_{-0.018}$mm 方法　拧松固定角铁的螺母，水平移动角铁，在平尺直角面与角铁侧面之间放入高度为 70mm 的量块（图 6-39），并使各面紧靠，固定角铁，即可车 $\phi47^{+0.007}_{-0.018}$mm 孔。

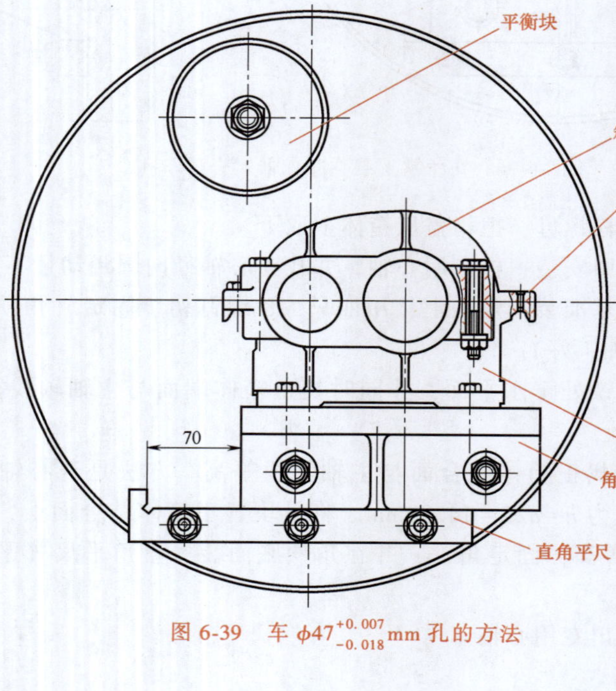

图 6-39　车 $\phi47^{+0.007}_{-0.018}$mm 孔的方法

3. 工件加工

箱盖和箱体件的加工工艺过程见表 6-3。

表 6-3　箱盖和箱体件的加工工艺过程

工序号	工序名称	加工内容
1	铸	1）铸件喷丸清理 2）铸件时效处理
2	普	不加工表面涂防锈漆
3	钳	划线：箱体底面及接合面线；箱盖接合面线
4	铣	铣（刨）箱体底面、接合面、尺寸（80±0.1）mm 应放余量磨削，箱盖接触面应按线放余量磨削
5	磨	平磨箱体底面及接合面，要求尺寸（80±0.1）mm 每批应相同，误差不大于 0.03mm。同时平磨箱盖接合面，表面粗糙度值均为 $Ra1.6\mu m$
6	钳	1）在箱盖上划钻 6×ϕ9mm 孔至尺寸，用 ϕ17mm 锪钻锪平毛坯面。划钻 2×ϕ3mm 锥销孔至 ϕ2mm 2）修去箱盖、箱体接合面毛刺，用六只 M8 螺钉（其中两只为短的，包括垫圈、螺母）将箱盖与箱体对合 3）对准箱盖 ϕ2mm 中心孔扩钻孔 ϕ2.8mm，铰 ϕ3mm 锥孔。清理孔内铁屑杂物（这项工作很重要，可防止圆锥销打入时拉毛孔）。涂油，把圆锥销打入孔内
7	铣（刨）	铣（刨）两端面，尺寸为 104mm
8	钳	划线：划出孔 $\phi62^{+0.009}_{-0.021}$mm 中心线，备车削时找正用
9	车	1）粗、精车孔 $\phi62^{+0.009}_{-0.021}$mm 至 $\phi61.8^{+0.05}_{0}$mm 2）用浮动铰刀铰 $\phi62^{+0.009}_{-0.021}$mm 孔至尺寸 3）车内沟槽 $2\times3^{+0.1}_{0}$mm×ϕ70mm，并保证两距离尺寸（98±0.1）mm 4）两端孔口倒角 C0.5mm 5）粗、精车孔 $\phi47^{+0.007}_{-0.018}$mm 至 $\phi46.8^{+0.05}_{0}$mm，与基准孔 $\phi62^{+0.009}_{-0.021}$mm 中心线的距离为（70±0.08）mm 6）用浮动铰刀铰 $\phi47^{+0.007}_{-0.018}$mm 孔至尺寸 7）车内沟槽 $2\times3^{+0.1}_{0}$mm×ϕ55mm，并保证两距离尺寸（98±0.1）mm 8）两端孔口倒角 C0.5mm
10	普	清洗、涂油、入库

6.2.3 精度检验及误差分析

1. 两孔中心线距离的检测

两孔中心线距离的检测可按图 6-14b 所示方法进行，这里不再讲述。

2. 两孔中心线平行度误差的检测

1）以减速器底平面为基准，将其置于测量平板上（图 6-40a），同时分别把 ϕ47mm、ϕ62mm 检验棒塞入孔内（检验棒与孔的配合间隙应是微小的）。用指示表（分度值为 0.001mm，下同）找正 ϕ62mm 检验棒上素线与测量平板的平行度误差不大于 0.005mm。然后用指示表测量 ϕ47mm 检验棒上素线（指示表测头应尽量靠近工件两端面处），指示表读数差应不大于 0.05mm。

2）把减速器旋转 90°（图 6-40b），用两等高块支承 ϕ62mm 检验棒，减速器底平面应用 90°直角铁靠牢（图中未画出），以防止减速器因自身质量不均匀而翻转。用指示表检查 ϕ62mm 检验棒上素线与测量平板的平行度误差不大于 0.005mm。然后用上面同样的方法测量 ϕ47mm 检验棒上素线，若指示表读数差在 0.05mm 之内，则说明两孔中心线的平行度误差在图样公差范围内。

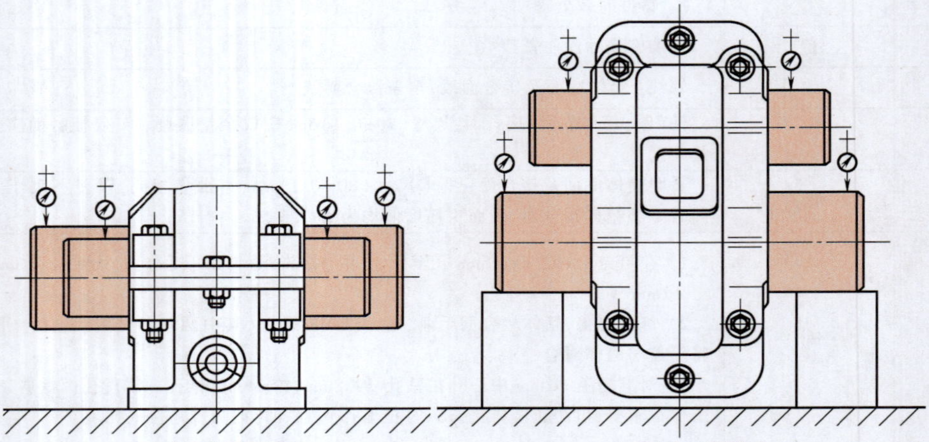

a) 在水平面内测量　　b) 在垂直面内测量

图 6-40　测量减速器两孔中心线平行度误差的方法

6.3　组合件加工

6.3.1　组合件加工工艺分析

组合轴、套件一般称为组合件，组合件是指由两个或两个以上车制工件相互配合所组成的组件。与单一工件的车削加工相比，组合件的车削不仅要保证组合件中各个工件的加工质量，还要保证各工件按规定组合装配后的技术要求。因此，在制订组合件的加工工艺方案和进行组合件加工时，须特别注意以下要点。

1. 组合件加工工艺分析

（1）分析组合件的装配关系　仔细分析组合件的装配关系，确定基准工件，也就是直接影响组合件装配后工件间相互位置精度的主要工件。

（2）首先车制基准工件　加工组合件时，应先车出基准零件，然后根据装配关系的顺序，依次车削组合件中的其他工件。

（3）保证组合件的装配精度要求　车削组合件其余工件时，一方面应按基准工件车削时的要求进行，另一方面更应按已加工的基准工件及其他零件的实测结果做相应调整，充分使用配车、配件、组合加工等手段来保证组合件的装配精度要求。

（4）拟订组合件的加工方法　根据各工件的技术要求和结构特点，以及组合件装配的技术要求，分别拟订各工件的加工方法，各主要表面（各类基准表面）的加工次数（粗、半精及精加工的选择）和加工顺序。通常应先加工基准表面，然后加工工件上的其他表面，其原则如下：

1）孔和轴的配合。一般情况下，应将内孔作为基准工件首先进行加工，这是因为孔的加工难度大于外圆柱面。

2）内、外螺纹的配合。一般首先加工用作基准工件的外螺纹，然后加工内螺纹，这是由于外螺纹便于测量。

3）内、外圆锥的配合。首先加工用作基准工件的外圆锥，然后加工内圆锥，这是由于外圆锥容易控制尺寸精度，并可使用涂色法检查其接触面。

4）偏心工件的配合。基准工件为偏心轴，以便于检测。根据装配顺序加工偏心套和其他配合工件。加工内、外偏心工件时，不改变工件的装夹方法，以保证配合件的偏心距精度。

2. 组合件加工的工艺要求

1）影响工件间配合精度的各尺寸（径向尺寸和轴向尺寸），应尽量加工至两极限尺寸的中间值，且加工误差应控制在图样允许误差的 1/2 以内；各表面的几何形状误差和表面间的相对位置误差应尽可能小。

2）有圆锥体配合时，圆锥体的圆锥角误差要小，车削时车刀刀尖应与圆锥体轴线等高，以避免加工中产生圆锥素线的直线度误差。

3）有偏心配合时，偏心部分的偏心量应一致，加工误差应控制在图样允许误差的 1/2 以内，且偏心部分的轴线应平行于工件基准轴线。

4）有螺纹配合时，螺纹应车制成形，一般不使用板牙、丝锥加工，以保证同轴度要求。螺纹中径尺寸，对于外螺纹应控制在下极限尺寸范围内；对于内螺纹，则应控制在上极限尺寸范围内，以使配合间隙尽量大些。

5）工件各加工表面间的锐角应倒钝，毛刺应清理干净。

6.3.2　组合件加工实例

图 6-41 所示为四件锯齿形螺纹组合件装配图，各组成件的零件图如图 6-42～图 6-45 所

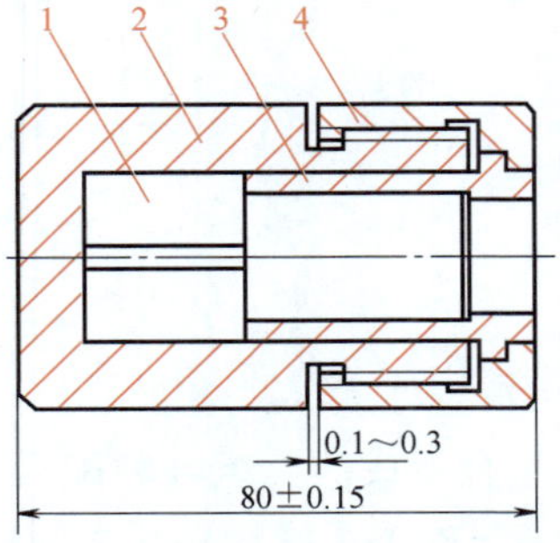

4	螺母	1	45
3	套筒	1	45
2	螺纹套	1	45
1	心轴	1	45
件号	名称	数量	材料

图 6-41　四件锯齿形螺纹组合件装配图

示。加工数量为单件。毛坯种类均为热轧圆钢；毛坯尺寸：件 1 为 ϕ32mm×75mm，件 2 为 ϕ50mm×75mm，件 3 为 ϕ35mm×50mm，件 4 为 ϕ50mm×40mm。

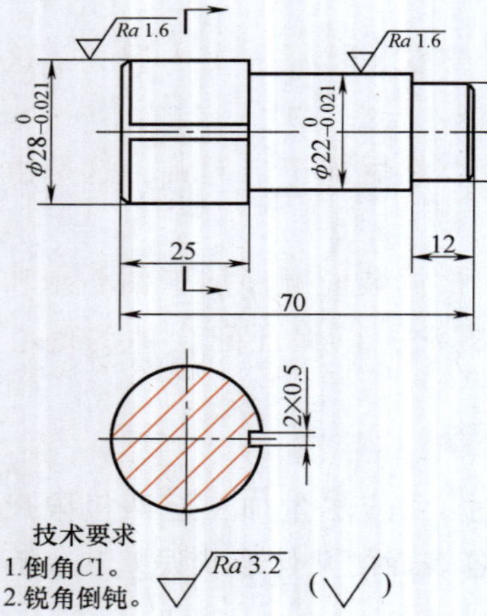

图 6-42 心轴

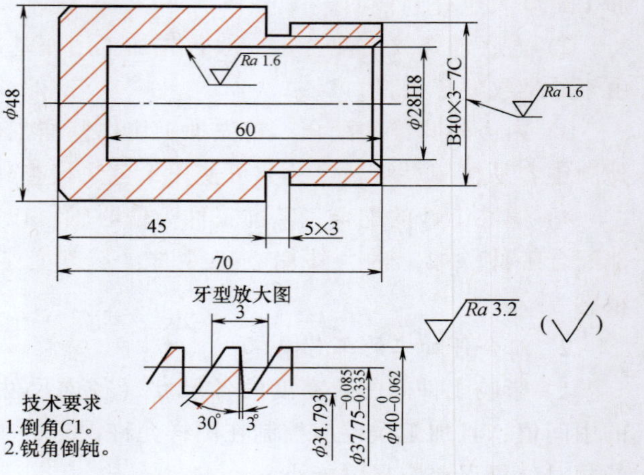

图 6-43 螺纹套

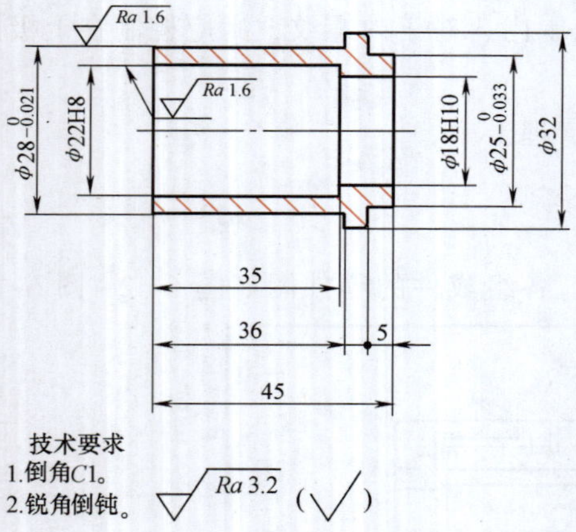

图 6-44 套筒

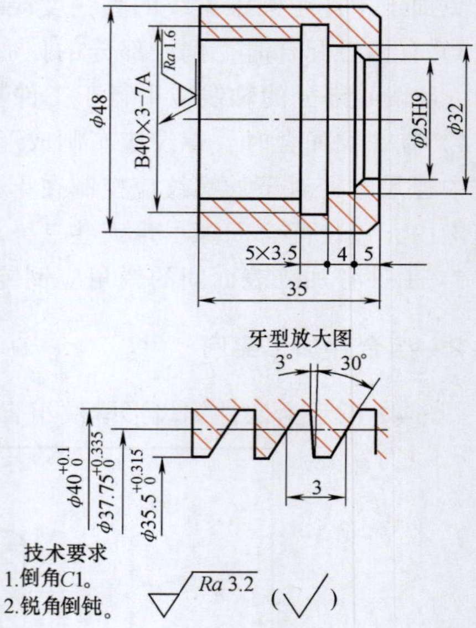

图 6-45 螺母

1. 分析图样

1）该组合件是由件 1~4 组合而成的，组合装配后要求长度尺寸在（80±0.15)mm 范围内，件 2B40×3 螺纹肩平面与件 4B40×3 螺纹端面之间的间隙为 0.1~0.3mm。

2）件 2 的内孔 ϕ28H8 是不通孔，深度尺寸为 60mm。B40×3 螺纹的公差等级为 7C。

3）件 4B40×3 螺纹的公差等级为 7A。

4）主要配合部位的表面粗糙度值为 Ra1.6μm，螺纹齿面粗糙度值为 Ra3.2μm。

5）件 1~4 的零件图上均没有标注几何公差，但根据装配图，在加工件 1~4 时，应保证它们的同轴度和垂直度，这样才能符合装配图要求。

2. 工艺分析

1）根据图样的装配精度要求，确定各件的加工顺序为件 2、件 4、件 1、件 3。

2）保证装配尺寸（80±0.15）mm 及间隙 0.1～0.3mm 精度要求的工艺。

① 先将件 2 的长度尺寸 45mm 车至 $45^{-0.10}_{-0.15}$mm，件 4 的长度尺寸 35mm 车至 $35^{+0.15}_{-0.10}$mm，组装后在尺寸（80±0.15）mm 范围内可保证间隙 0.1～0.3mm，如图 6-46 所示。

② 车削件 1 时，取对长度尺寸 70mm，按图 6-47 所示尺寸车削。

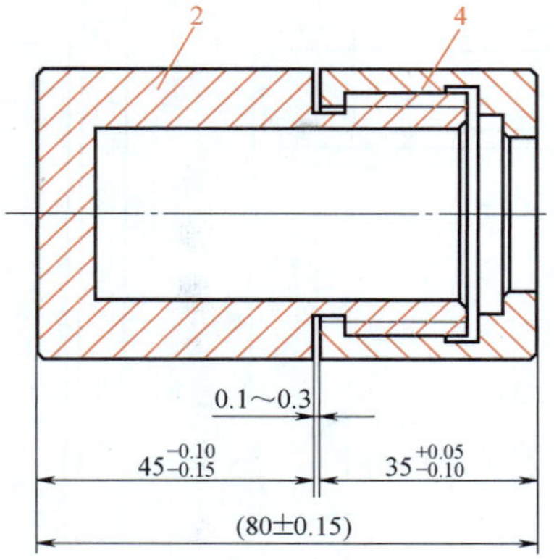

图 6-46 件 2、4 组装图

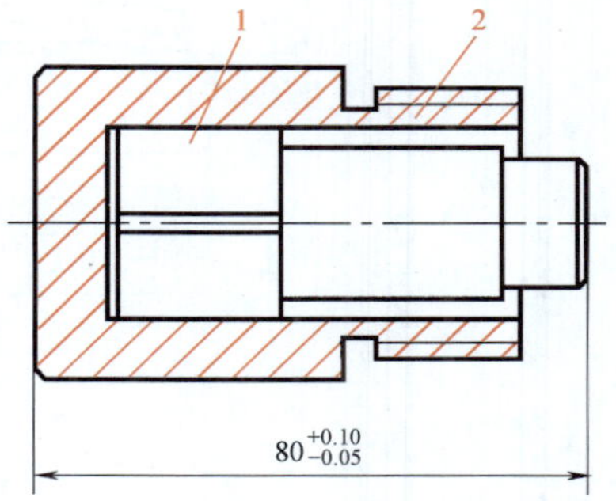

图 6-47 件 1、2 组装图

③ 车削件 3 时，取对长度尺寸 45mm，应与件 1 的 $\phi18^{\ 0}_{-0.033}$mm 端平面平齐，如图 6-48 所示。车削肩圆 $\phi25^{\ 0}_{-0.033}$mm 的长度尺寸 5mm，应与件 4 ϕ25H9 孔的长度尺寸 5mm 相配，使其两端面齐平，如图 6-49 所示。

3）件 1 外圆 $\phi28^{\ 0}_{-0.021}$mm 上的直槽 2mm×0.5mm 应在车床上加工，其加工方法为将直槽车刀前面相对工件端面装夹，如图 6-50 所示，直槽车刀宽度的中点应与工件轴线等高；拉槽时，工件不转动，用手动方法移动床鞍，中滑板进给控制槽的深度。

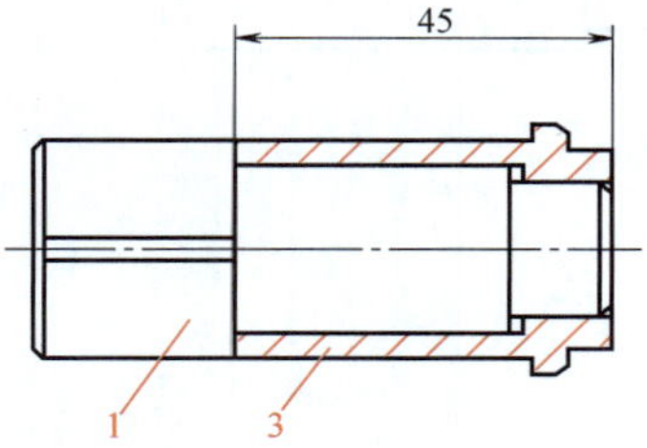

图 6-48 件 1、3 组装图

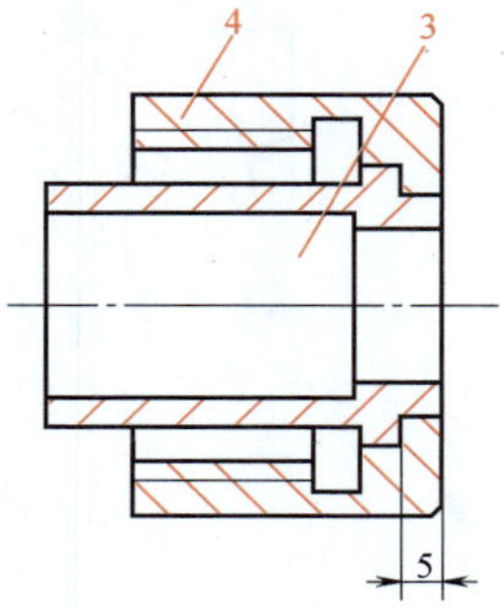

图 6-49 件 3、4 组装图

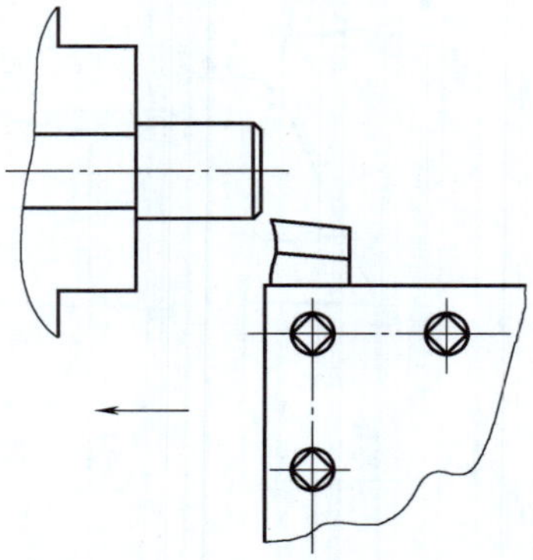

图 6-50 车拉外圆上直槽的方法

4）件 2 上 ϕ28H8 孔的深度尺寸为 60mm，属深孔。车孔时，车孔刀的刚性比较差，车孔底平面较困难。因此钻孔后，应使用平头钻将孔底平面锪平至深度尺寸 59.5～59.8mm。

5）螺纹 B40×3 的螺距较小，车削时可采用直进方法，并充分浇注切削液（用乳化油）。

6）工件的定位与夹紧。

① 车削件 1 时，采用一端夹住、另一端顶住的方法。

② 车削件 2、件 3、件 4 时用软卡爪装夹，并在一次装夹中完成车削。

7）刀具的选择。

① 精车件 2 上的 ϕ28H8 孔时，选用图 6-51 所示的整体式不通孔车刀（车削孔底平面时，车孔刀前端刀杆还应磨得细些，否则还未车到孔中心，刀杆就会碰孔壁）。

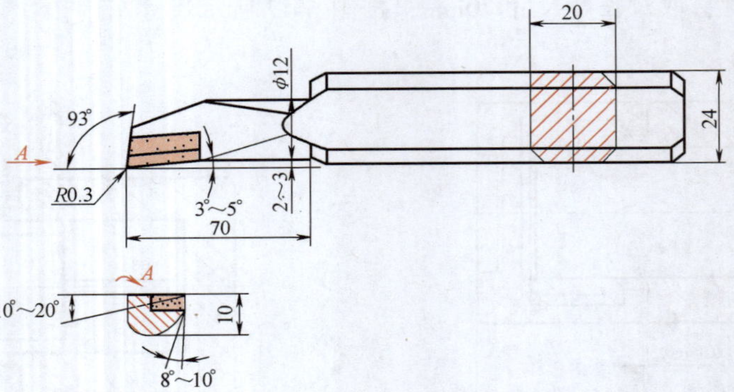

图 6-51 整体式不通孔车刀

② 车削 B40×3-7C 外螺纹时，选用锯齿形外螺纹车刀，如图 6-52 所示。

③ 车削 B40×3-7A 内螺纹时，选用锯齿形内螺纹车刀，其几何形状及角度如图 6-53 所示。

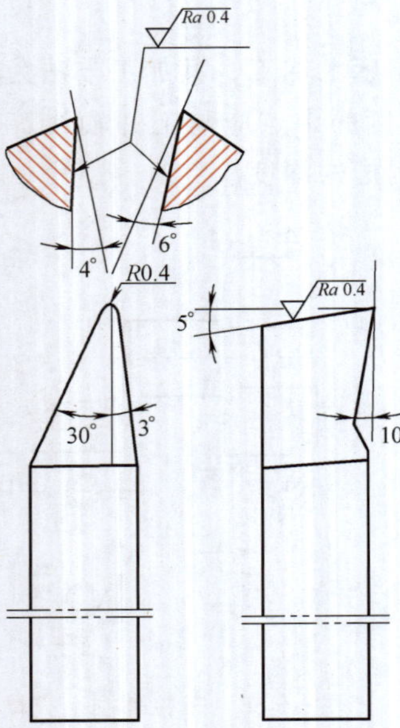

图 6-52 锯齿形外螺纹车刀

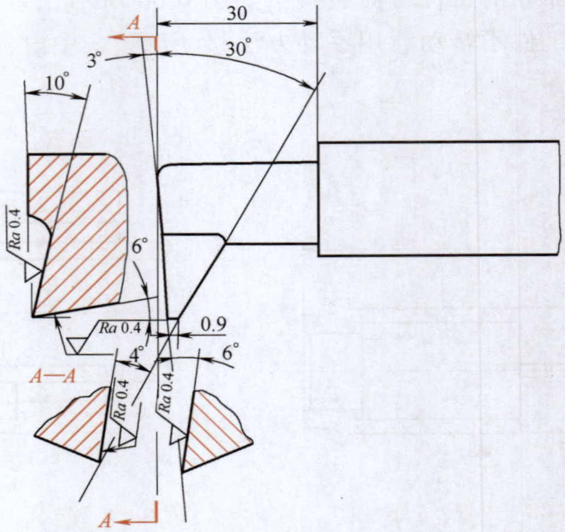

图 6-53 锯齿形内螺纹车刀

3. 工件加工

各组成件的车削工艺内容见表 6-4~表 6-7。

表 6-4　螺纹套（件 2）的车削工艺内容

工序号	工序内容	备注
1	用自定心卡盘夹住毛坯外圆 1）车端面 2）车外圆 ϕ48mm 至尺寸 3）倒角 $C1$	
2	调头，用软卡爪夹住外圆 ϕ48mm，在一次装夹中完成车削 1）车端面，控制总长尺寸至 70mm 2）车 B40×3-7C 螺纹大径至 $\phi40_{-0.062}^{0}$mm，长度尺寸 45mm 至 $45_{-0.15}^{-0.10}$mm 3）车外沟槽 5mm×3mm 4）钻孔 ϕ25mm，深度为 59mm（包括钻尖部分） 5）用平头钻钻 ϕ26mm 孔，深度尺寸为 59.5～59.8mm 6）粗、精车孔 ϕ28H8（$_{0}^{+0.033}$）至尺寸，深度尺寸 60mm 车至 $60_{+0.05}^{+0.10}$mm 7）孔口倒角 $C1$ 8）粗、精车 B40×3-7C 外螺纹至尺寸	

表 6-5　螺母（件 4）的车削工艺内容

工序号	工序内容	备注
1	采用自定心卡盘夹住毛坯外圆，长度为 5mm 1）车端面 2）车外圆 ϕ48mm 至尺寸 3）倒角 $C1$	
2	用软卡爪夹住外圆 ϕ48mm 1）车端面，尺寸 35mm 车至 $35_{-0.10}^{+0.05}$mm 2）钻孔 ϕ23mm（钻通） 3）车孔 ϕ25H9（$_{0}^{+0.052}$）至尺寸 4）车孔 ϕ32mm 至尺寸，控制长度尺寸 5mm 至（5±0.05）mm 5）车 B40×3 螺纹底孔至 $\phi33.5_{+0.15}^{+0.25}$mm 6）车内沟槽 5mm×3.5mm 7）倒钝锐角 8）粗、精车 B40×3-7A 内螺纹至尺寸	

表 6-6　心轴（件 1）的车削工艺内容

工序号	工序内容	备注
1	采用自定心卡盘夹住毛坯外圆 1）车端面，光出即可 2）钻中心孔 ϕ3.15mm A 型	
2	一端夹住，另一端顶住 1）车外圆 $\phi28_{-0.021}^{0}$mm 至尺寸 2）控制长度尺寸 45mm（45mm＝70mm−25mm），车外圆 $\phi22_{-0.021}^{0}$mm 至尺寸 3）控制尺寸 12mm，车外圆 $\phi18_{-0.033}^{0}$mm 至尺寸 4）倒角 $C1$，其余锐角倒钝	
3	用软卡爪夹住 $\phi22_{-0.021}^{0}$mm 外圆 1）车端面，长度尺寸 70mm 按图 6-42 所示要求车削 2）倒角 $C1$ 3）车拉槽 2mm×0.5mm 至尺寸	

表 6-7 套筒（件 3）的车削工艺内容

工序号	工序内容	备注
1	采用自定心卡盘夹住毛坯外圆，长度为 7mm 1）车端面 2）车外圆 ϕ32mm 至尺寸 3）车外圆 $\phi 28_{-0.021}^{\ 0}$ mm 至尺寸，长度为 36mm 4）车孔 ϕ18H10（$_{0}^{+0.07}$）至尺寸 5）粗、精车孔 ϕ22H8（$_{0}^{+0.033}$）至尺寸，深度尺寸为 35mm 6）倒钝锐角	
2	调头，用软卡爪夹住外圆 $\phi 28_{-0.021}^{\ 0}$ mm（轻夹，防止外圆变形），找正外圆径向圆跳动不大于 0.01mm 1）车端面，尺寸 45mm 与件 1 的 $\phi 18_{-0.033}^{\ 0}$ mm 外圆端面齐平（见图 6-48） 2）车肩圆 $\phi 25_{-0.033}^{\ 0}$ mm 至尺寸，肩长 5mm 与件 4 的 ϕ25H9 孔端面齐平（见图 6-49） 3）倒角 $C1$，其余锐角倒钝	

6.3.3 精度检验及误差分析

（1）件 2 孔 ϕ28H8（$_{0}^{+0.033}$）的检验　使用内径指示表测量。测量方法是用 ϕ28mm 标准环规或量规调整内径指示表，将指针调至零位。测量时，使测杆与孔壁垂直，且沿孔的中心线方向微微来回摆动，若指针沿顺时针方向离开零位，表示孔径小于标准环规的孔径，偏离值即为两者的差值；若指针沿逆时针方向离开零位，则表示孔径大于标准环规的孔径。用上述方法测量若干部位。

测量 ϕ28H8（$_{0}^{+0.033}$）孔的另一种方法是使用 ϕ28H8 塞规进行测量，但塞规通端的外圆上一定要有通气槽，否则塞规要塞到孔底比较困难。

（2）内、外螺纹 B40×3 的检验　用螺纹量规综合测量。

（3）尺寸（80±0.15）mm 及间隙 0.1~0.3mm 的检验　测量时。将件 1~4 按装配图（图 6-41）装配，并先调整间隙至 0.1~0.3mm，用指示表及量块配合测量件 1、件 3、件 4 右端面，其尺寸均应符合（80±0.15）mm。

6.4 技能训练——蜗杆箱的加工

加工图 6-54 所示的蜗杆箱。箱体材料为球墨铸铁，加工数量为每次 1~2 件。

1. 分析图样

1）工件外形比较奇特，两孔中心线平行，精度要求一般，但定位与夹紧较困难。

2）ϕ45mm 凸台端面与 ϕ65mm 凸台端面在同一水平线上，并与 ϕ40H7 孔中心线垂直，垂直度公差为 0.07mm。

3）ϕ45H7、ϕ22H9 孔公共中心线为基准中心线，两孔同一中心线的同轴度公差为 ϕ0.06mm。

4）ϕ45H7、ϕ40H7 孔公共中心线与基准中心线的距离为 $66_{\ 0}^{+0.1}$mm，平行度公差为 ϕ0.1mm。两孔中心线的同轴度公差为 ϕ0.04mm。

5）主要加工表面粗糙度值为 Ra1.6μm、Ra3.2μm。

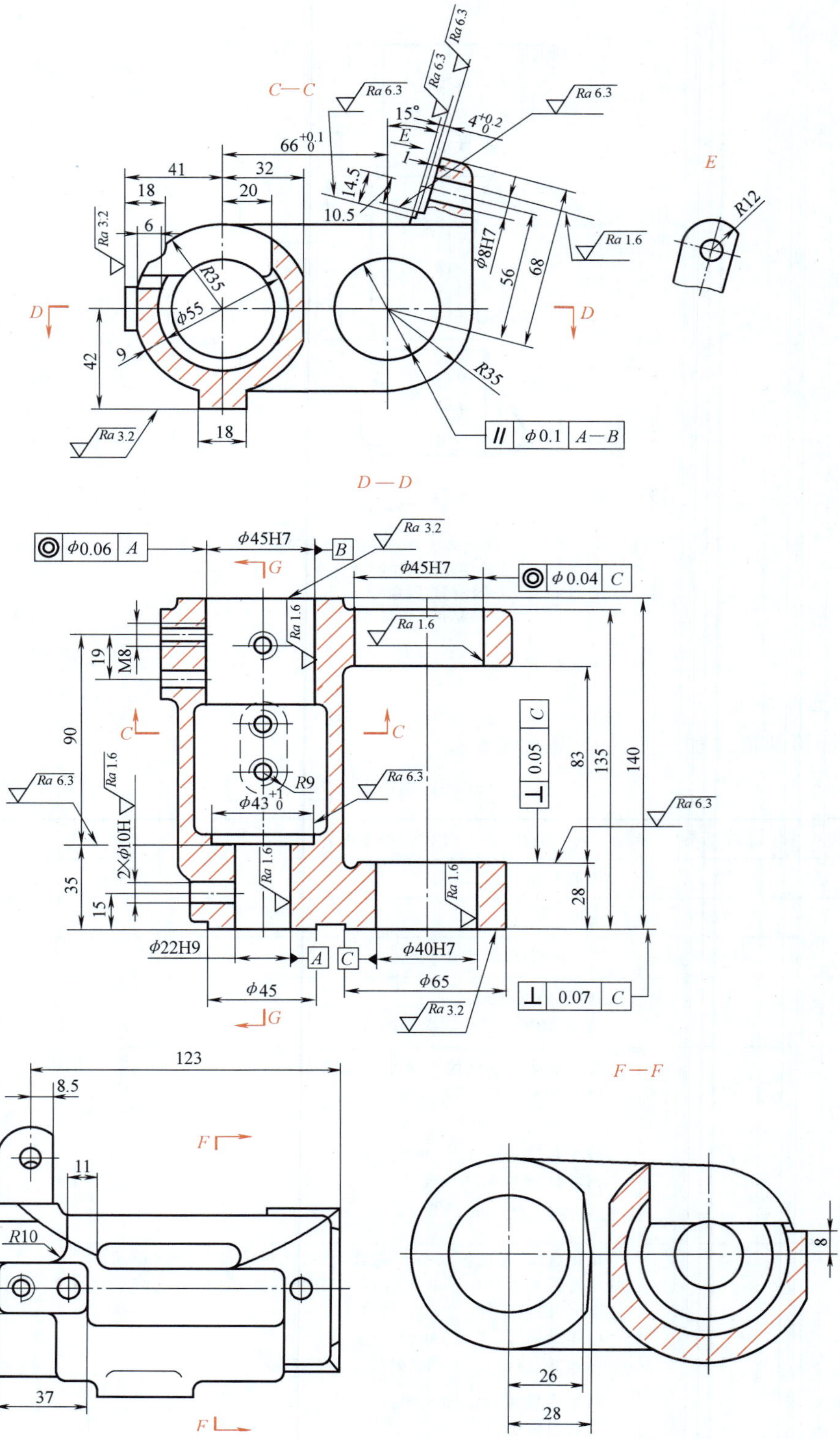
C—C
Ra 6.3
Ra 6.3
Ra 6.3
Ra 6.3
15°
$4^{+0.2}_{0}$
$66^{+0.1}_{0}$
E
1
41
32
18
20
14.5
10.5
Ra 3.2
6
R35
φ55
φ8H7
56
68
Ra 1.6
D
D
42
9
R35
18
Ra 3.2
// φ0.1 A—B
E
R12
D—D
◎ φ0.06 A
φ45H7
B
Ra 3.2
G
φ45H7
◎ φ0.04 C
Ra 1.6
Ra 1.6
19
M8
90
C
C
⊥ 0.05 C
83
135
140
Ra 6.3
Ra 1.6
R9
Ra 6.3
$φ43^{+1}_{0}$
Ra 6.3
2×φ10H
Ra 1.6
Ra 1.6
35
15
28
φ22H9
A
C
φ40H7
φ65
φ45
⊥ 0.07 C
Ra 3.2
G
123
8.5
F
11
R10
20
10
37
F
F—F
8
26
28

图 6-54　蜗杆箱

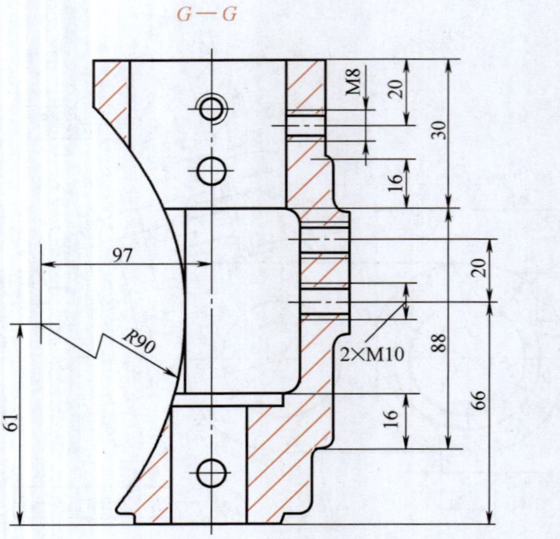

技术要求

1.铸件不允许有砂孔、气孔等缺陷。
2.铸件须经人工时效处理。
3.未注铸造圆角$R3 \sim R5$。
4.材料为QT400－18。

图 6-54　蜗杆箱（续）

2. 工件加工

蜗杆箱的机械加工工艺过程见表 6-8。

表 6-8　蜗杆箱的机械加工工艺过程

工序号	工序名称	加工内容	备注
1	铸	铸造毛坯	
2	清砂	清砂	
3	热处理	人工时效处理（烘）	
4	钳	划线，照顾外形尺寸 划 ϕ22H9 孔中心线及端面线	
5	车	采用单动卡盘夹住工件外形，按划线找正 1）根据划线粗、精车端面 2）钻通孔 ϕ20mm 3）车孔至 $\phi21.8^{+0.05}_{0}$mm 4）孔口倒角 5）铰孔 ϕ22H9（$^{+0.052}_{0}$）	
6	车	光花盘面，将定位块装于花盘面上，找正定位头外圆径向圆跳动量不大于 0.01mm，工件以 ϕ22H9 孔及端面定位，装于定位块上，固定工件 1）车端面，尺寸为 140mm 2）车孔 ϕ45mm 至 $\phi44.8^{+0.05}_{0}$mm 3）车内肩圆 ϕ43mm×35mm 至尺寸 4）孔口倒角 5）铰 ϕ45H7（$^{+0.025}_{0}$）孔至尺寸	

（续）

工序号	工序名称	加工内容	备注
7	车	将定位块转 180°拆装，找正定位块轴线距尺寸 66mm，工件以 ϕ22H9 孔及端面定位，装于定位块上，找正工件外形后固定 1）车孔至 $\phi 39.8^{+0.05}_{0}$mm 2）车孔至 $\phi 44.8^{+0.05}_{0}$mm 3）刮（车）内端面，尺寸为 28mm 4）孔口倒角 5）铰孔 ϕ40H7（$^{+0.025}_{0}$）至尺寸 6）铰孔 ϕ45H7（$^{+0.025}_{0}$）至尺寸	
8	铣	工件装夹于机用虎钳中，找正孔公共中心线与工作台平行，转动铣头角度 1）铣 1mm×14.5mm×15°斜面 2）铣 $4^{+0.2}_{0}$ mm ×10.5mm×15°斜面	
9	铣	工件装夹于机用虎钳中，找正 1）铣 20mm×37mm 平面至尺寸 41mm 2）铣 18mm×38mm×R9mm 顶面至尺寸 42mm 3）按尺寸 61mm×97mm 铣 R90mm 圆弧 4）锐角修钝	
10	钳	工件装夹于角度台虎钳（或正弦规）上，找正（见 C—C 图） 1）划钻孔 ϕ7.8mm，铰孔 ϕ8H7 至尺寸。改装工件于台虎钳上，找正（见 A—A 图） 2）划钻、扩孔至 2×ϕ9.8mm，铰孔 2×ϕ10H7 至尺寸 3）划钻 M8 底孔至 ϕ6.7mm，攻 M8 内螺纹至尺寸，改装工件（见 B—B 图） 4）划钻 2×M10 底孔至 ϕ8.5mm，攻 M10 内螺纹至尺寸 5）划钻 M8 底孔至 ϕ6.7mm，攻 M8 内螺纹至尺寸 6）锐角修钝	
11	普	清洗、涂油、入库	

项目 7

设备维护与保养

思维导图：

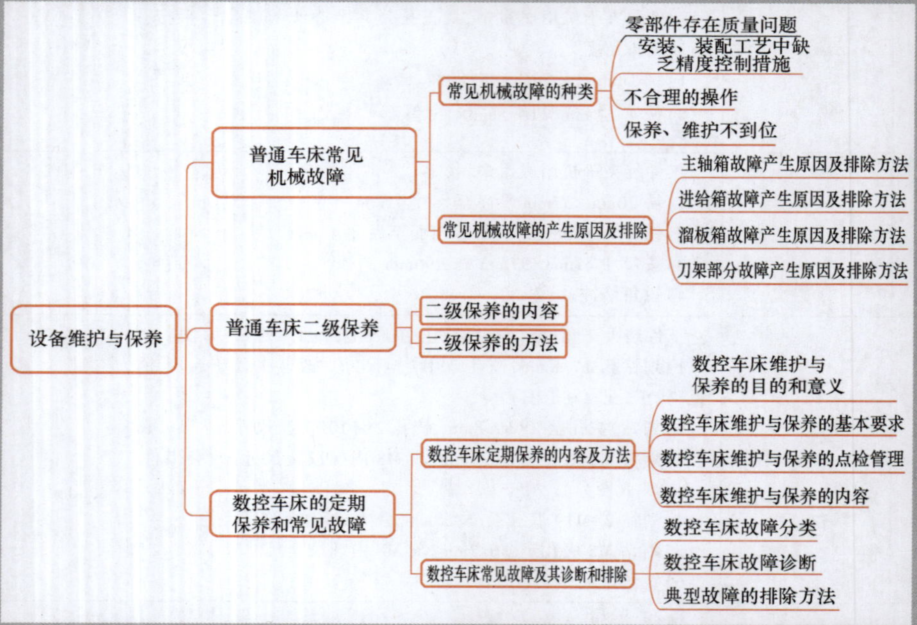

7.1　普通车床常见机械故障

7.1.1　普通车床常见机械故障的种类

普通车床属于机械行业中最为常见的装备，运行中涉及很多技术，如电机技术、传感技术、自动化技术等，表现出综合性的特点。普通车床在机械行业中，用于加工各种各样的回转表层，如圆面、圆锥面等，同时也能够加工螺纹、沟槽等。利用床身、刀架等普通车床的部件，配合普通车床的工作原理，可以实现主运动、进给运动，在车床车刀、工件的运动过程中，将毛坯可以加工成指定的几何尺寸。普通车床的故障出现于日常的运行和使用中，为了提高其工作能力，应该将故障作为首要的监督对象，保护好普通车床的运行过程。普通车床发生故障前存在一些典型的征兆，有经验的操作人员会根据车床故障的征兆，大概判断运行故障，及时把控车床运行中的故障信息，弥补车床运行时的缺陷，进而落实好排除故障的方法。

普通车床的故障原因表现出多样化的特点，以下列举普通车床故障中最常见的故障。

1）普通车床零部件存在质量问题。车床本身的机械装置、元件设备等在车床运行过程中如果存在质量问题，导致自身出现失灵或失控的情况，就会影响到普通车床的整体情况，引发磨损、破坏等问题，直接影响车床的加工精度，进而干扰普通车床的实际运行。零部件存在质量问题是导致普通车床故障的最直接的原因，会引发一系列故障问题。

2）普通车床的安装、装配工艺中缺乏精度控制措施。例如，在 CA6140 型卧式车床主体安装中，主轴锥孔中心线和尾座顶尖套锥孔中心线对溜板移动的等高度公差为 0.06mm，并且只可尾座高，如图 7-1 所示。用百分表及磁性表座、检验棒、6 号和 5 号莫氏锥柄顶尖各一件，移动溜板，在检验棒两端的上素线上进行检测。溜板移动对主轴轴线平行度的检测如图 7-2 所示。在 300mm 的测量长度上，在 *a* 素线上测量允许误差为 0.03mm，只允许伸出的一端向上翘；在 *b* 素线上测量允许误差为 0.015mm，只允许伸出端向操作者方面偏。

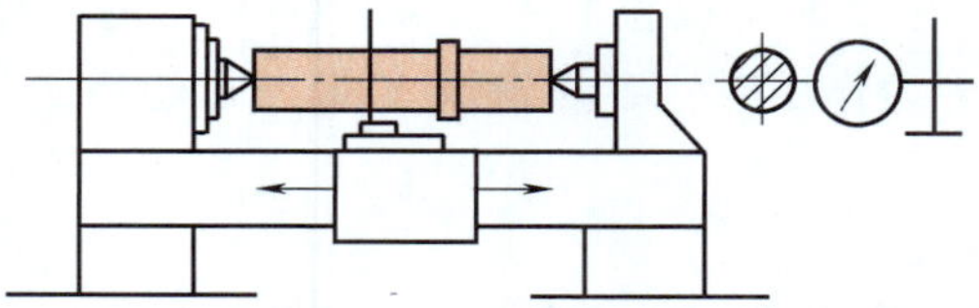

图 7-1　主轴锥孔中心线和尾座顶尖套锥孔中心线对溜板移动等高度的检测

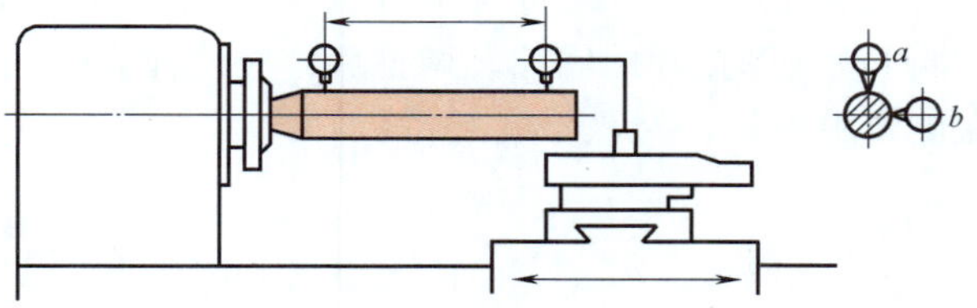

图 7-2　溜板移动对主轴轴线平行度的检测

安装中如果没有严格按照精度进行控制，只要有一处出现故障，就会影响普通车床的整体精度，不能保障普通车床的有效装配，从而导致安装与装配误差，在车床运行中引发故障干扰，逐渐降低车床运行的精确度。

3）使用普通车床时，存在不合理的操作，干扰了车床的技术参数，导致车床在自身加工范围内缺乏有效的工作能力。在普通车床操作中，如果操作人员不能按照车床的工作规程执行，就会引起诸多故障问题，尤其是会影响普通车床的精确度，直接增加了车床的运行负担，加重了车床的使用压力。

4）在普通车床运行中，保养与维修措施不到位。保养与维修是降低故障发生率的一项措施，而且决定了车床的使用效率。车床如果缺乏保养、维修，将导致其处于“带病”作业状态，不能维持良好的工作状态，就会缩短车床的运行寿命，降低其加工效率。

7.1.2　普通车床常见机械故障的产生原因及排除

下面以 CA6140 型卧式车床为例，介绍一般常见机械故障的具体表现、产生原因及其排除方法。

一、主轴箱故障产生原因及排除方法

1. 开机时主轴不起动，切削时主轴转速自动降低或自动停机（俗称“闷车”）

（1）故障产生原因

1）摩擦片磨损或碎裂。当机床切削载荷超过调整好的摩擦片所传递的转矩时，摩擦片之间就会产生相对滑动现象，其表面很容易被拖研出较深的沟痕，使摩擦片表面的渗碳淬硬层被逐渐磨削直至全部磨削掉，造成离合器失去应有的传递转矩的效能，影响主轴起动或正常运转。

2）摩擦片打滑。由于摩擦片之间的间隙太大，当主轴处于运转常态时，摩擦片没有完全被压紧，因此一旦受到切削力的影响或当切削力较大时，主轴就会停止正常运转，产生摩擦片打滑，造成“闷车”现象。

3）主轴箱外变速手柄定位不牢靠。由于变速手柄定位弹簧过松，使定位不牢靠，当主轴受到切削力作用时，啮合齿轮可能发生轴向位移，脱离了正常啮合位置，使主轴停止转动。

4）电动机 V 带过松。V 带太松或松紧不一致，使 V 带与带轮槽之间的摩擦力明显减小，因此，当主轴受到切削力作用时，容易造成 V 带与带轮槽之间互相打滑，使主轴转速降低或停止转动。

（2）故障排除方法

1）更新摩擦片。对严重磨损或碎裂的摩擦片更换新的摩擦片。

2）调整摩擦片间隙，增大摩擦力，使主轴能正常运转，调整方法如图 7-3 所示。先用一字槽螺钉旋具把弹簧销 3 从加压套 1 或 2 的缺口中按下，然后转动加压套，使其相对螺圈 4 做微量的轴向位移，即可改变摩擦片的间隙。调整后，应使弹簧销从加压套的任一缺口中弹出，以防止加压套在旋转中松脱。

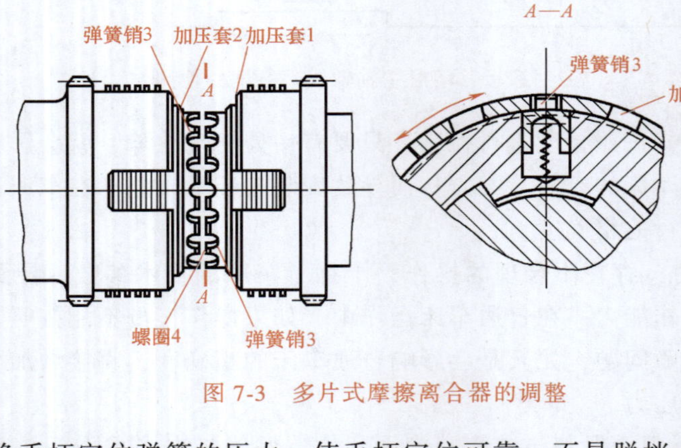

图 7-3　多片式摩擦离合器的调整

3）调整变换手柄定位弹簧的压力，使手柄定位可靠，不易脱档。检查并调整手柄定位位置与齿轮啮合状况。

4）调整两带轮之间的轴线距离或更换 V 带。使四根 V 带受力基本均匀，运转时有足够的摩擦力。但不能使 V 带太紧，否则会引起电动机发热。

2. 摩擦离合器操纵手柄处于停机位置时主轴制动不灵

（1）故障产生原因

1）摩擦片之间的间隙过小。当操纵手柄处于停机位置时，如果摩擦片之间的间隙过小，内外摩擦片之间就不能立即脱开，或者无法完全脱开。这时，摩擦离合器传递运动转矩的效能并没有随之消失，主轴仍然继续旋转，因此，出现了停机后主轴制动不灵的“自转”现象，这样就失去了保险作用，而且操纵费力。

2）制动器制动带太松或制动带断裂。制动器的操纵与双向多片式摩擦离合器的操纵是联动的。当主轴处于转动状态时，制动器不起作用。当操纵手柄处于停机位置时，离合器的内外摩擦片已经脱开，如果此时制动带在制动盘上太松或者断裂，使制动器失去功用，主轴不能迅速停止转动，即出现主轴制动不灵的“自转”现象。

3）齿条轴与制动器杠杆的接触位置不正确。如图 7-4 所示，主轴箱内齿条轴 13 所处的轴向位置正确与否，将直接影响车床的正常运转与制动。当操纵手柄 6 处于停机位置时，制动器杠杆 12 应处于齿条轴凸起部分的中间（图 7-4 中的 a 位置）。正转或反转时，杠杆应处于凸起部分左、右的凹圆弧处。如果两者位置不正确，就会造成在制动状态下主轴运转。

（2）故障排除方法

1）调整后内外摩擦片，使其间隙适当，既能保证传递额定的转矩，又不至于发生过热现象。

2）调整制动带的松紧程度。方法是将螺母松开后，旋转图 7-4 中的螺钉 11 进行调整。调整后制动带在制动轮上的松紧程度应适当，即停机后，由主轴旋转的惯性所造成的“自转”应控制在原转速的 1%左右。但制动带不能拉得过紧，以免因摩擦力太大而将摩擦表面烧坏，使制动带扭曲变形。如果发现制动带断裂，则应更换新件。

3）调整齿条轴 13 与扇形齿 1 的啮合位置（图 7-4），使齿条轴处在正确的轴向位置。

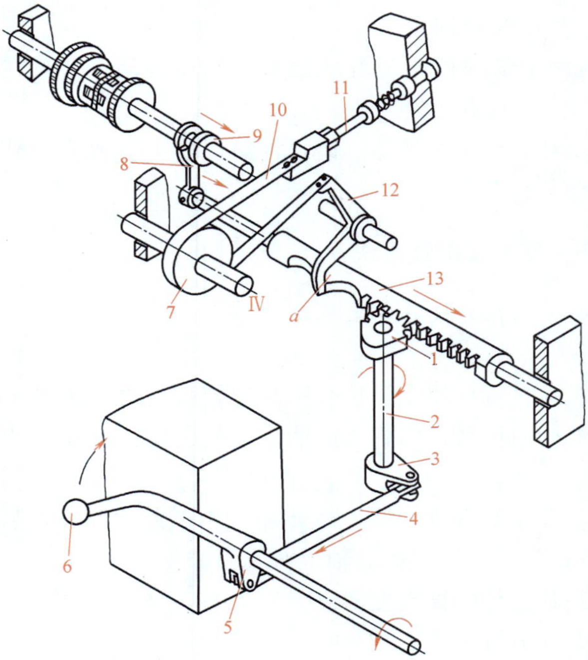

图 7-4　摩擦离合器、制动器的操纵机构

1—扇形齿　2—轴　3—杠杆　4—连杆　5—操纵杆　6—操纵手柄　7—制动轮
8—拨叉　9—滑环　10—钢带　11—螺钉　12—制动器杠杆　13—齿条轴

3. 主轴发热（非正常温升），主轴箱温升过高，引起车床热变形

（1）故障产生原因

1）主轴轴承间隙过小。在主轴高速运转及切削力作用下，使轴承间的摩擦力增加而产生摩擦热。

2）主轴轴承供油过少。由于缺润滑油润滑造成干摩擦，使主轴发热。主轴前、后轴承的润滑油由油泵供油，润滑油通过油孔对轴承进行充分的润滑，并带走轴承运转时所产生的热量。

3）主轴弯曲。在长期的全负荷车削中，主轴刚性降低，发生弯曲，传动不平稳，使接触部位产生摩擦而发热。

（2）故障排除方法

1）调整主轴轴承，适当增大间隙。前端轴承的调整方法如图 7-5 所示。调整前先旋出罩壳 5 上的螺钉并取下罩壳。调整时松开左端带锁紧螺钉 2 的调整螺母 1，拧动支承右端的调整螺母 6，这时短圆柱滚子轴承 4 的内环就相对于主轴锥面向左移动，由于轴承内环很薄，而且内孔也和主轴锥孔一样，具有 1∶12 的锥度，因此，内环在轴向移动的同时会产生径向弹性胀缩，从而达到调整轴承径向间隙的目的。调整后应装上罩壳 5，并用螺钉固定。

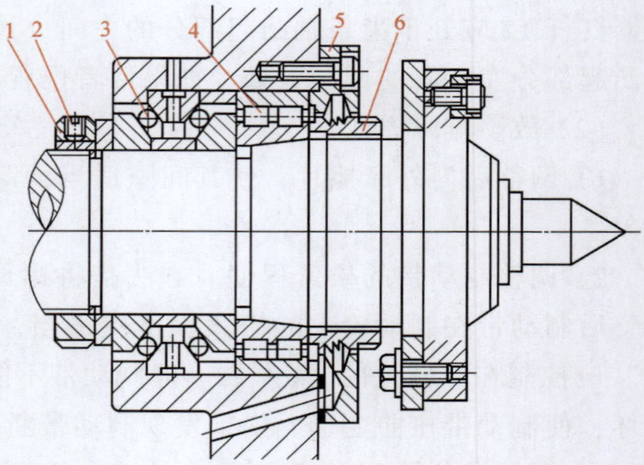

图 7-5　主轴轴承间隙的调整

1、6—调整螺母　2—锁紧螺钉　3、4—轴承　5—罩壳

轴承调整后，应检测主轴的径向圆跳动误差和轴向窜动，并且在主轴高速运转 1h 后，轴承温度不应高于 70℃。

2）控制润滑油的供给。清洗过滤器、疏通油路，使主轴轴承得到充分润滑。

3）尽量避免长期全负荷车削。

二、进给箱故障产生原因及排除方法

1. 进给箱上的变换手柄在开机时发生振动

（1）故障产生原因

1）齿轮端面与轴线的垂直度超差，这会引起进给箱上的手柄在开机时发生振动。

2）传动轴弯曲。进给箱传动轴的直线度严重超差也会产生振动。

（2）故障排除方法

1）修复齿轮端面。首先要查清是哪一档转速发生了此故障，然后就能找出哪只齿轮端面有问题，接着拆卸齿轮并将其装夹在心轴上对端面修复。

2）拆下传动轴，对其进行校直或更换。

2. 车削过程中进给箱手柄位移

（1）故障产生原因

1）手柄定位不可靠。手柄定位不正确或者定位弹簧失去作用，切削时引起手柄位移。

2）齿轮端面与轴线垂直度严重超差，这也会引起切削时进给箱手柄位移。

(2) 故障排除方法

1) 手柄重新定位或更换弹簧。

2) 修复齿轮端面。

三、溜板箱故障产生原因及排除方法

1. 溜板箱自动进给手柄容易脱开故障产生原因

1) 进给手柄的定位弹簧压力过小，这也会引起自动进给手柄脱开。

2) 安全离合器弹簧压力不足，导致进给时进给手柄脱开。

2. 故障排除方法

1) 调紧弹簧压力。若手柄定位孔磨损，可焊补后重新钻孔。

2) 调整安全离合器弹簧弹力。机床许可的最大进给力取决于弹簧调定压力，调整方法如图7-6所示。用旋具将溜板箱左边的盖板打开，先用呆扳手松开锁紧螺母2，然后拧紧调整螺母3，通过拉杆1和箱内圆销8调整弹簧座9的轴向位置，使弹簧的压力松紧程度适当。即当进给力过载时，进给运动能迅速停止即可，然后用螺母2锁紧。

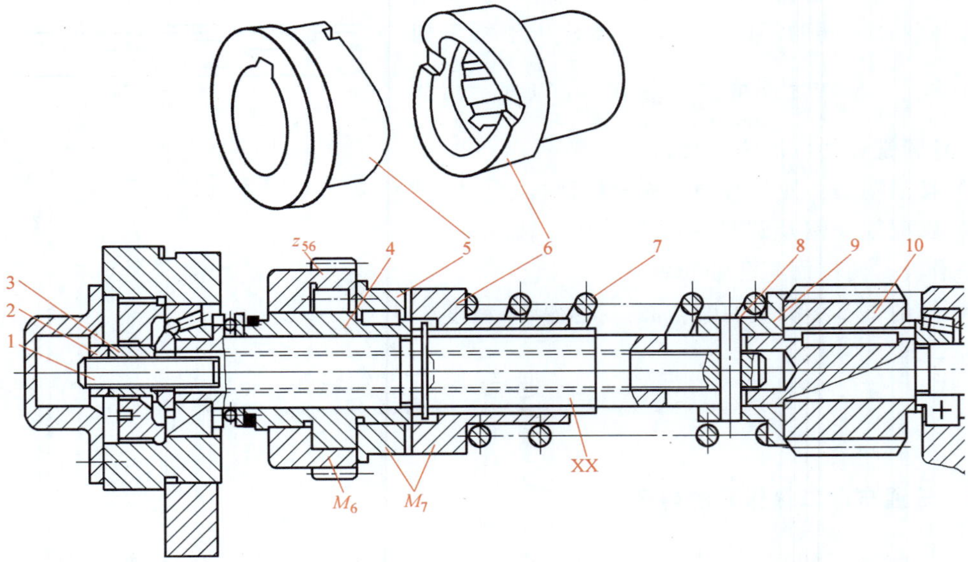

图7-6 安全离合器

1—拉杆 2—锁紧螺母 3—调整螺母 4—超越离合器的星轮 5—离合器左半部 6—离合器右半部 7—弹簧 8—圆销 9—弹簧座 10—蜗杆

对于其他采用“脱落蜗杆”结构的车床，如果溜板箱内脱落蜗杆的压力弹簧调节得太松，或者蜗杆托架上的控制板（又称长板）与压杆的倾角磨损得太多，都会造成溜板自动进给手柄脱开。

排除方法：脱落蜗杆的负载能力由压力弹簧的压力决定，如果蜗杆在进给力不大时自行脱落，只需拧紧螺母调整弹簧的压力即可。调整后应保证在切削时，既能正常传递动力进行纵向或横向进给，又能保证过载时自行脱开，停止机动进给。

若托架上的控制板与压杆的倾角磨损得太多，可以焊补控制板，并将其修锐。

四、刀架部分故障产生原因及排除方法

1. 横向移动手柄转动不灵活、轻重不一致故障产生原因

1）中滑板丝杠弯曲，造成与螺母接触不良，转动丝杠时手柄轻重不一致。

2）中滑板丝杠与螺母间隙未调整好。左、右两半螺母间隙不一致，使手柄转动时不灵活。

3）镶条接触不良，使中滑板与床鞍导轨间隙调整不好，造成手柄转动不灵活。

4）中滑板刻度圈在加工中产生变形，使端面与轴线不垂直、圆盘端面与内孔轴线不垂直或中滑板上孔轴线与端面不垂直等，使手柄转动轻重不一致。

2. 故障排除方法

1）拆卸中滑板丝杠，对其进行校直。

2）正确调整中滑板丝杠与螺母的间隙，调整方法如图 7-7 所示。先拧紧螺钉 4，使后螺母 6 固定，然后逐步拧紧楔块 8 的紧固螺钉 3，使楔块随之上移，依靠侧面的斜楔作用将前螺母 1 向左挤，以减小螺母与丝杠之间的间隙。调整后要求中滑板手柄转动灵活，正反转之间的空程量在 $\frac{1}{20}$r 以内。调整好后，拧紧螺钉 2 以固定前螺母 1。

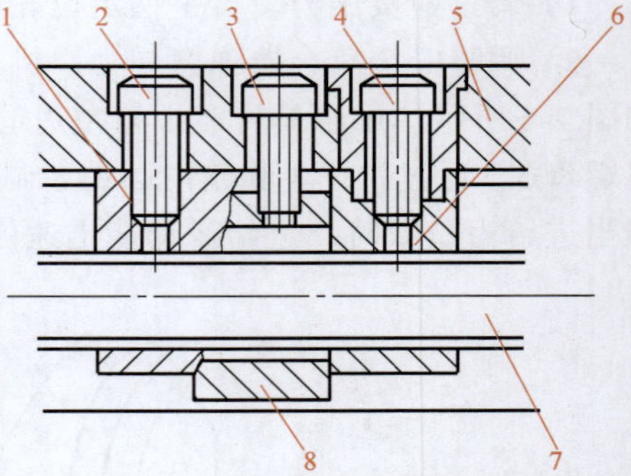

图 7-7　中滑板丝杠与螺母间隙的调整

1—前螺母　2~4—螺钉　5—中滑板

6—后螺母　7—丝杠　8—楔块

3）修刮镶条，使其与中滑板导轨面接触良好。

4）修配刻度圈及圆盘端面，使其与轴线垂直；修刮中滑板，使该面与孔轴线垂直。

5）修刮中、小滑板的贴合面，提高接触精度。

7.2　普通车床二级保养

7.2.1　普通车床二级保养的内容

机床每运行 2500h 后，应以维修工人为主、操作工人为辅进行一次二级保养。二级保养的主要内容如下：

1）检查并清洗主轴箱、进给箱、溜板箱等部件，修复或更换易损件，检查并调整摩擦离合器、脱落蜗杆等变速、联锁、制动机构，保证其性能良好、动作可靠。

2）检查并修补导轨，刮掉导轨拉伤处，修刮各滑动面镶条并调整间隙，检查并调整横丝杠与螺母之间的间隙。

3）检查并清洗尾座套筒锥孔，刮除毛刺及拉伤。

4）清洗并更换润滑部位处的油毡、油线和管路，治理漏（渗）油部位。

5）检查主要几何精度，并调整或修复至精度要求。

6）检查并修理元器件，保证电气联锁、限位、安全指示、过载保护等装置的灵敏可靠。

7.2.2 普通车床二级保养的方法

1. 主轴箱

1）拆洗滤油器，清洗油箱并换油，检查油质，更换的旧油应回收后交有关部门统一处理。

2）检查并酌情更换磨损件。

3）检查主轴定位螺钉，调整适当。

4）调整摩擦片间隙和制动带。

2. 刀架及滑板

1）拆洗刀架、小滑板、中滑板各件。

2）安装时调整好中滑饭、小滑板的丝杠间隙和镶条间隙。

3）检查、更换必要磨损件。

4）拆洗大拖板，疏通油路，消除毛刺。

3. 溜板箱、进给箱、三杠

1）清洗各齿轮箱，检查各部位零件，更换必要磨损件。

2）检查轴瓦间隙并酌情调整间隙。

4. 交换齿轮箱

1）拆洗交换齿轮及交换齿轮架并检查轴套有无晃动现象。

2）安装时调整好齿轮间隙并注入新油脂。

3）检查并更换必要的磨损件。

5. 尾座

1）拆洗尾座各部。

2）消除研伤毛刺，检查丝扣、丝母间隙。

3）安装时要求达到灵活可靠。

4）检查、修复尾座套筒锥度。

5）检查并更换必要的磨损件。

6. 电气部分

1）清理电动机及电气箱内外尘土。

2）检修电气元件，酌情更换电动机轴承，更换润滑脂

7. 外表

1）清理机床外表及死角，拆洗各罩盖，要求内外清洁、无锈蚀、漆见本色铁见光。

2）清洗三杠及齿条，要求无油污。

3）检查并补齐螺钉等。

8. 润滑冷却部分

1）清洗冷却泵、冷却槽。

2）检查并保持油质良好、油杯齐全、油窗明亮。

3）清洗油线、油毡，注入新油，要求油路畅通。

4）拆洗油泵，检查并更换必要的磨损件。

9. 其他

1）检查导轨面，修光毛刺，对研伤部位进行必要的修复。

2）检查并调整主要精度项目，达到出厂标准或工艺要求，做好验收记录。

3）保养附件，达到整洁完好。

7.3 数控车床的定期保养和常见故障

7.3.1 数控车床定期保养的内容及方法

1. 数控车床维护与保养的目的和意义

数控车床是一种综合应用了计算机技术、自动控制技术、自动检测技术以及精密机械设计和制造等先进技术的高新技术产物，是技术密集程度及自动化程度都很高的、典型的机电一体化产品。与普通机床相比较，数控机床不仅具有零件加工精度高、生产效率高、产品质量稳定、自动化程度极高的特点，还可以完成普通机床难以完成或根本不能完成的复杂曲面零件的加工。因此，数控车床在机械制造业中的地位显得越来越重要。甚至可以这样说：在机械制造业中，数控车床的档次和拥有量，是衡量一个企业制造能力的重要标志。

但是，应当清楚地认识到，在企业生产中，数控车床能否发挥提高加工精度、保证产品质量稳定、提高生产效率的作用，不仅取决于车床本身的精度和性能，在很大程度上也与操作者在生产中能否正确地对数控车床进行维护保养和使用密切相关。

与此同时，还应当注意到，不能单纯地将数控车床的维护理解成在数控系统或者数控车床的机械部分和其他部分发生故障时，依靠维修人员来排除故障和及时修复，使数控车床能够尽早地投入使用，还应包括数控车床的正确使用和日常保养等工作。

综上所述，只有坚持做好数控车床的日常维护与保养工作，才可以延长元器件的使用寿命，延长机械部件的磨损周期，防止意外恶性事故的发生，争取车床长时间稳定工作；也才能充分发挥数控车床的加工优势，达到数控车床的技术性能，确保数控车床能够正常工作。因此，无论是对数控车床的操作者还是维修人员来说，数控车床的维护与保养都显得非常重要，必须给予高度重视。

2. 数控车床维护与保养的基本要求

（1）重视维护与保养工作　在思想上，要高度重视数控车床的维护与保养工作，对于数控车床的操作者更应如此，不能只管操作，而忽视了数控车床的日常维护与保养。

（2）提高操作人员的综合素质　数控车床的使用比普通车床的难度要大，这是因为数控车床是典型的机电一体化产品，其所涉及的知识面较广，操作人员应具备机、电、液、气等领域的专业知识；再有，由于其电气控制系统中的 CNC 系统升级、更新换代比较快，如果不定期参加专业理论培训学习，则不能熟练掌握新的 CNC 系统的应用。因此，对操作人员提出的素质要求是很高的。为此，必须对数控操作人员进行培训，使其对机床原理、性能、润滑部位及方式等，进行较系统的学习，为更好地使用车床奠定基础。同时，在数控车床的使用与管理方面，应制定一系列切合实际、行之有效的措施。

（3）为数控车床创造一个良好的使用环境　由于数控车床中含有大量电子元件，它们最怕阳光直接照射，也怕潮湿和粉尘、振动等，这些均可使电子元件受到腐蚀变坏或造成元件间短路，从而导致机床运行不正常。为此，要求数控机床的使用环境应保持清洁、干燥、恒温和无振动；电源应保持稳压，一般只允许±10%的波动。

（4）严格遵循正确的操作规程 无论是什么类型的数控车床，都有一套自己的操作规程，这既是保证操作人员人身安全的重要措施之一，也是保证设备安全、产品质量等的重要措施。因此，使用者必须按照操作规程正确操作，车床在第一次使用或长期未使用时，应先空转几分钟，并要特别注意使用时的开机、关机顺序和其他注意事项。

（5）尽可能提高数控车床的开动率 对新购置的数控车床应尽快投入使用，设备在使用初期故障率相对来说会大一些，用户应在保修期内充分利用设备，使其薄弱环节尽早暴露出来，在保修期内得以解决。在缺少生产任务时也不能空闲不用，要定期通电，每次空运行1h左右，利用车床运行时的发热量来去除或降低机内的湿度。

（6）冷静对待机床故障，不可盲目处理 数控车床在使用中不可避免地会出现一些故障，此时操作者要冷静对待，不可盲目处理，以免产生更为严重的后果。要注意保持现场，待维修人员来后如实说明故障前后的情况，并参与共同分析问题，以便尽早排除故障。如果故障是由操作原因引起的，操作人员要及时吸取经验，避免下次犯同样的错误。

（7）制定并严格执行数控车床管理的规章制度 除了对数控车床进行日常维护外，还必须制定并严格执行数控车床管理的规章制度。主要包括定人、定岗和定责任的“三定”制度，定期检查制度，规范的交接班制度等。这也是数控机床管理、维护与保养的主要内容。

3. 数控车床维护与保养的点检管理

由于数控车床集机、电、液、气等技术为一体，因此对它的维护要有科学的管理，应有目的地制定出相应规章制度。对维护过程中发现的故障隐患应及时排除，避免停机待修，从而延长设备的平均无故障时间，提高数控车床的利用率。开展点检是管理数控车床维护工作的有效办法。以点检为基础的设备维护，是日本在引进美国的预防维护制的基础上发展起来的一种点检管理制度。点检就是按有关维护文件的规定，对设备进行定点、定时的检查和维护。其优点是可以把要出现的故障和性能消灭在萌芽状态，防止过修或欠修；缺点是定期点检工作量大。这种在设备运行阶段以点检为核心的现代维护管理体系，能达到降低故障率和维修费用，提高维修效率的目的。

我国于20世纪80年代初引进日本的设备点检定修制，把设备操作者、维修人员和技术管理人员有机地组织起来，按照规定的检查标准和技术要求，对设备可能出现问题的部位，定人、定点、定项、定期、定法地进行检查、维修和管理，保证了设备的持续、稳定运行，促进了生产的发展和经营效益的提高。

数控车床的点检，是开展状态监测和故障诊断工作的基础，主要包括下列内容：

（1）定点 首先要确定一台数控机床有多少个维护点，科学地分析这台设备，找准可能发生故障的部位。只要把这些维护点“看住”，有了故障就能及时发现。

（2）定标 对每个维护点要逐个制定标准，如间隙、温度、压力、流量、松紧度等，都要有明确的数量标准，只要不超过规定标准就不算故障。

（3）定期 多长时间检查一次，要定出检查周期。有的点可能每班要检查几次，有的点可能一个月或几个月检查一次，要根据具体情况确定。

(4) 定项　每个维护点检查哪些项目也要有明确规定。每个点可能检查一项，也可能检查几项。

(5) 定人　由谁进行检查，是操作者、维修人员还是技术人员，应根据检查部位和技术精度要求落实到人。

(6) 定法　怎样检查也要有规定，是人工观察还是用仪器测量，是采用普通仪器还是精密仪器。

(7) 检查　检查的环境、步骤要有规定，是在生产运行中检查还是停机检查，是解体检查还是不解体检查。

(8) 记录　检查要详细做记录，并按规定格式填写清楚。要填写检查数据及其与规定标准的差值、判定印象、处理意见，检查者要签名并注明检查时间。

(9) 处理　检查中间能处理和调整的要及时处理和调整，并将处理结果记入处理记录。没有能力或没有条件处理的，要及时报告有关人员安排处理。但任何人、任何时间处理都要填写处理记录。

(10) 分析　检查记录和处理记录都要定期进行系统分析，找出薄弱“维护点”，即对故障率高的点或损失大的环节提出意见，交设计人员进行改进设计。

数控车床的点检可分为日常点检和专职点检两个层次。日常点检负责对车床的一般部件进行点检，处理和检查车床在运行过程中出现的故障，由机床操作人员进行。专职点检负责对车床的关键部位和重要部件按周期进行重点点检以及设备状态监测与故障诊断，制订点检计划，做好诊断记录，分析维修结果，提出改善设备维护管理工作的建议，由专职维修人员进行。

数控车床的点检作为一项工作制度，必须认真执行并持之以恒，这样才能保证机床的正常运行。

4. 数控车床维护与保养的内容

(1) 数控车床日常和定期保养　数控车床的保养工作直接影响零件加工质量的好坏和生产效率的高低。为了保持数控车床的精度和延长其使用寿命，操作人员除了应能熟练地操作数控车床外，还应学会对数控车床进行合理的维护与保养，见表 7-1。

表 7-1　数控车床日常和定期保养的内容及要求

保养部位	日常保养内容和要求	定期保养的内容和要求
外观部分	1) 车床表面，所有加工面涂防锈油 2) 清除切屑（内、外） 3) 检查机床内外有无磕碰、拉伤现象	清除各部件上的切屑、油垢，保持内外清洁，做到无死角，无锈蚀
机械部分	(1) 主轴部分 1) 检查液压夹具运转情况 2) 检查主轴运转情况 (2) 尾座部分 1) 移动尾座清理底面、导轨（每周一次） 2) 拿下顶尖清理锥孔（每周一次）	(1) 液压及切削液箱 1) 清洗过滤器 2) 油管畅通、油窗明亮 3) 液压站无油垢、灰尘 4) 切削液箱内加防腐剂 (2) 机床本体及清屑器 1) 卸下并清洗刀架尾座的挡屑板 2) 清理清洗屑器上的残余切屑，每 3~6 个月（根据工作量大小）卸下清屑器，清理机床内部 3) 清理回转刀架上的全部切屑

（续）

保养部位	日常保养内容和要求	定期保养的内容和要求
润滑部分	1）检查各润滑油箱的油量 2）各手动加油点按规定加油，并旋转过滤器	1）检查各润滑油管是否畅通无阻 2）各润滑点加油，并检查油箱内有无沉淀物 3）试验自动加油器的可靠性 4）每月用纱布擦拭读带机各部位，每半年对各运转点至少润滑一次 5）每周检查一下过滤器是否干净，若较脏，必须洗净，清洗周期不得超过一个月
电气部分	1）检查三色灯、开关 2）检查操纵板上各部分位置	1）检查电动机电刷（每年一次，由维修电工负责），如果不符合要求，应立即更换 2）检查热交换器清理（每年至少一次） 3）擦拭电气箱内外，做到无油垢、无灰尘 4）各接触点应良好、不漏电 5）各开关应灵敏可靠
其他部分	1）检查液压系统有无漏油、发热现象 2）检查切削液系统工作是否正常 3）工件排列整齐 4）清理机床周围 5）认真填写好交接班记录及其他记录	

（2）数控车床一级保养　当数控车床运转 500h 后，必须对其进行一级保养。在企业中，一级保养工作以操作工人为主，维修工人配合进行。一级保养的步骤如下：

1）切断电源。保养时必须切断电源，以确保操作安全。

2）清理工作位置，清洗机床外表。

3）拆下并清洗机床各罩壳，保持内外清洁，无锈蚀，无油污。

4）刀架和滑板部分的保养。

① 拆下方刀架清洗。

② 拆下小滑板丝杠、螺母、镶条清洗。

③ 拆下中滑板丝杠、螺母、镶条清洗。

④ 拆下床鞍防尘油毛毡清洗，然后加油和复装。

⑤ 中滑板丝杠、螺母、镶条、导轨加油后，复装、调整镶条间隙和丝杠螺母间隙。

⑥ 小滑板丝杠、螺母、镶条、导轨加油后，复装、调整镶条间隙和丝杠螺母间隙。

⑦ 清理方刀架底面，然后涂油、复装、压紧。

5）车床尾座部分的保养。

① 拆下尾座套筒和压紧块并清洗、涂油。

② 拆下尾座丝杠、螺母并清洗、加油。

③ 尾座清洗、加油。

④ 复装、调整。

6）车床主轴箱部分的保养。

① 拆下过滤器并清洗、复装。

② 检查主轴并检查螺母有无松动，紧固螺钉是否锁紧。

③ 调整摩擦片间隙及制动器。

7）车床交换齿轮箱部分的保养。

① 拆下交换齿轮架齿轮、扇形板、轴套，并清洗、加油、复装。

② 调整齿轮啮合间隙。

③ 检查轴套有无晃动现象。

8）进给箱的保养。清理进给箱，清洗绒绳后加油并放入原处，缺少的要补齐。

9）清理主电动机和主轴箱 V 带轮，检查并调整 V 带的松紧。

10）清洗长丝杠、光杠和操作杆，用棉纱擦拭干净。

11）润滑部分的保养。

① 清洗冷却泵、过滤器、盛液盘。

② 检查油路是否畅通，油孔、油绳、油毡应清洁、无切屑。

③ 检查油质，保持油质良好、油杯齐全、油窗明亮。

12）电气部分的保养。

① 清理电动机、电气箱。

② 电气装置固定整齐。

13）清理车床附件。包括中心架、跟刀架、交换齿轮和卡盘等。

14）整理车床外观。

① 安装各罩壳。

② 检查并补齐螺钉、手柄、手柄球。

（3）车床一级保养时的注意事项

1）要充分做好准备工作。如准备好拆装工具、清洗装置、润滑油料、放置机件的盘子、必要的备件等。

2）要按保养步骤进行保养工作。

3）有拆下要求的部分，如方刀架、中小滑板、尾座等，必须拆下后再清洗、复装、调整。

4）拆下的机件要成组安装好，如螺钉要穿上垫圈拧在机体上、丝杠要拧上螺母悬挂起来等。

5）要重视文明操作和组织好工作位置。

数控车床一级保养内容和要求见表 7-2。

表 7-2　数控车床一级保养内容和要求

序号	保养部位	检查内容	检查要求	确认	保养维修状况
1	电气部分	1）清理电气柜内部灰尘 2）检查配线是否牢固、有无松脱现象 3）检查各限位开关、指示灯是否齐全、可靠 4）检查各电气装置绝缘是否良好，安装是否可靠接地 5）清洗、检查散热风扇，保证正常运转	要求清洁、安全、可靠	□ □ □ □ □	
2	机械部分	1）检查并调节地脚螺钉与紧固螺母的松紧度 2）机床精度（反向间隙）失效检查 3）检查斜铁、压板有无松动	要求检查准确，且清洁无污	□ □ □	
3	冷却系统	检查切削液，清洗、疏通冷却系统管路	要求冷却系统循环正常，压力足，无泄漏	□	

（续）

序号	保养部位	检查内容	检查要求	确认	保养维修状况
4	润滑系统	1)油窗清晰明亮,油标醒目,加油到位,油质符合要求 2)油线齐全,润滑油路畅通,无漏油现象 3)拆下各部防护罩,检查导轨润滑情况	要求润滑油泵工作正常,油路畅通	□ □ □	
5	气动系统	1)清洗过滤器 2)检查气压压力 3)检查各气动元件的工作状态	要求压力正常,无漏气现象	□ □ □	
6	液压系统	1)检查油位 2)检查压力表的压力是否正常 3)检查液压泵工作是否正常 4)清洗冷却器	要求清洁无污,压力指示符合规定,指示灵敏、准确	□ □ □ □	
7	刀　库	检查刀库运转是否正常,有无乱刀、掉刀等现象	要求运行安全可靠	□	
8	外观部分	1)外观无油污,外观齐全、无破损 2)机床附件、工具、卡具摆放合理、清洁定位	要求清洁无污	□ □	

（4）数控车床二级保养内容

1）主轴箱。

① 拆洗过滤器。

② 检查主轴定位螺钉并调整适当。

③ 调整摩擦片间隙和制动带。

④ 检查油质保持良好。

⑤ 清洗换油。

⑥ 检查并更换必要的磨损件。

2）刀架及拖板。

① 拆洗刀架、小滑板、中滑板各件。

② 安装时调整好中滑板、小滑板的丝杠间隙和塞铁间隙。

③ 拆洗床鞍，疏通油路，清除毛刺。

④ 检查并更换必要的磨损件。

3）交换齿轮箱。

① 拆洗交换齿轮及交换齿轮架，并检查轴套有无晃动现象。

② 安装时调整好齿轮间隙并注入新油脂。

③ 检查并更换必要的磨损件。

4）尾座。

① 拆洗尾座各部。

② 清除研伤、毛刺，检查丝扣、丝母间隙。

③ 安装时要求灵活可靠。

④ 检查、修复尾座套筒锥度。

⑤ 检查并更换必要的磨损件。

5）进给箱和溜板箱。

① 清洗油箱，注入新油。

② 进给箱及溜板箱整体拆下清洗，检查并更换必要的磨损件。

6）外表。

① 清洗机盖外表及死角，拆洗各罩盖，要求内外清洁、无锈蚀、漆见本色铁见光。

② 清洗三杠及齿条，要求无油污。

③ 检查并补齐螺钉、手柄、手柄球。

④ 检查导轨面，修光毛刺，对研伤部位进行必要的修复。

7）润滑冷却部分。

① 清洗冷却泵、冷却槽。

② 检查并保持油质良好、油杯齐全、油窗明亮。

③ 清洗油箱、油毡，注入新油，要求油路畅通。

④ 拆洗油泵，检查并更换必要的磨损件。

8）电气部分。

① 清扫电动机及电气箱内外尘土。

② 检修电器，根据需要拆洗电动机更换油脂。

9）精度。检查并调整，使主要几何精度达到出厂标准或满足生产工艺要求。

数控车床二级保养内容和要求见表 7-3。

表 7-3　数控车床二级保养内容和要求

序号	保养部位	检查内容	检查要求	确认	保养维修状况
1	操作面板	1)检查电气装置是否有异味、变色 2)检查接触面是否有磨损以及接触螺钉的松紧情况 3)检查是否有脏物并清理	要求清洁、安全、可靠	□ □ □	
2	强电柜	1)换气扇清洁 2)油雾清洗 3)灰尘清除 4)整理线路	要求清洁、安全、可靠	□ □ □ □	
3	电气装置	1)检查传感器和电磁阀安装螺钉和接线螺钉 2)通过具体操作检查电气装置的功能和动作情况	要求可靠、安全	□ □	
4	伺服电动机	检查轴承等处有无不正常声音、不正常温升等	要求可靠、安全	□	
5	气动系统	1)台面及 T 形槽 2)对于可交换工作台，检查托盘上下表面及定位销	要求清洁、无毛刺	□ □	
6	液压系统	1)检查卡盘内是否有杂物 2)检查回转液压缸是否漏油	要求清洁、安全、可靠	□ □	
7	主轴装置	1)检查主轴锥孔 2)检查主轴拉刀机构 3)检查主轴冷却风扇 4)检查存储电池 5)更换主轴箱内润滑油和清洗滤网 6)检查轴承等处有无不正常声音、不正常温升等 7)检查传动带外观、松紧度，并清理带轮	要求光滑、清洁、安全、可靠	□ □ □ □ □ □ □	

（续）

序号	保养部位	检查内容	检查要求	确认	保养维修状况
8	各坐标进给传动装置	1）检查、清洁各坐标传动机构及导轨和毛毡或刮削器 2）检查各坐标限位开关、减速开关、零位开关及机械保险机构 3）调整丝杠螺母副的反向间隙 4）检查丝杠支承与床身的连接 5）检查支承与轴承是否损坏 6）检查丝杠与托板的连接是否良好	要求清洁、无污、无毛刺，压缩空气供给正常	□ □ □ □ □ □	
9	自动换刀装置	1）换刀臂位置开关 2）刀库电源开关 3）换刀臂及刀库 4）加注润滑油	要求安全、可靠、清洁、无毛刺	□ □ □ □ □	
10	刀塔	1）检查、清洗刀盘各刀位槽、刀位孔及刀具锁紧机构 2）检查刀盘上各动力头 3）检查各定位机构	要求清洁、可靠、安全	□ □ □	
11	尾座	1）检查套筒、丝杠、丝母 2）检查尾座的锁紧机构	要求清洁、无毛刺、可靠	□ □	
12	液压系统	1）清洗过滤器 2）检查油位 3）检查液压泵及油路 4）检查压力表 5）清洗冷却器 6）清洗油箱	要求清洁、无污，压力指示符合规定，指示灵敏、准确	□ □ □ □ □ □	
13	气动系统	1）清洗过滤器 2）检查气路、压力表 3）检查三点组合润滑 4）检查各气动元件的工作状态	要求清洁、无污、无泄漏	□ □ □ □	
14	中心润滑系统	1）检查油泵、压力表 2）检查油路及分油器 3）检查并清洗过滤器、油箱 4）检查油位 5）检查各润滑点的状况	要求无泄漏，压力表指示灵敏、准确 要求清洁无污、油路畅通、无泄漏，润滑油必须加至油标上限	□ □ □ □ □	
15	切削液系统	1）清洗切削液箱，必要时更换切削液 2）检查切削液泵、液路，清洗过滤器 3）清洗排屑器 4）检查排屑器上各按钮和开关	要求清洁无污、无泄漏；位置正确，排屑器运行正常	□ □ □ □	
16	机床精度	1）检查 X 轴、Y 轴、Z 轴反向间隙 2）机床精度失效检查 3）水平的找正 4）机床数据备份	要求在机床精度范围内，并提出整改意见	□ □ □ □	
17	整机外观	1）全面擦拭机床表面及死角 2）清理、清洁机床周围环境	要求清洁无污	□ □	

7.3.2 数控车床常见故障及其诊断和排除

1. 数控车床故障分类

数控车床全部或部分丧失规定功能的现象称为数控机床故障。

数控车床是机电一体化的产物，其技术先进、结构复杂。因此，数控车床的故障也是多种多样、各不相同的，故障原因一般都比较复杂，这给数控车床的故障诊断和维修带来了不少困难。为了便于进行车床的故障分析和诊断，本节按故障的性质、故障发生后有无报警显示和故障发生的部位等因素大致把数控车床的故障划分为以下几类。

（1）按故障的性质分类

1）系统性故障。这类故障是指只要满足一定的条件，车床或者数控系统就必然出现的故障。例如，当电网电压过高或者过低时，系统就会产生电压过高报警或者过低报警；当切削量过大时，系统就会产生过载报警等。

2）随机故障。这类故障是指在相同条件下，只偶尔出现一次或者两次的故障，要想人为地再现同样的故障则是不容易的，有时很长时间也很难再遇到一次。这类故障的分析和诊断是比较困难的。一般情况下，这类故障往往与机械结构的松动、错位，数控系统中部分元件工作特性的漂移，机床电气元件可靠性下降有关。

（2）按故障类型分类

1）机械故障。这类故障主要发生在机床主机部分，还可以进一步分为机械部件故障、液压系统故障、气动系统故障和润滑系统故障等。

2）电气故障。电气故障是指电气控制系统出现的故障，主要包括数控装置、PLC、伺服单元、CRT、电源模块、机床控制元件和检测开关等的故障。这类故障是数控车床的常见故障，应该给予足够的重视。

（3）按发生故障后有无报警显示分类

1）有报警显示故障。这类故障又可以分为硬件报警显示和软件报警显示的故障两种。

① 硬件报警显示的故障。硬件报警显示通常是指各单元装置上指示灯的报警指示。数控系统中有许多用于指示故障部位的指示灯，如控制系统操作面板、CPU 主板、伺服控制单元等部位，在数控系统的这些指示灯指示故障状态后，根据相应部位上指示灯的报警含义，即可以大致判断故障发生的部位和性质，这无疑给故障分析与诊断带来了极大的好处。因此，维修人员在日常维护和故障维修时应注意检查这些指示灯的状态是否正常。

② 软件报警显示的故障。软件报警显示通常是指数控系统显示器上显示出的报警号和报警信息。由于数控系统具有自诊断功能，一旦检查出故障，即按故障的级别进行处理，同时在显示器上显示报警号和报警信息。

软件报警又可分为 NC 报警和 PLC 报警，前者为数控部分的故障报警，可通过报警号，在《数控系统维修手册》上找到报警原因及处理方法，从而确定可能产生故障的原因；后者的报警信息来自机床制造厂家编制的报警文本，大多属于机床侧的故障报警，遇到这类故障时，可根据报警信息或者 PLC 用户程序确诊故障。

2）无报警显示故障。这类故障发生时没有任何硬件及软件报警显示，因此分析诊断起来比较困难。对于没有报警显示的故障，通常要具体问题具体分析。遇到这类问题时，要根据故障现象、机床工作原理、数控系统工作原理、PLC 梯形图以及维修经验来分析和诊断故障。

（4）按故障发生的部位分类

1）数控装置部分的故障。数控装置部分的故障又可以分为软件故障和硬件故障。

① 软件故障。有些机床故障是由加工程序编制错误造成的，有些故障则是由于机床数据设置不当引起的，这类故障属于软件故障。只要将故障原因找到并修改后，这类故障就会排除。

② 硬件故障。有些机床故障是由控制系统硬件出现问题引起的，这类故障必须在更换损坏的器件或者维修后才能排除。

2）PLC 部分的故障。PLC 部分的故障也分为软件故障和硬件故障两种。

① 软件故障。如果 PLC 用户程序编制有问题，则在数控机床运行中满足一定条件时即可发生故障。另外，PLC 用户程序编制得不好，经常会出现一些无报警的机床侧故障，因此，PLC 用户程序要编制得尽量完善。

② 硬件故障。由于 PLC 输入输出模块出现问题而产生的故障属于硬件故障。有时个别输入输出口出现故障，可以通过修改 PLC 程序，使用备用接口替代出现故障的接口来排除故障。

3）伺服系统的故障。伺服系统的故障一般都是由于伺服控制单元、伺服电动机、测速装置、编码器等出现问题而引起的。例如，一台数控车床使用 FANUC 0iTC 系统，系统出现 417 报警，报警信息为“SERVO ALARM：2-TH AXIS PARAMETER INCORRECT”，检查伺服系统参数设置发现，参数 NO：2023（该参数为电动机一转的速度反馈脉冲数）被人修改成为负值。修改此参数后，系统报警解除。

4）机床主体部分的故障。这类故障大多是由外部原因造成的，如机械装置不到位、液压系统出现问题、检查开关损坏、驱动装置出现问题等。机床主轴、导轨、丝杠、轴承、刀库等由于种种原因，会出现丧失精度、爬行、过载等问题，这些问题往往会造成数控系统的报警。因此，数控系统的故障判断是一个综合问题。

（5）按故障的破坏程度分类

1）破坏性故障。这类故障的出现会对操作者或设备造成伤害或损害，如超程运行、飞车、部件碰撞等。

例如，一台数控车床在正常加工的情况下，刀具撞到工件，造成重大的损失，经过仔细分析，发现返回参考点错误，进一步分析后发现行程开关（挡块）位置与电子栅格位置重合，（偶尔）造成 Z 方向进给多出一个电子栅格，从而造成刀具和工件相撞的破坏性故障。移动行程开关位置后，问题便得到了圆满解决。

2）非破坏性故障。数控车床的绝大多数故障属于这类故障，出现故障时不会对机床和操作人员造成任何伤害。因此诊断这类故障时，可以再现故障，并仔细观察故障现象，通过故障现象对故障进行分析和诊断。

2. *数控车床故障诊断*

（1）数控系统自诊断　现代数控机床由于采用了计算机技术，软件功能越来越强，配合相应的硬件可具有较强的自诊断能力。远程诊断是一种新型的诊断技术。数控机床利用数控系统的网络功能通过互联网连接到机床制造厂家，数控机床出现故障后，通过机床厂家专业人员的远程诊断，快速确诊故障，这是数控机床诊断技术的新发展。MAZATROL 系统在这一领域应用较早。

1）开机自诊断。数控系统在通电开机后，都要运行开机自诊断程序，对连接的各种控制装置进行检测，发现问题立即报警。例如，检测备用电池电压是否达到要求，若电压低于要求，系统就会发出报警，西门子系统电池报警是 1 号报警，提示维修人员立即更换电池，如果不能更换电池，则在更换电池前不能停电。

2）运行自诊断。数控机床在运行时，数控系统时刻监视着机床的运行。数控装置对伺服系统、PLC 系统进行运行监视，发现问题及时报警，并且很多故障都会在屏幕上显示报警信息。在机床运行时，PLC 装置通过机床厂家编制的用户程序，实时监视数控机床的运行，如果发现故障或者发出的指令未执行，则及时将相应的信号传递给数控装置，数控装置将会在屏幕上显示报警信息。

（2）在线诊断和离线诊断

1）在线诊断。在线诊断是指通过数控系统的控制程序，在系统正常运行状态下，实时、自动地对数控装置、PLC 控制器、伺服系统、PLC 输入输出以及与数控装置相连的其他外部装置进行自动测试、检验，并显示有关状态信息和故障信息。系统除了在屏幕上显示报警号和报警内容外，还实时显示 NC 内部标志寄存器及 PLC 操作单元的状态，为故障诊断提供了极大的方便。

2）离线诊断。当数控系统出现故障或者要判断是否真有故障时，往往要停止加工，并停机进行检查，这就是离线诊断。离线诊断的目的是修复系统和完成故障定位，力求把故障定位在尽可能小的范围内，如缩小到某一区域或者某一模块等。

早期的数控装置采用诊断纸带对数控系统进行离线诊断，诊断纸带提供诊断所需的数据。诊断时将诊断纸带内容读入数控装置的 RAM 中，系统中的微处理器根据相应的输出数据进行分析，以判断系统是否有故障，并确定故障位置。

3. 典型故障的排除方法

（1）回参考点故障诊断与处理　当加工中心回参考点出现故障时，先检查原点减速撞块是否松动，减速开关是否牢固或损坏。若无问题，应进一步用百分表或激光测量仪检查机械相对位置的漂移量；检查减速撞块的长度；检查回原点起始位置、减速开关位置与原点位置的关系；检查回原点的模式；确认是否为开机后第一次回原点；确认是否采用了绝对脉冲编码器；检查伺服电动机每转的运动量、指令倍率比（CMR）及检测倍率比（DMR）的设置、接近原点速度的参数设置；检查回原点快速进给速度时间常数的参数设置是否适当；确认系统是全闭环还是半闭环；检查参考计数器设置是否适当等。

回原点故障现象及诊断与处理步骤如下：

1）机床回原点后原点漂移。对于采用绝对脉冲编码器的机床，诊断及排除步骤见下文“使用绝对脉冲编码器的机床回原点时的原点漂移”部分；对于采用增量式脉冲编码器的机床，应确定系统是全闭环还是半闭环系统，用百分表或激光测量仪检查机械相对位置是否漂移。若不漂移，只是位置显示有偏差，则检查是否为工件坐标系偏置无效。在机床回原点后，机床 CRT 位置显示为一非零值，该值取决于工件坐标系偏置之类的参数设置。若机械相对位置偏移，则需要确定偏移量：若偏移量为一栅格，诊断方法见“原点漂移一栅格”部分的处理步骤；若漂移量为数个脉冲，见“原点漂移数个脉冲”部分的诊断步骤。否则，检查脉冲数量和参考计数器的值是否匹配，如果匹配，则说明脉冲编码器损坏，需要更换。

2）使用绝对脉冲编码器的机床回原点时的原点漂移。首先检查并重新设置与机床回原点有关的检测绝对值位置的有关参数，重新再试一次回原点操作。若原点仍漂移，则检查机械相对位置是否有变化。如无漂移，只是位置显示有偏差，则检查工件坐标偏置是否有效。若为机械位置偏移，则为绝对脉冲编码器故障。

3）半闭环系统中的原点漂移。先检查半闭环系统回原点的漂移情况，如果正常，应检查电动机一转标志信号是否由半闭环系统提供。检查有关参数设置及信号电缆连接情况。如果参数设置正常，则为光栅尺等线性测量元件不良或其接口电路故障；如果参数设置不正确，则修正设置后重试。

4）原点漂移一个栅点。先降低由参数设置的接近原点速度，重试回原点操作。若原点不漂移，则为减速撞块太短或安装不良。可通过改变减速撞块或减速开关的位置来解决，也可通过设置栅点偏移量改变电气原点来解决。当一个减速信号由硬件输出后，数字伺服软件识别这个信号需要一定时间。因此，当减速撞块离原点太近时，软件有时捕捉不到原点信号，从而导致原点漂移。

5）原点漂移数个脉冲。若只是在开机后第一次回原点时发生原点漂移，则原因为零标志信号受干扰失效。为防止噪声干扰，应确保电缆屏蔽线接地良好，安装必要的火花抑制器，不要使检测反馈元件的通信电缆线与强电线缆靠得太近。若并非仅在开机后首次回原点时原点变化，则应修正参考计数器的设定值。

现代数控车床一般都采用增量式旋转编码器或增量式光栅尺作为位置反馈元件，因而机床在每次开机后都必须首先进行回参考点的操作，以确定机床的坐标原点。寻找参考点主要与零点开关、编码器或者光栅尺的零点脉冲有关。

无论采用何种方式或如何运行，系统都是通过 PLC 程序的编制和数控系统机床参数的设定来决定的，轴的运动速度也是在机床参数中设定的。数控系统回参考点的过程是 PLC 系统与数控系统配合完成的，由数控系统给出回参考点的命令，然后轴按预定的方向运动，压上零点开关（或离开零点开关）后，PLC 向数控系统发出减速信号，数控系统按照预定的方向减速运动，由测量系统接收零点脉冲，并在接收到第一个脉冲后设定坐标值。所有的轴都找到参考点后，回参考点的过程结束。

数控车床开机后回不了参考点的故障一般有以下几种情况：一是零点开关出现问题，PLC 没有产生减速信号；二是编码器或者光栅尺的零点脉冲出现问题；三是数控系统的测量板出现问题，没有接收到零点脉冲。

（2）刀架控制系统故障诊断与处理

1）刀架的机械结构（图 7-8）。为了在工件一次装夹中完成多个甚至所有加工工序，以缩短辅助时间，减少由多次安装工件引起的误差，数控车床必须带有自动换刀装置。自动换刀装置应当满足换刀时间短、刀具重复定位精度高、刀具存储足够以及安全可靠等基本要求。

数控车床上使用的回转刀架是一种最简单的自动换刀装置。根据加工对象不同，有四方位刀架（图 7-9）、六角刀架和八（或更多）工位圆盘式轴向装刀刀架等多种形式。回转刀架上可安装四把、六把或更多刀具，并按数控装置的指令换刀。

现在就以华中数控车床上的四方位刀架为例做进一步的说明，其换刀过程如下：

① 刀架抬起。当数控装置发出换刀指令后，电动机正转，并经联轴器，由滑键带动蜗

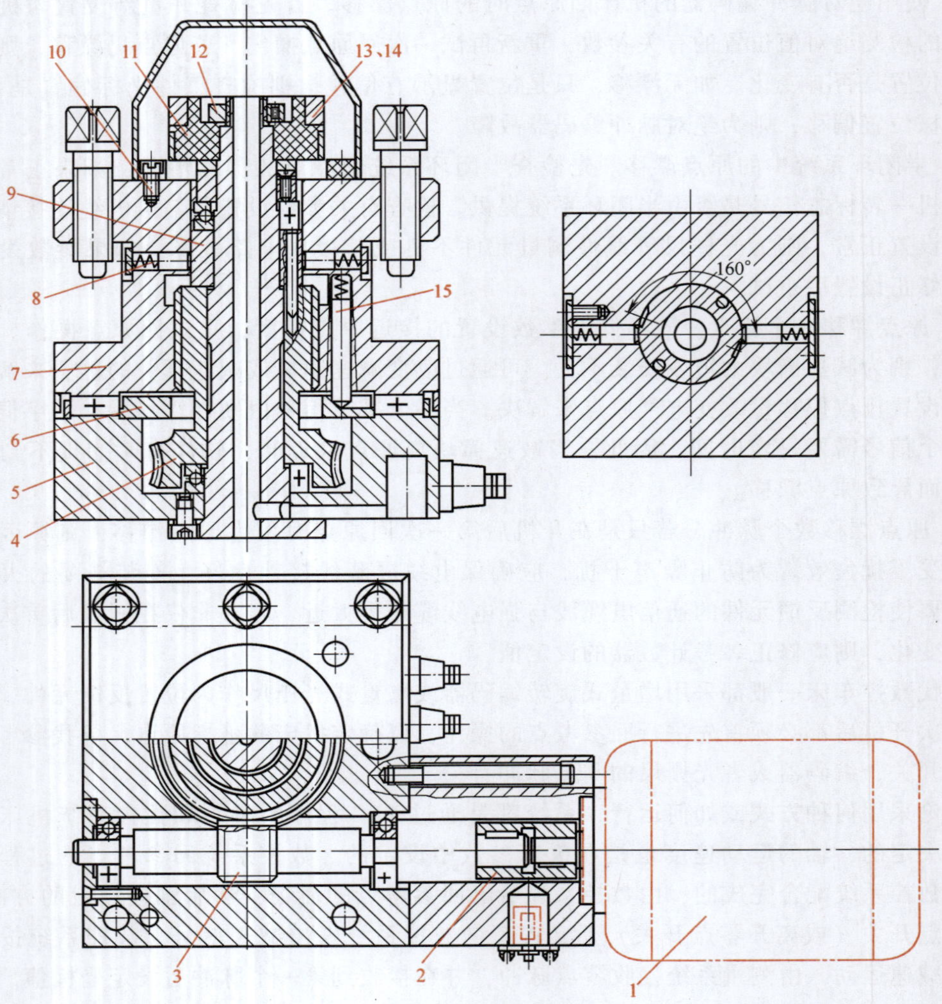

图 7-8　数控车床刀架的机械结构

1—电动机　2—联轴器　3—蜗杆轴　4—蜗轮丝杠　5—刀架底座　6—粗定位盘　7—刀架体　8—球头销　9—转位套　10—电刷座　11—发信体　12—螺母　13、14—电刷　15—粗定位销

杆、蜗轮、轴、轴套转动。轴套的外圆上有两处凸起，可在套筒内孔中的螺旋槽内滑动，从而举起与套筒相连的刀架及上端齿盘，使上端齿盘与下端齿盘分开，完成刀架抬起动作。

② 刀架到位。刀架抬起后，轴套仍在继续转动，同时带动刀架转过 90°（如不到位，刀架还可继续转过 180°、270°、360°），并由微动开关发出信号给数控装置。

③ 刀架压紧。刀架转到位后，由微动开关的信号使电动机反转，销使刀架定位而不随轴

图 7-9　四方位刀架

套回转，于是刀架向下移动，上、下端齿盘合拢压紧。蜗杆继续转动产生轴向位移，压缩弹簧，套筒的外圆曲面压缩开关使电动机停止旋转，从而完成一次转位。

2）刀架电气控制。下面以用霍尔元件检测刀位的简易刀架为例，对刀架电气控制系统进行说明。

简易刀架是经济型车床上最常用的一种自动换刀机构。它的机械结构简单，调试和使用方便。刀架采用三相异步电动机驱动，刀位检测采用霍尔元件。

这种刀架只能单方向换刀，电动机正转时换刀，反转时锁紧。刀架反转锁紧时，刀架电动机实际上是一种堵转状态，因此，刀架电动机反转时间不能太长，否则可能导致其损坏。刀架上每一个刀位都配备一个霍尔元件，如四工位刀架需要配备四个霍尔元件。霍尔元件的常态是截止，当刀具转到工作位置时，利用磁体使霍尔元件导通，将刀架位置状态发送到 PLC 的数字输入。

由于霍尔元件只有导通和截止两种状态。对于电平有效的数控系统数字输入接口，应该使用阻值约为 1.5kΩ 的上拉电阻将导通和截止状态转变成低电平和高电平。刀架电动机的转动由 PLC 数字输出控制。通过 PLC 数字输出来控制直流继电器，继电器再驱动交流接触器接通三相交流电源，使刀架电动机正转或反转。

当 PLC 应用程序从数控系统的信号接口或机床控制面板得到换刀指令后，控制刀架电动机正转，同时通过 PLC 的数字输入监控刀架的实际位置。如果刀架的实际位置等于指令刀具的位置，PLC 应用程序将控制刀架电动机反转锁紧，并起动延时控制。达到延时时间后，刀架反转停止，换刀过程结束。

车床换刀时要考虑的安全互锁是在换刀过程中刀具不能与工作碰撞。换刀时，零件程序首先控制各坐标轴退至安全位置，再执行换刀指令 TX。换刀完成后，快速移动到工件坐标系原点，继续加工。即在换刀指令完成之前，PLC 要锁定零件程序的继续执行，同时禁止坐标轴的运动。锁定零件程序的继续执行是通过数控系统信号接口中通道信号的“读入禁止”实现的。坐标轴的禁止，是通过通道接口中的“进给保持”信号置位实现的。

① 刀架锁紧时间控制。刀架锁紧时，刀架电动机处于堵转状态，因此，刀架的锁紧时间不能太长。由于不同厂商生产的刀架的反转锁紧时间可能有所不同，因此，刀架的反转锁紧时间在 PLC 应用程序中是一个可变的值。刀架锁紧所需的时间，应该以刀架生产厂商的技术指标为准。考虑锁紧时间的可变性，可以使用 PLC 参数定义刀架的锁紧时间。如果使用了 PLC 参数，则必须在 PLC 应用程序的技术说明书中定义该参数的单位和取值范围，这样在机床的生产过程中，生产人员可以根据 PLC 技术说明书设定 PLC 参数。同时，在 PLC 初始化时，应该检查输入的参数是否在定义的取值范围之内，如果小于低限值，则令其等于低限值；如果超出高限，则令其等于高限值。刀架电动机的反转时间切忌过长。

② 刀架刀位信号的监控。如果刀位检测信号出现问题，会使换刀过程不能结束，PLC 应用程序将永远也不能找到零件程序中的目标刀具。这种情况在机床使用过程中是有可能出现的，如切削液进入刀架，使霍尔元件损坏或刀位信号线断线等。如果刀架的位置检测信号在任何时候都没有“0”或都为“1”，则说明刀架硬件故障。这时，应通过激活 PLC 报警向操作人员提供故障信息，提醒操作人员对刀架进行检修。

③ 换刀时间的监控。所谓换刀时间监控，是监控从起动换刀到找到目标刀具的时间。例如，在换刀过程中由于刀位信号故障或编程错误，都可能导致找不到目标刀位，使换刀过

程不能完成。监控换刀时间的 PLC 应用程序可利用换刀指令激活一个定时器，如果在定时器规定时间内找到了目标刀的起动，则通过报警提示操作人员进行检修。同样，换刀的监控时间可以通过 PLC 参数设定，并在 PLC 技术说明书中定义参数单位和取值范围。

④ 刀架上电过程。刀架电气控制系统由电源、变压器、整流电路、CNC、PLC 输入输出板、继电器和中间继电器等组成，如图 7-10 所示。

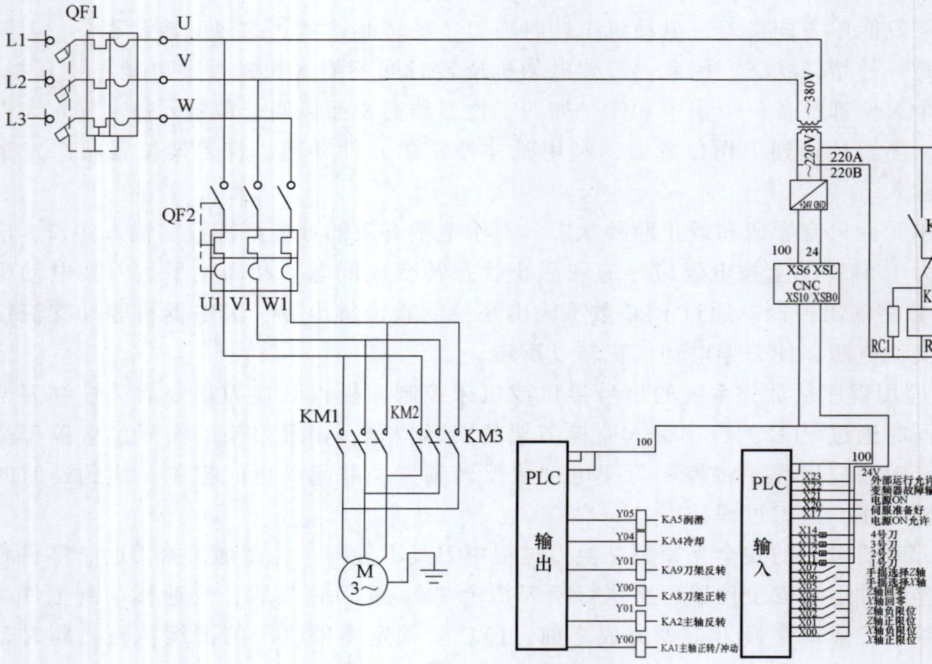

图 7-10 刀架电气控制总图

刀架电气控制通电过程：电源→空气开关（QF1）→空气开关（QF2）→变压器→整流电路→继电器（KM1、KM2）→刀架正反转。

刀架电气控制信号的传递过程：外加信号→整流电路→CNC→PLC 输入→CNC→PLC 输出→中间继电器（KA8、KA9）→刀架正反转，如图 7-11 所示。系统发出换刀信号，控制继

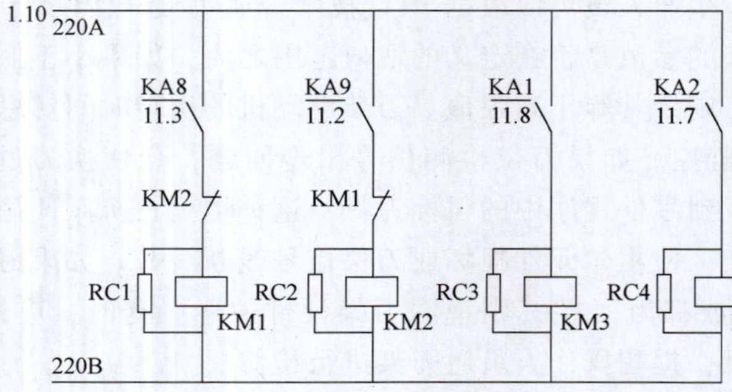

图 7-11 刀架正反转电气控制电路图

电器动作，电动机正转，通过蜗轮、蜗杆、螺杆使销盘上升至一定高度，离合销进入离合盘槽。离合盘带动离合销，离合销带动销盘，销盘带动上刀体转位，当上刀体转至所需刀位时，霍尔元件电路发出到位信号，电动机反转，反靠销进入反靠盘槽，离合销从离合盘中出来，刀架完成粗定位。同时销盘下降端啮合，完成精定位，刀架锁紧。

数控刀架的控制主要是由图 7-12 所示的 PLC 系统来完成的。PLC 输入信号到 X11、X12、X13、X14 时，分别对应 1 号刀、2 号刀、3 号刀、4 号刀，PLC 接到指令后做出相关反应并传到 PLC 输出模块 Y00 和 Y01，由中间继电器 KA8、KA9 控制刀架的正反转，输出最终指令。

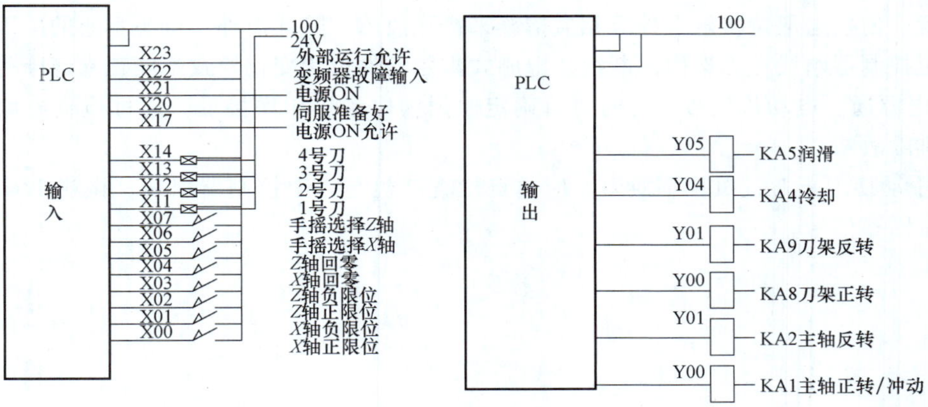

图 7-12　控制数控刀架的 PLC 系统

3）四工位电动刀架的常见故障及其处理。

① 刀架锁不紧。

a. 发信盘位置没对正：拆开刀架的顶盖，旋动并调整发信盘位置，使刀架的霍尔元件对准磁钢，使刀位停在准确位置。

b. 系统反锁时间不够长：调整系统反锁时间参数即可（新刀架的反锁时间 $t=1.2s$）。

c. 机械锁紧机构故障：拆开刀架，调整机械机构，并检查定位销是否折断。

② 某一刀位信号不正常。

a. 此刀位的霍尔元件损坏：确认是哪个刀位使刀架转不停，在系统中输入指令转动该刀位，用万用表测量该刀位信号触点对+24V 触点是否有电压变化，若无变化，则可判定该刀位的霍尔元件损坏，应更换发信盘或霍尔元件。

b. 此刀位信号线断路，造成系统无法检测到位信号：检查该刀位信号与系统的连线是否存在断路，正确连接即可。

c. 系统的刀位信号接收电路有问题：在确定该刀位霍尔元件没有问题，以及该刀位信号与系统的连线也没问题的情况下，应更换主板。

③ 刀架不能起动。

机械原因如下：

a. 刀架预紧力过大。如果将六角扳手插入蜗杆端部旋转时不易转动，而用力时可以转动，但下次夹紧后刀架仍不能起动，则可确定刀架不能起动的原因是预紧力过大。此时，可通过调小刀架电动机的夹紧电流来排除故障。

b. 刀架内部机械卡死。当从蜗杆端部转动蜗杆时，如果沿顺时针方向转不动，则原因是机械卡死。首先，检查夹紧装置反靠定位销是否在反靠棘轮槽内，若在槽内，则需将反靠棘轮与螺杆连接销孔回转一个角度后重新打孔连接；其次，检查主轴螺母是否锁死，如果螺母锁死，应重新调整；再次，如果是由于润滑不良造成旋转件研死，应拆开观察实际情况，并进行润滑处理。

电气原因如下：

a. 电源不通，电动机不转。检查熔断器芯是否完好、电源开关是否良好接通、开关位置是否正确。用万用表测量电容时，观察电压值是否在规定范围内，可通过更换熔丝、调整开关位置、使接通部位接触良好等相应措施来排除故障。除此以外，电源不通的原因还可能是刀架至控制器断线、刀架内部断线、电刷式霍尔元件位置变化导致不能正常通断等。

b. 电源通，电动机反转。此时，可确定原因为电动机相序接反，通过检查电路，变换相序来排除故障。

c. 手动换刀正常，机控不换刀。应重点检查微机与刀架控制器引线、微机 I/O 接口及刀架到位回答信号。

附录

车工（高级）理论模拟试卷样例

一、判断题（对的画“√”，错的画“×”；每题 0.5 分，共 20 分）

1. 数控车床自动换刀装置应当满足换刀时间短、刀具重复定位精度高、刀具存储量足够以及安全可靠等基本要求。（　）

2. 在制订机械加工工艺卡片时，对零件图进行工艺分析的目的是为安排生产过程做准备。（　）

3. 根据工件的结构形状和技术要求，正确选择工件加工时的定位基准，对选择工件的装夹方法和确定各工序的安排次序都有决定性的影响。（　）

4. 一个工件的表面可以有几种不同的加工方法，因此在制订工艺路线时，可以任意选择加工方法。（　）

5. 在非圆曲线轮廓拟合常见的数学处理方法中，采用直线段拟合时常用的处理方法有等步距法、等误差法、等程序段法等。（　）

6. 偏心工件的测量主要包括偏心距的测量和偏心轴线之间平行度误差的测量。（　）

7. 机床主轴的功用为支承传动工件、传动转矩、承受载荷，以保证装夹在主轴上的工件（或刀具）有一定的回转精度。（　）

8. 对于加工刚性差且精度高的精密工件，如连杆、曲轴等，在拟订工艺路线时多考虑工序适当集中。（　）

9. 由于工件的定位基准和设计基准（或工序基准）不重合而产生的误差称为基准不重合误差。（　）

10. 在用户宏程序中，变量是由符号“#”和其后的变量号码组成的。（　）

11. 内排屑的特点是可增大刀杆外径，提高刀杆刚性，从而有利于提高进给量和生产率。（　）

12. 孔的圆度误差可用内径百分表或内径千分表测量，在测量截面内的各个方向上进行测量，测得的最大值与最小值之差即为单个截面上的圆度误差。（　）

13. 机床主轴的毛坯一般选用锻件，单件生产时则采用模锻件。（　）

14. 对于薄壁套类工件，可改轴向夹紧力为径向夹紧力，以减少夹紧变形。（　）

15. 在制订工件加工工艺路线时，应尽量选择精度高的机床，以保证加工质量。（　）

16. 若套筒是在装配前进行最终加工，则内孔对外圆的同轴度要求较高。（　）

17. 对于加工直径较大的套筒，坯料一般选择无缝钢管或带孔的铸件和锻件。（　）

18. 夹紧机构的制造误差、间隙及磨损，也会造成工件的基准位移误差。（　）

19. 用数控车床车削多线螺纹时，可通过改变螺纹切削初始角来加工多线螺纹。（　）

20. 组合夹具与专用夹具相比，可以缩短生产准备周期和节省人力、物力，但增加了夹具存放的库房面积和保管人员。（　）

21. 喷吸钻的几何形状与交错齿内排屑深孔钻基本相同，所不同的是钻头颈部钻有几个喷射切削液的小孔。（ ）

22. 制订工件的工艺路线就是确定工件从毛坯投入，由粗、精加工到工件检验合格入库的全部工序。（ ）

23. 曲轴的车削或磨削加工，主要是解决如何把主轴颈轴线找正到与车床或磨床主轴回转轴线重合的问题。（ ）

24. 为保证钟面式指示器的灵敏度，可在测量杆上涂适当的润滑油。（ ）

25. 车削精密长丝杠，在机械加工各工序间流转时，应将丝杠水平放置，避免丝杠因为自重而产生弯曲变形。（ ）

26. 箱体件是基础工件，因此，其加工质量对整台机器的精度、性能和使用寿命都没有直接的影响。（ ）

27. 当箱体件上两平行孔中心线距精度要求较高时，可用测量心轴和外径千分尺配合检测。（ ）

28. 用分度盘分头车削多头蜗杆时，分头精度主要取决于分度盘上定位孔的等分精度。（ ）

29. 对普通机床的长丝杠进行粗车后，可直接安排淬火处理，以改变材料的力学性能和消除粗车时的内应力。（ ）

30. 宏程序数学运算时函数中的括号用于改变运算顺序，函数中的括号允许嵌套使用，但最多只允许嵌套 5 层。（ ）

31. 蜗杆副传动时，蜗轮一般是主动件，蜗杆是从动件，因而可应用于防止倒转的传动装置中。（ ）

32. 加工单件、小型或偏心距不大的曲轴时，一般直接用圆棒料做坯料，加工中用两顶尖装夹曲轴。（ ）

33. 在车床上车削缺圆块状工件时，若所缺圆孔或所缺外圆的轴线与工件的安装基面相互垂直，则应将工件安装在车床花盘的角铁上进行加工。（ ）

34. 杠杆千分尺是由外径千分尺的微分筒部分和杠杆卡规中的指示机构组成的一种精密量具。（ ）

35. 箱体件在车床上加工的主要是平面和孔，通常加工孔的精度较易保证，而加工平面的精度较难控制。（ ）

36. 软件报警显示通常是指数控系统显示器上显示出的报警号和报警信息。（ ）

37. 所有的量具都应完整无损、部件齐全，经计量部门定期检查，鉴定合格后才能使用。（ ）

38. 指示表是一种指示式量仪，可以用来测量工件的形状和位置误差，也可以用绝对法测量工件的尺寸精度。（ ）

39. 气动量仪除了能用接触法进行测量外，还可以用非接触法进行测量，因此，它不能用于易变形薄壁工件的测量。（ ）

40. 双管显微镜可以测出 0.8~63μm 的微观不平度，用光切法也可测量 Ra、Rz 值。（ ）

二、选择题（将正确答案的序号填入括号内，每题 1 分，共 30 分）

1. 为进行科学管理，把规定产品或工件工艺流程和操作方法等的工艺文件称为（　　）。

A. 工艺规程　　B. 设计方案　　C. 加工流程　　D. 装配过程

2. 制订工艺卡片时，毛坯的选择主要包括选择毛坯（　　）、确定毛坯的形状和尺寸。

A. 型材　　B. 冲压　　C. 类型　　D. 棒料

3. 热处理对改善金属的加工性能、改变材料的（　　）性能和消除内应力起着重要的作用。

A. 金属　　B. 热学　　C. 材料学　　D. 力学

4. 正确的加工顺序应遵循前道工序为后续工序准备（　　）的原则。

A. 生产　　B. 装配　　C. 基准　　D. 设计

5. 根据工件的结构形状和技术要求，正确选择工件加工时的（　　）基准，对选择工件的装夹方法和确定各工序的安排次序都有决定性影响。

A. 测量　　B. 设计　　C. 装配　　D. 定位

6. 制订工艺卡片时，所选择机床的（　　）应与工件的生产类型相适应。

A. 精度　　B. 类型　　C. 规格　　D. 生产率

7. 车床主轴毛坯锻造后，首先应安排（　　）工序。

A. 调质　　B. 渗碳　　C. 正火或退火　　D. 淬火

8. 工件以孔定位，套在心轴上车削一个与定位孔有距离要求的表面时，影响其加工尺寸精度的基准位移误差的计算公式为 ΔW=(　　)。

A. $T_h+T_s+X_{min}$　　B. $T_h+T_s+X_{max}$

C. $(T_h+T_s+X_{min})/2$　　D. $(T_h+T_s+X_{max})/2$

9. 轴在 90°V 形架上的基准位移误差的计算公式为 ΔW=(　　)。

A. $0.707T_s$　　B. $0.578T_s$　　C. $0.866T_s$　　D. $1.414T_s$

10. 故障排除后，应按（　　）键消除软件报警信息显示。

A. CAN　　B. RESET　　C. MESSAGE　　D. DELETE

11. 工件在夹具中定位时，由于定位元件存在（　　）误差，会使工件在实际定位的位置范围内有所变动。

A. 设计　　B. 工艺　　C. 制造　　D. 检验

12. 设计夹具时，夹具的制造公差一般不超过工件公差的（　　）。

A. 2/3　　B. 1/2　　C. 1/3　　D. 1/10

13. 夹具中的（　　）装置，用于保证工件在夹具中定位后的位置在加工过程中不变。

A. 定位　　B. 夹紧　　C. 辅助　　D. 支承

14. 对于较精密的套筒，其形状公差一般应控制在孔径尺寸公差的（　　）以内。

A. 2~3 倍　　B. 1/3~1/2　　C. 1/2~3/2　　D. 1~2 倍

15. 小批量生产套类工件时，对直径较小（如 D<20mm）的套筒一般选择（　　）。

A. 无缝钢管　　B. 带孔铸件或锻件　　C. 型材　　D. 热轧或冷拉棒料

16. 车削薄壁工件时应控制刀具主偏角，使进给力 F_f 和背向力 F_p 朝向工件（　　）的方向减小。

A. 刚性差　　B. 刚性好　　C. 轴线 45°　　D. 轴线 60°

17. 在蜗杆传动中，当导程角为（　　）时，蜗杆传动可以自锁。

A. 小于 6°　　B. 8°~12°　　C. 12°~16°　　D. 大于 16°

18.（　　）是引起丝杠产生变形的主要因素。

A. 内应力　　B. 材料塑性　　C. 自重　　D. 力矩

19. 工件因外形或结构等因素而造成装夹不稳定时，可采用增加（　　）的办法来提高工件装夹的稳定性。

A. 定位装置　　B. 辅助定位　　C. 工艺支承　　D. 夹紧元件

20. 蜗杆的齿形为法向直廓，装刀时应把车刀左右切削刃组成的平面旋转一个（　　），即垂直于齿面。

A. 压力角　　B. 齿形角　　C. 导程角　　D. 同位角

21. 机床行程极限不能通过（　　）设置。

A. 机床限位开关　　B. 机床参数　　C. M 代码　　D. G 代码

22．由于曲轴形状复杂、刚性差，车削时容易产生（　　）。

A. 变形和冲击　　B. 弯曲和扭转　　C. 弯曲和冲击　　D. 变形和振动

23. 采用偏心夹板法装夹曲轴，可以保证各曲轴轴颈都有足够的加工余量和各轴颈间的相互（　　）精度要求。

A. 尺寸　　B. 形状　　C. 位置　　D. 配合

24. 系统正在执行当前程序段 N 时，预读处理了 N+1、N+2、N+3 程序段，现发生程序段格式出错报警，这时应重点检查（　　）。

A. 当前程序段 N　　B. 程序段 N+1　　C. 程序段 N+2　　D. 程序段 N+3

25. 由于箱体件的结构形状奇特，铸造内应力较大，一般情况下在（　　）之后应进行一次人工时效处理。

A. 铸造　　B. 粗加工　　C. 半精加工　　D. 精加工

26. 数控系统的硬件报警显示是通过（　　）显示的。

A. 显示器　　B. 报警号及适当文字注释

C. 报警号　　D. 警示灯或数码管

27. 组合件的车削不仅要保证组合件中各个工件的加工质量，还要保证各工件按规定组合装配后的（　　）。

A. 尺寸要求　　B. 几何要求　　C. 技术要求　　D. 装配要求

28.（　　）是带有精密杠杆齿轮传动机构的指标式千分量具。

A. 杠杆卡规　　B. 圆度仪　　C. 测力仪　　D. 水平仪

29. 杠杆指示计的测量杆轴线与被测工件表面的夹角 $\alpha>15°$ 时，应对测量结果进行修正，修正计算公式为 $\alpha=$(　　)。

A. $b\tan\alpha$　　B. $b\sin\alpha$　　C. $b\cos\alpha$　　D. $b\sec\alpha$

30. 双管显微镜是利用“光切原理”来测量工件（　　）的。

A. 形状精度　　B. 位置精度　　C. 表面粗糙度值　　D. 尺寸精度

三、计算题（每题 10 分，共 30 分）

1. 用三针测量 Tr30 ×6 梯形螺纹，测得千分尺示值 $M=30.8\text{mm}$，求被测螺纹中径为多少？（量针直径 $d_D=0.518P$）。

2. 如附图 1 所示，双孔连杆厚度尺寸 (45±0.04)mm 及 $\phi42^{+0.025}_{0}$mm 孔已加工至要求，以孔定位在花盘定位轴上车削 $\phi40^{+0.025}_{0}$mm 孔，定位轴直径 $d=\phi42^{+0.009}_{-0.034}$mm，测得定位轴线对主轴轴线在中心距方向上的偏移量为 0.01mm。试计算基准位移误差并分析其定位能否保证工件两孔中心距的要求。

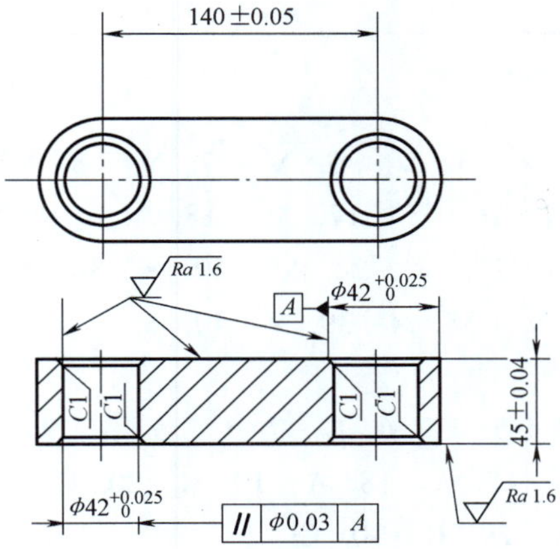

附图 1　双孔连杆

3. 如附图 2 所示，在一轴颈上套一轴套，加垫圈后用螺母紧固。求轴套在轴颈上的轴向间隙。(按图示位置画出尺寸链图)

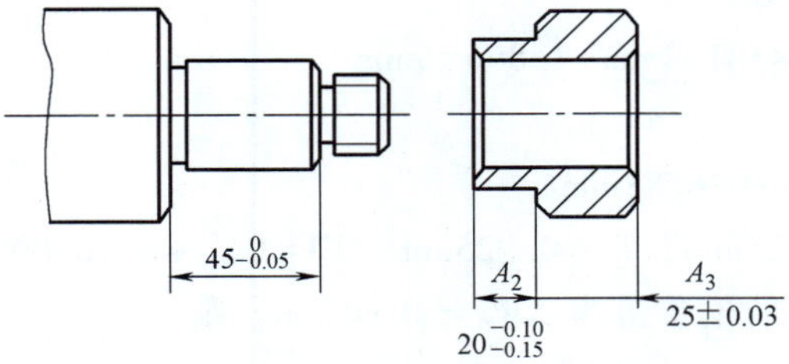

附图 2　计算轴套的轴向间隙

四、问答题 (每题 5 分，共 20 分)

1. 正确的加工顺序应遵循前道工序为后道工序准备基准的原则，具体有哪几方面的要求？

2. 车床夹具的使用要求有哪些？

3. 车削多线螺纹时要注意哪些主要问题？

4. 宏程序的变量有哪些种类？

车工（高级）理论模拟试卷样例参考答案

一、判断题

1. √ 2. × 3. √ 4. × 5. √ 6. √ 7. √ 8. × 9. √ 10. √ 11. √ 12. √ 13. × 14. × 15. × 16. √ 17. √ 18. √ 19. √ 20. × 21. √ 22. √ 23. √ 24. × 25. × 26. × 27. √ 28. √ 29. × 30. √ 31. × 32. √ 33. √ 34. √ 35. × 36. √ 37. √ 38. × 39. × 40. √

二、选择题

1. A 2. C 3. D 4. A 5. D 6. C 7. C 8. A 9. A 10. B 11. C 12. C 13. B 14. B 15. D 16. A 17. A 18. A 19. C 20. C 21. C 22. D 23. C 24. D 25. A 26. D 27. C 28. A 29. C 30. C

三、计算题

1. 解：已知 $a = 36\text{mm}$，$P = 6\text{mm}$，$M = 30.8\text{mm}$，则

$d_D = 0.518P = 0.518 \times 6\text{mm} = 3.108\text{mm}$

$M = d_2 + 4.864d_D - 1.866P$

$d_2 = M - 4.864d_D + 1.866P$

$= 30.8\text{mm} - 4.864 \times 3.108\text{mm} + 1.866 \times 6\text{mm}$

$= 26.88\text{mm}$

答：梯形螺纹的中径为26.88mm。

2. 解：已知 $T_h = 0.025\text{mm}$，$T_s = 0.025\text{mm}$，$EI = 0$，$es = -0.009\text{mm}$，并测得定位轴轴线对主轴轴线在中心距方向的偏移量为 $\Delta W_2 = 0.01\text{mm}$，则

$X_{min} = EI - es = 0 - (-0.009\text{mm}) = 0.009\text{mm}$

$\Delta W_1 = T_h + T_s + X_{min}$

$= 0.025\text{mm} + 0.025\text{mm} + 0.009\text{mm} = 0.059\text{mm} = \pm 0.0295\text{mm}$

$\Delta W = \Delta W_1 + \Delta W_2 = 0.0295\text{mm} + 0.01\text{mm} = 0.0395\text{mm}$

答：工件定位孔向中心距两个方向的最大位移量为±0.0395mm，能保证工件图样规定的中心距允许误差（±0.05mm）。

3. 解：按图示位置画出尺寸链图（见附图3），假设存在间隙，故将 A_1 尺寸画得长于 A_2 与 A_3 之和。根据尺寸链图分析，因间隙是由工件的有关尺寸控制的，故属封闭环，A_1 为增环，A_2、A_3 为减环。则

$A_{0max} = A_{1max} - A_{2min} - A_{3min}$

$= 45\text{mm} - (20\text{mm} - 0.15\text{mm}) - (25\text{mm} - 0.03\text{mm}) = 0.18\text{mm}$

$A_{0min} = A_{1min} - A_{2max} - A_{3max}$

$= (45\text{mm} - 0.05\text{mm}) - (20\text{mm} - 0.1\text{mm}) - (25\text{mm} + 0.03\text{mm}) = 0.02\text{mm}$